"十二五"职业教育国家规划教材
经全国职业教育教材审定委员会审定

高职高专新课程体系规划教材·
计算机系列

Linux服务器配置与管理

许　斗◎主编
张志红　夏跃武　王　钧　胡豪志◎编著

清华大学出版社
北　京

内容简介

本书基于网络应用的实际需求，以目前广泛应用的 Red Hat Enterprise Linux 6 为平台，全面介绍 Linux 网络服务器的安装、配置与管理的技术方法。全书根据网络工程实际工作过程中所需要的知识和技能抽象出 14 个教学项目，包括 Linux 的安装与启动、Linux 常用命令的使用、文件与设备管理、用户与用户组管理、服务与进程管理、软件包管理、配置网络连接、安装和配置 Samba 服务器、安装和配置 DHCP 服务器、安装和配置 DNS 服务器、安装和配置 FTP 服务器、安装和配置 Web 服务器、安装和配置 E-mail 服务器、配置 Linux 防火墙。每个教学项目分解成若干个任务，每个任务按任务场景→知识引入→任务实施的主线编写，使学生在完成教学任务的过程中逐步掌握相应的知识和技能。

本书既可作为高职院校计算机相关专业以及各种培训班的教材，也可作为网络管理和维护人员的自学参考书。

图书在版编目（CIP）数据

Linux 服务器配置与管理/许斗主编. —北京：清华大学出版社，2015（2023.2 重印）
高职高专新课程体系规划教材·计算机系列
ISBN 978-7-302-36826-7

Ⅰ. ①L… Ⅱ. ①许… Ⅲ. ①Linux 操作系统-高等职业教育-教材 Ⅳ. ①TP316.89

中国版本图书馆 CIP 数据核字（2014）第 123537 号

责任编辑： 朱英彪
封面设计： 刘　超
版式设计： 文森时代
责任校对： 赵丽杰
责任印制： 刘海龙

出版发行： 清华大学出版社
网　址：http://www.tup.com.cn，http://www.wqbook.com
地　址：北京清华大学学研大厦 A 座　　邮　编：100084
社 总 机：010-83470000　　邮　购：010-62786544
投稿与读者服务：010-62776969，c-service@tup.tsinghua.edu.cn
质量反馈：010-62772015，zhiliang@tup.tsinghua.edu.cn
印 装 者： 三河市龙大印装有限公司
经　销： 全国新华书店
开　本： 185mm×260mm　**印　张：** 17.75　**字　数：** 418 千字
版　次： 2015 年 4 月第 1 版　**印　次：** 2023 年 2 月第 10 次印刷
定　价： 49.80 元

产品编号：046752-02

前　　言

随着计算机网络的日益普及，网络服务器在计算机网络中占据着越来越重要的地位。很多企业或组织机构都组建了自己的服务器来运行各种网络应用业务，因此，需要一大批掌握各类网络服务器的配置、管理，并能解决实际网络应用问题的应用型人才。从Linux操作系统的角度来看，由于其所具有的开放性特点，受到越来越多用户的欢迎，被广泛应用于各种中小型企业网络服务器平台。

目前，我国很多高等职业院校的计算机相关专业都将“Linux服务器配置与管理”作为一门重要的专业课程。本书以目前广泛应用的Red Hat Enterprise Linux 6为平台，采用项目导向式的组织形式，以大量实用的任务贯穿全书，将必要的知识点融入其中，注重教材的实践性和可操作性。

本书按照Linux系统管理员、Linux系统集成架构师、Linux运维工程师三种典型职业岗位的技能要求，根据网络工程实际工作过程中所需要的知识和技能，抽象出14个教学项目，每个教学项目分解成若干任务，每个任务按任务场景→知识引入→任务实施的主线进行编写。使学生在完成教学任务的过程中逐步掌握相应的知识和技能，更加符合高职计算机网络技术领域教学规律。

本书全面依托国家高等职业教育网络技术专业教学资源库“Linux网络操作系统配置与管理”课程和安徽省省级精品课程“Linux服务器配置与管理”建设，数字化教学资源丰富、立体，可为相关教学提供强大的支持。

资源库：http://www.cchve.com.cn/hep/portal/courseId_1226/29/normal/nav/

精品课程：http://www1.whptu.ah.cn/jwc/09jpkc/linux/index.html

本书由许斗担任主编。项目1、2、3由夏跃武编写，项目4、5、6由胡豪志编写，项目7、8、9由张志红编写，项目10、11由许斗编写，项目12、13、14由王钧编写。全书由许斗统稿。

由于编者水平有限，书中难免存在错误与不妥之处，敬请广大读者批评指正。

编　者

目　录

项目 1　Linux 的安装与启动

本项目将通过 3 个任务学习如何安装和使用虚拟机软件 VMware Workstation，并在 VMware Workstation 中安装、启动 Red Hat Enterprise Linux 6 操作系统。

任务 1.1　安装 VMware Workstation

任务 1.2　安装 Red Hat Enterprise Linux 6

任务 1.3　Linux 的启动与登录、注销与退出

任务 1.1　安装 VMware Workstation

任务场景

小王任职于一个刚成立不久的小公司，老板决定使用免费的 Linux 来作为公司服务器的操作系统，并把这个任务交给小王来完成。由于缺乏经验，小王打算先在虚拟机上练习一下。首先，他需要在计算机上安装虚拟机软件 VMware Workstation。

知识引入

VMware Workstation 是美国 VMware 公司开发的一款功能强大的桌面虚拟计算机软件。虚拟机是通过软件模拟的具有完整硬件系统功能的、运行在一个完全隔离环境中的完整计算机系统。VMware Workstation 允许操作系统和应用程序在一台虚拟机内部运行。

在 VMware Workstation 中，用户可以在一个窗口中加载一台虚拟机，运行自己的操作系统和应用程序，还可以在运行于桌面上的多台虚拟机之间切换，通过一个网络共享虚拟机（例如一个公司局域网），挂起和恢复虚拟机以及退出虚拟机，这一切不会影响主机正在运行的其他应用程序。因此，用户可以利用 VMware Workstation 在一部实体机器上模拟完整的网络环境，在桌面上同时运行不同的操作系统，进行应用程序的开发、测试和部署。

本任务将选用版本较新且运行稳定的 VMware Workstation 9 进行安装。

任务实施

——VMware Workstation 的安装

下面开始进行 VMware Workstation 的安装，具体操作步骤如下。

步骤 1　双击 VMware Workstation 的安装文件，开始安装软件，弹出如图 1-1 所示对话框，单击 Next 按钮。

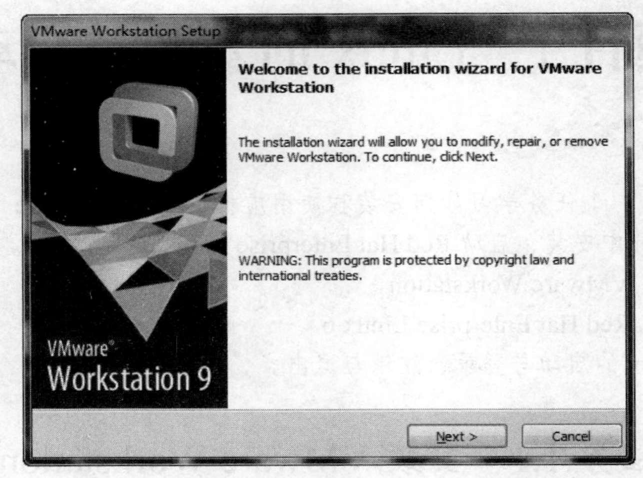

图 1-1　VMware Workstation Setup 对话框

步骤 2　进入 Setup Type 界面，选择 Typical（典型）方式安装，单击 Next 按钮进入 Destination folder 界面，选择安装路径，单击 Next 按钮，进入下一个界面，接下来按照提示进行操作即可。安装好之后启动 VMware Workstation，弹出许可协议对话框，选中接受许可协议单选按钮，单击 OK 按钮，打开 VMware Workstation 9 的主界面，如图 1-2 所示。

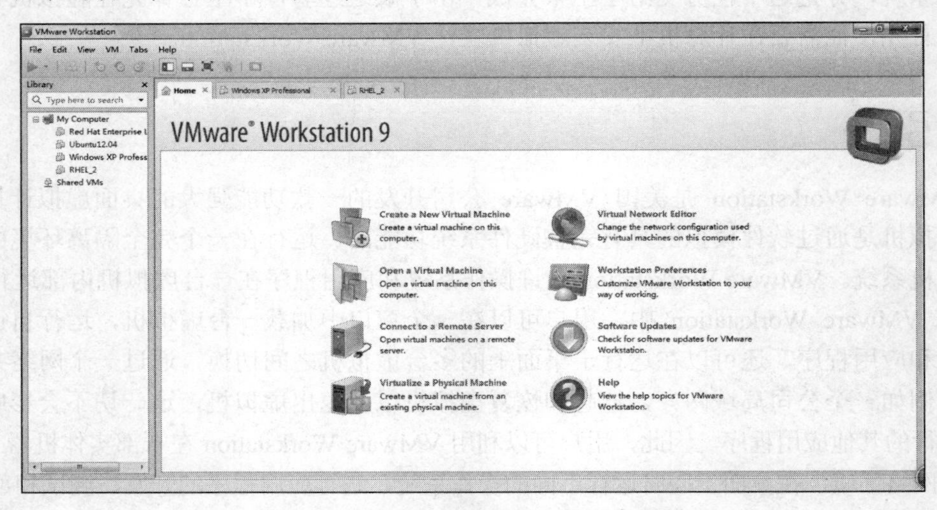

图 1-2　VMware Workstation 运行主界面

步骤 3　单击界面右侧的 Create a New Virtual Machine 超链接后，弹出 New Virtual Machine Wizard 对话框。选中 Custom 单选按钮（即定制建立虚拟机，适合有经验的用户），如图 1-3 所示。单击 Next 按钮（初学者建议选中 Typical 单选按钮）。

步骤 4　在打开的界面中的 Hardware compatibility 的下拉列表中选择 Workstation 9.0 选项，如图 1-4 所示，单击 Next 按钮。

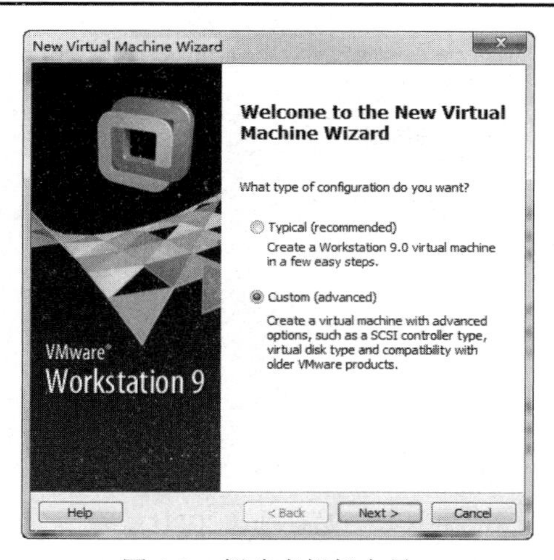

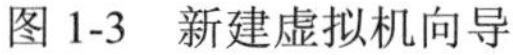
图 1-3　新建虚拟机向导

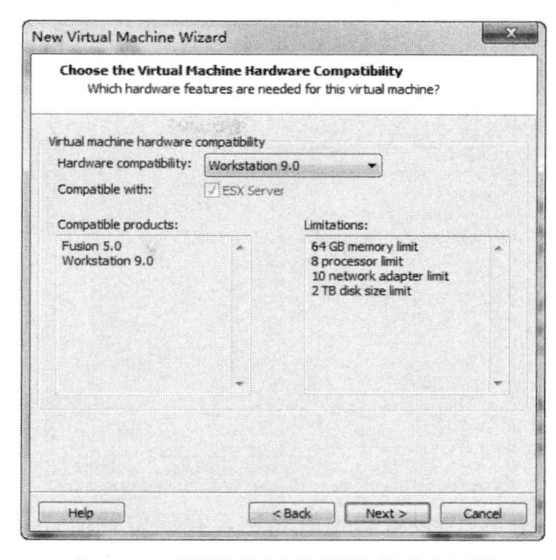

图 1-4　设置虚拟机硬件兼容性配置

步骤 5　进入 Guest Operating System Installation 界面，选中 I will install operating system later 单选按钮（此处也可以选中 Installer disc image file 单选按钮，将 RHEL6 的安装光盘镜像载入），如图 1-5 所示，单击 Next 按钮。

步骤 6　进入 Select a Guest Operation System 界面，选中 Linux 单选按钮，然后在 Version 的下拉列表框中选择 Red Hat Enterprise Linux 6 选项，如图 1-6 所示，单击 Next 按钮。

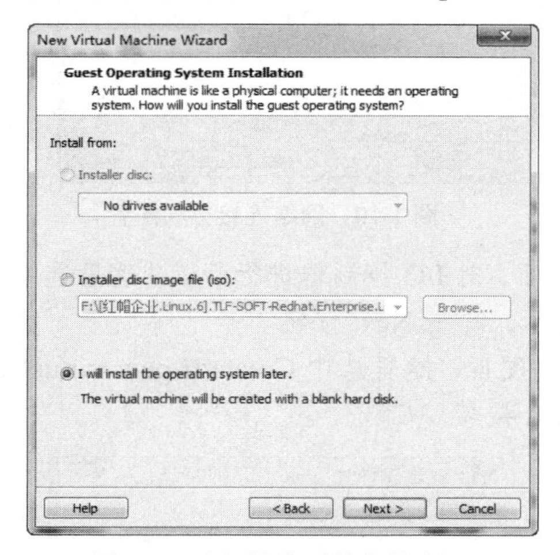

图 1-5　选择操作系统安装来源

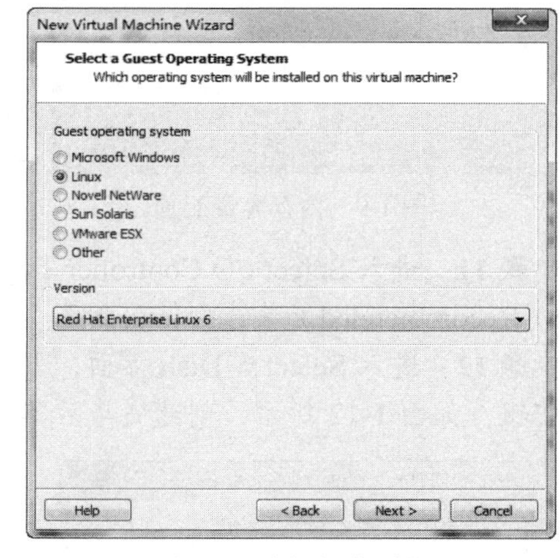

图 1-6　选择操作系统

步骤 7　进入 Name the Virtual Machine 界面，在 Virtual machine name 和 Location 下面的文本框中分别输入如图 1-7 所示的文本内容，单击 Next 按钮。

步骤 8　进入 Processor Configuration 界面，设置虚拟相关参数，如 CPU、内存、网络连接方式和硬盘等，如图 1-8 所示。设置完成后单击 Next 按钮。

步骤 9　进入 Memory for the Virtual Machine 界面，设置内存大小，如图 1-9 所示，此处选择的是 2048MB，单击 Next 按钮。

步骤 10　进入 Network Type 界面进行网络连接方式的设置，此处选中 Use bridged networking 单选按钮，如图 1-10 所示，然后单击 Next 按钮。

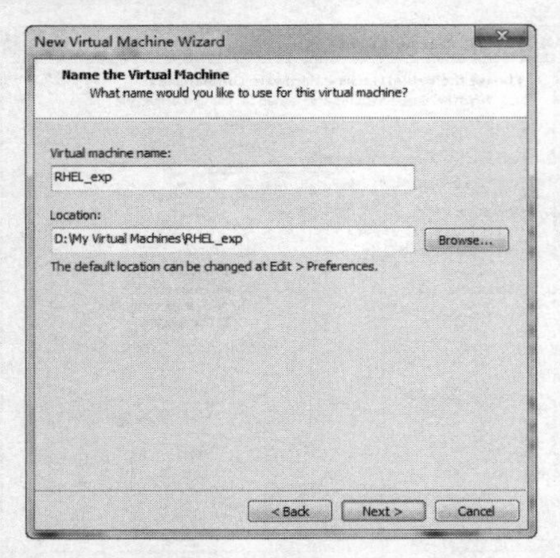

图 1-7　设置虚拟机名称及存储位置配置

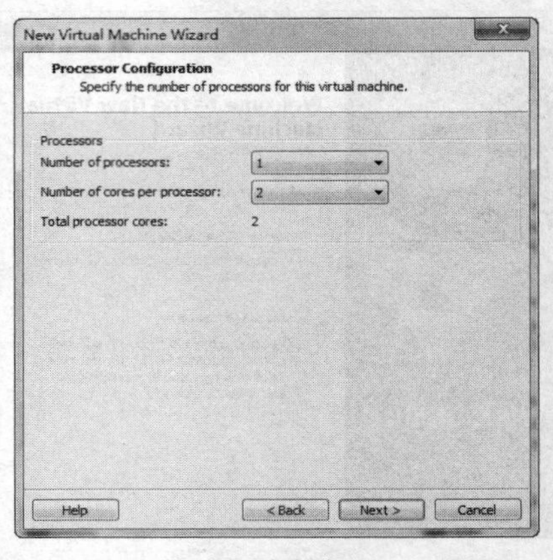

图 1-8　设置虚拟机 CPU 配置

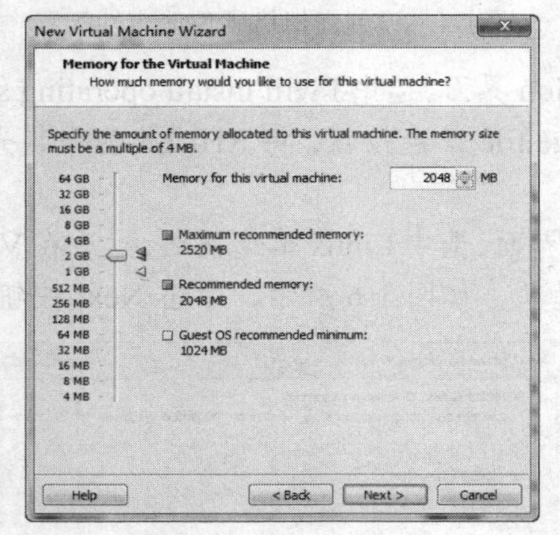

图 1-9　内存容量配置

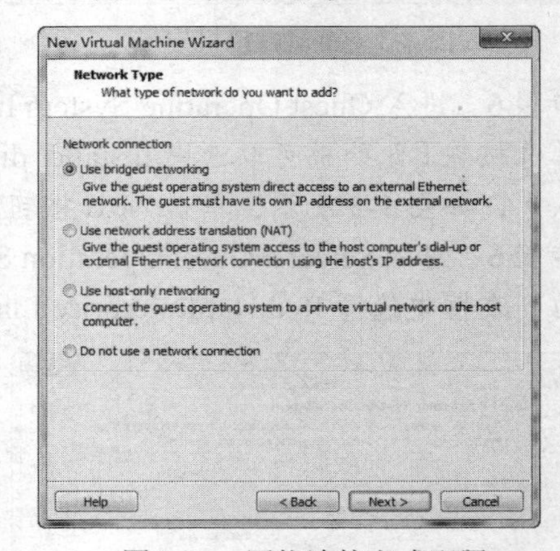

图 1-10　网络连接方式配置

步骤 11　进入 Select I/O Controller Types 界面，对 I/O 控制器进行设置。这里选中 LSI Logic（Recommended）单选按钮，如图 1-11 所示，单击 Next 按钮。

步骤 12　进入 Select a Disk 界面，开始创建硬盘，这里选中 Create a new virtual disk 单选按钮，如图 1-12 所示，创建完毕后单击 Next 按钮。

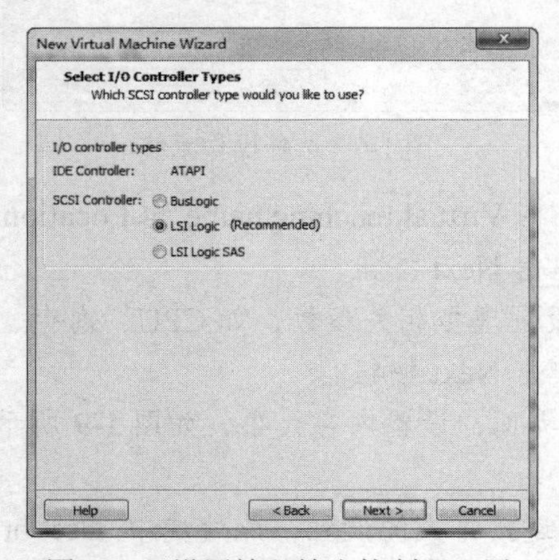

图 1-11　设置输入输出控制器配置

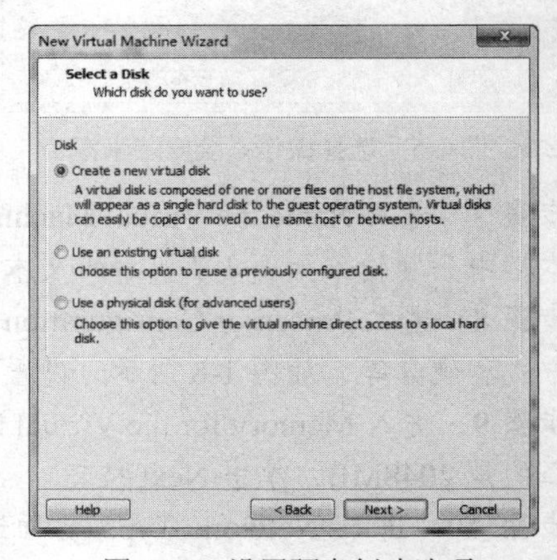

图 1-12　设置硬盘创建选项

步骤 13　进入 Select a Disk Type 界面，进行硬盘类型的选择，此处选中的是 SCSI（Recommended）单选按钮，如图 1-13 所示，单击 Next 按钮。

步骤 14　进入 Specify Disk Capacity 界面，设置硬盘容量以及空间分配方式，如图 1-14 所示，单击 Next 按钮。

图 1-13　硬盘类型的选择

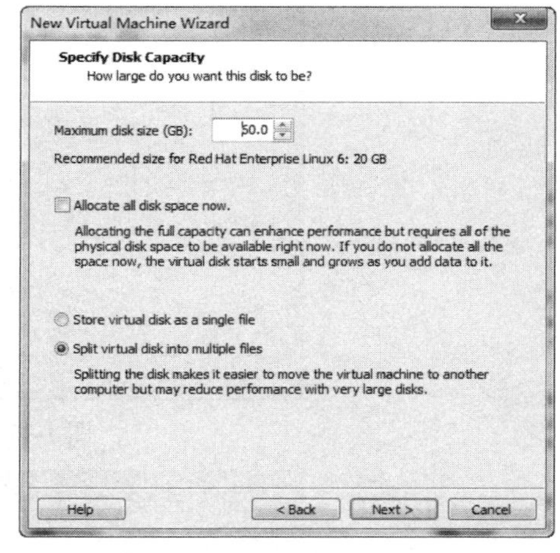

图 1-14　设置硬盘容量及空间分配方式

步骤 15　进入 Specify Disk File 界面，设置虚拟机文件名，如图 1-15 所示，单击 Next 按钮。

步骤 16　进入 Ready to Create Virtual Machine 界面，此界面提示创建工作已大体完成。如果没有其他具体设置，单击 Finish 按钮即可。若还要进行其他设置，单击 Customize Hardware 按钮，如图 1-16 所示。

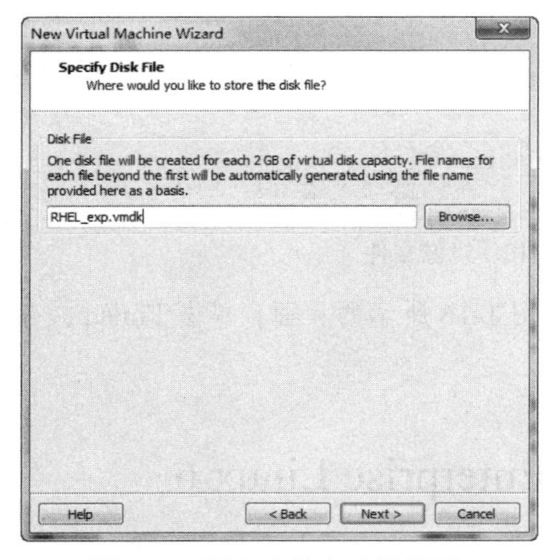

图 1-15　硬盘文件名配置界面

图 1-16　创建最终确定界面

步骤 17　打开 Hardware 对话框，在此对话框中可以对硬件环境进行具体设置，也可以删除软盘，如图 1-17 所示，还可以向虚拟光驱中添加 RHEL6 安装光盘镜像文件，如图 1-18 所示。

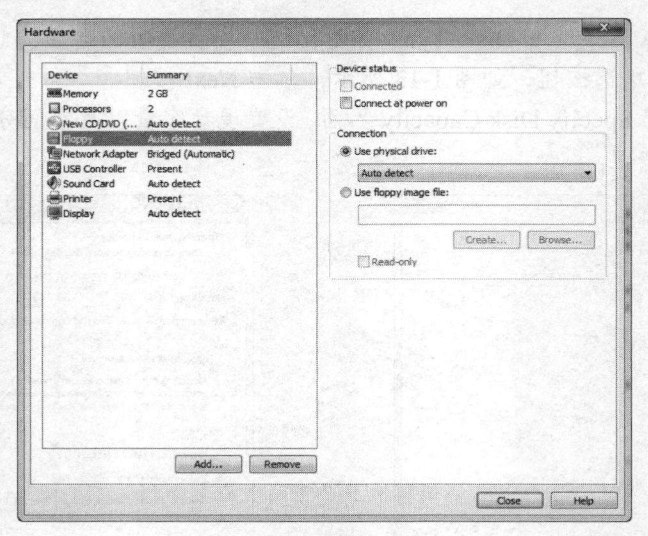

图 1-17　删除软盘驱动器

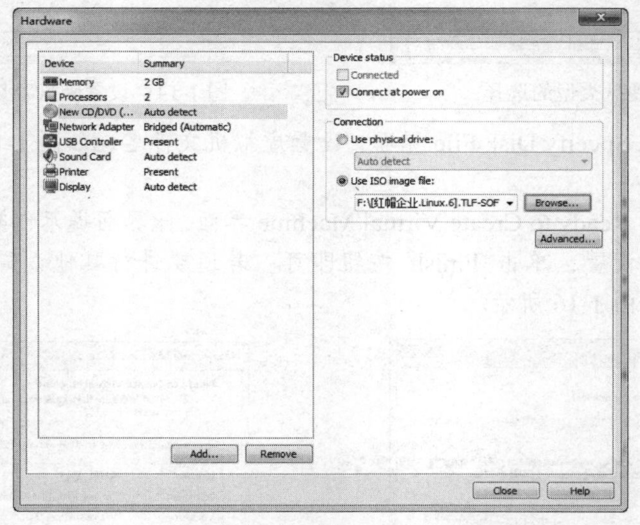

图 1-18　对虚拟机光驱添加 ISO 镜像文件

步骤 18　设置完成后，单击 Close 按钮返回到图 1-16 所示的界面，单击 Finish 按钮结束安装工作。

任务 1.2　安装 Red Hat Enterprise Linux 6

任务场景

Red Hat Enterprise Linux 6（以下简称 RHEL6）支持多种安装方式：光盘安装、硬盘安装和网络安装等，可以根据个人的实际情况来选择。小王选择的是光盘安装的方式安装 RHEL6。

知识引入

1.2.1　Linux 概述

1. Linux 的诞生

1991 年，Linus Torvalds 参考 POSIX 规范，编写了基于 386 机器上的 Linux 核心原型（版本 0.02），并将它放到了网络上。在众多志愿者的努力下，Linux 核心不断完善；模块不断拓展；功能不断增强。同时由于众多 GNU 相关软件的支持，完整的 Linux 操作系统终于形成了。时至今日，Linux 操作系统在各个领域都得到了广泛的应用，而且现在很多商业公司都推出了不同的 Linux 发行版本，如 Red Hat、Fedora、Mandriva、Novell SuSE、Debian、Slackware、Ubuntu 等。

2. Linux 的版本

Linux 按类别一般分为两个版本：内核版本和发行版本。Linux 的内核版本在发行上有自己的规则，可以从版本号上加以识别。版本号的格式为“x.yy.zz”。通常数字越大，表明版本越新，如 2.6.24。其中，x 标志着内核在设计或者实现上的重大改变，它的值介于 0～9 之间。yy 代表了两重含义：版本的变迁和版本的种类（发行版、开发版）。yy 为偶数，表示这是一个相对稳定、已经发行的版本；yy 为奇数，表示这是一个尚在开发中、还不太稳定的版本。zz 表示对内核作微小修改的次数。yy、zz 的值介于 0～99 之间。如果出现 0.99.15 这样的版本，则代表是对 0.99 的内核的第 15 次修订。各个公司的发行版都是基于稳定的 Linux 内核版本，加上应用软件和文档，并提供安装界面及系统设置与管理工具后对外发布的。

1.2.2　Linux 的特性及优缺点

1. Linux 的特性

Linux 有如下的特性：

（1）自由与开放。Linux 基于 GPL（General Public License）架构，所以任何人都可以自由使用或者修改其中的源代码，即所谓的“开放型架构”。这样可以满足多种不同的需求。

（2）配置要求低。Linux 支持 PC 机的 x86 架构，本身对于计算机的硬件配置要求并不高。当然，如果要运行 X Window 的话就另当别论了。

（3）功能强大而稳定。随着越来越多的团体和个人参与到 Linux 系统的开发和整合工作中，Linux 系统的功能越来越强大，也更加稳定，不亚于 UNIX。

（4）独立工作。为数众多的软件套件的支持为 Linux 的独立工作打下了坚实的基础。Linux 现在已经可以独立完成几乎所有的工作站或者服务器的服务，如 Web、Mail、FTP 等。

2. Linux 的优点以及不足

Linux 的优点：稳定的操作系统；免费或少许费用；安全性、漏洞的快速修补；多任务、多用户；用户与组的划分；相对而言资源耗费较少；适合需要小核心程序的嵌入式系统。

Linux 待改进的地方：没有特定的支持厂商；图形界面还不够友好。

1.2.3 图形化界面下 Red Hat Enterprise Linux 6 的系统要求

在图形化界面下，Red Hat Enterprise Linux 6 对操作系统的要求如下。

- 处理器：Pentium 400MHz 及以上（或 x86 兼容）。
- 内存：最小 256MB，推荐 512MB 以上。
- 硬盘：最小安装 3GB，完整安装 5GB。考虑用户的数据需求，建议至少 8GB。
- 引导设备：CD/DVD 驱动器，或 USB 引导设备。
- 显示卡：VGA 或更高分辨率。
- 鼠标：两键或三键。

任务实施

——Red Hat Enterprise Linux 6 的安装

下面将进行 Red Hat Enterprise Linux 6 操作系统的安装，具体操作步骤如下。

步骤 1 插入 RHEL6 系统光盘，运行后单击 Power On Virtual Machine 启动机器，出现安装选择界面，如图 1-19 所示。选择 Install or upgrade an existing system 选项，按 Enter 键，出现光盘检测的界面，如图 1-20 所示。如果要检测光盘，单击 OK 按钮；否则，单击 Skip 按钮。按 Enter 键进行确认。

图 1-19 RHEL6 安装方式选择界面

注意： 键盘操作的提示在界面下方。

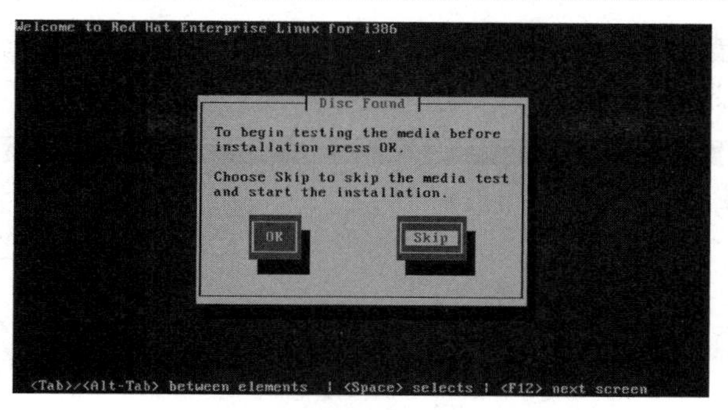

图 1-20 RHEL6 安装光盘检测界面

步骤 2 光盘检测完毕之后出现 RHEL6 的安装向导界面，如图 1-21 所示，单击 Next 按钮。

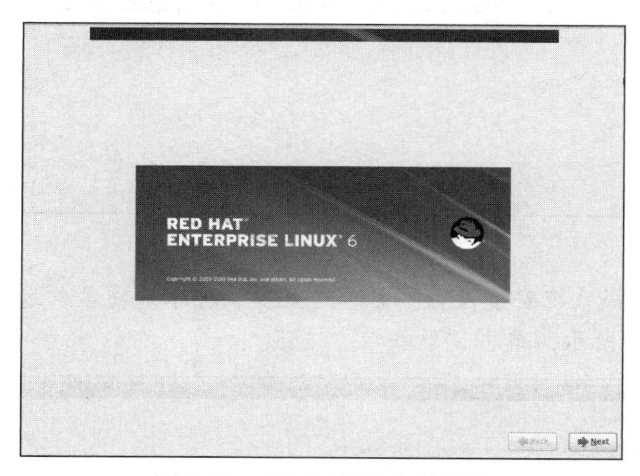

图 1-21 RHEL6 安装向导界面

步骤 3 在出现的界面中选择系统语言，这里选择“Chinese（Simplified）（中文（简体））”选项，如图 1-22 所示，单击 Next 按钮。

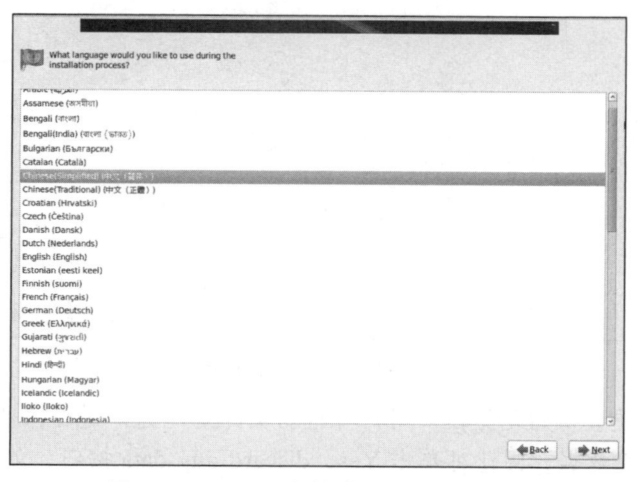

图 1-22 RHEL6 安装系统语言选择界面

步骤 4 进入键盘选择界面，默认是“美国英语式”选项，保持此选项不变，如图 1-23 所示，单击“下一步”按钮。

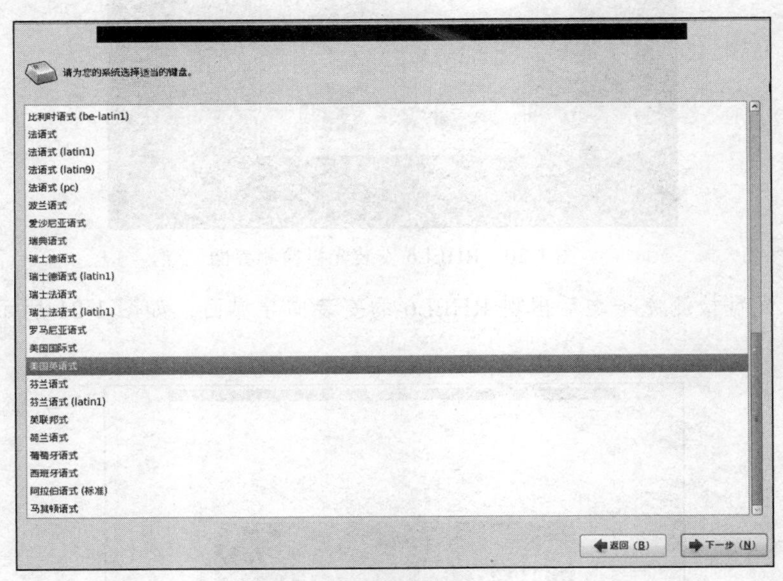

图 1-23 键盘选择界面

步骤 5 进入选择系统安装位置界面。这里安装在本地硬盘，选中“基本存储设备”单选按钮，如图 1-24 所示，单击“下一步”按钮。

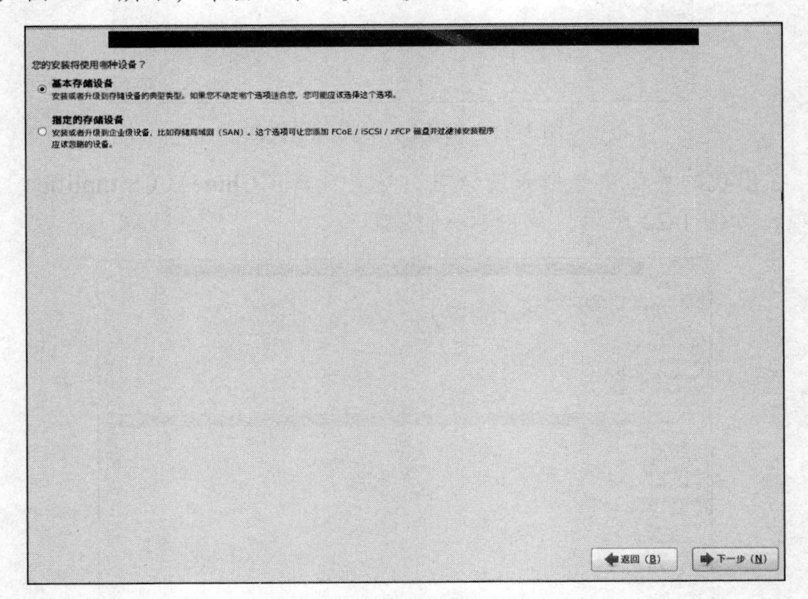

图 1-24 安装位置选择

步骤 6 进入硬盘初始化界面，用户可根据实际情况选择是否保留硬盘上的数据，新硬盘一般都没有任何数据，因此可单击 Yes, discard any data 按钮，如图 1-25 所示。单击“下一步”按钮。

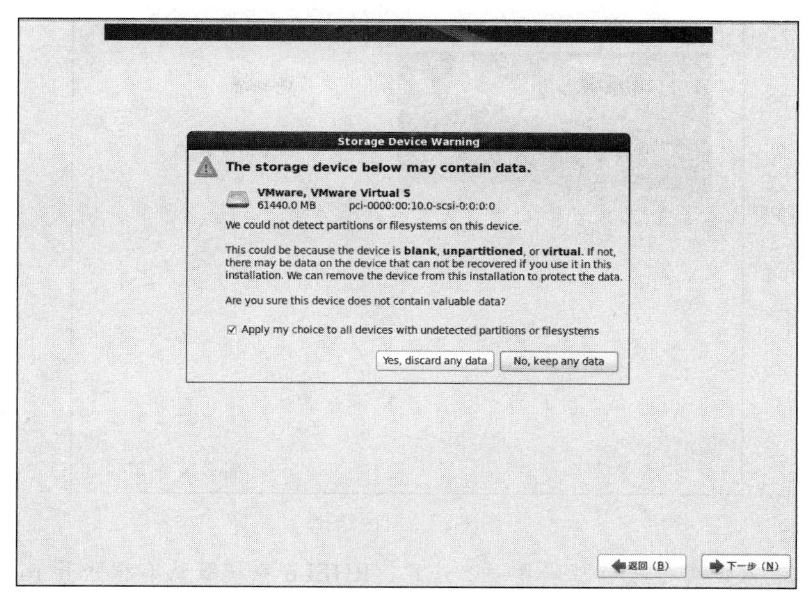

图 1-25　硬盘初始化

步骤 7　进入设置主机名和域名界面，一般默认为 localhost.localdomain。单击左下角的“配置网络”按钮，会弹出“网络连接”对话框，如图 1-26 所示，完成后单击“关闭”按钮，再单击“下一步”按钮。

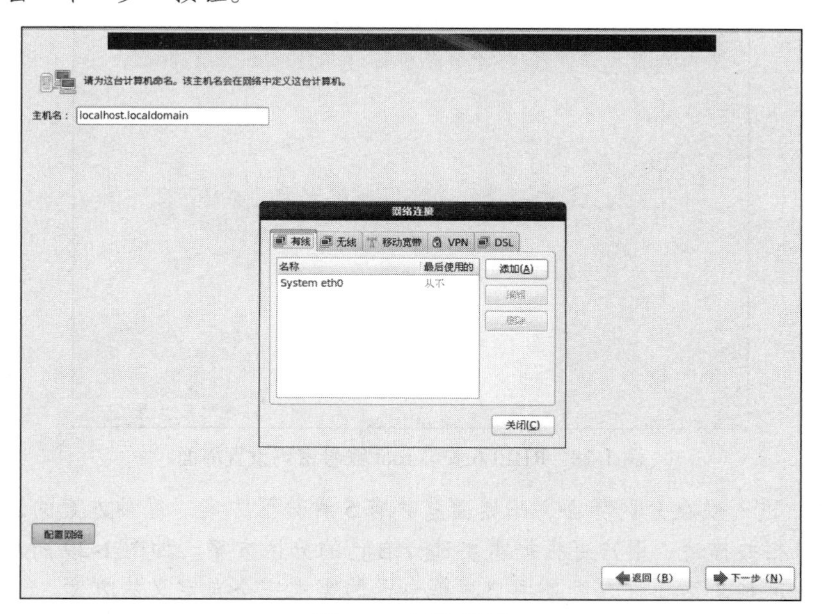

图 1-26　网络设置

步骤 8　进入时区设置界面。可在时区下拉菜单中选择所在时区，此处选择“亚洲/上海”选项，如图 1-27 所示。完成之后单击“下一步”按钮。

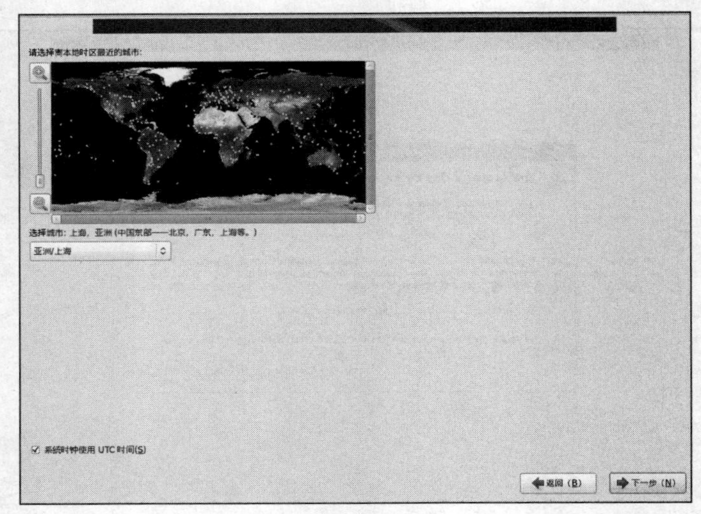

图 1-27　时区选择

步骤 9　进入设置根账号密码界面。注意，RHEL6 系统默认有根账号 root，所以根账号密码一定要设置。设置密码时，密码长度要不小于 6 位，同时尽量采用不同字符，以确保密码不易被破解，如图 1-28 所示。单击“下一步”按钮。

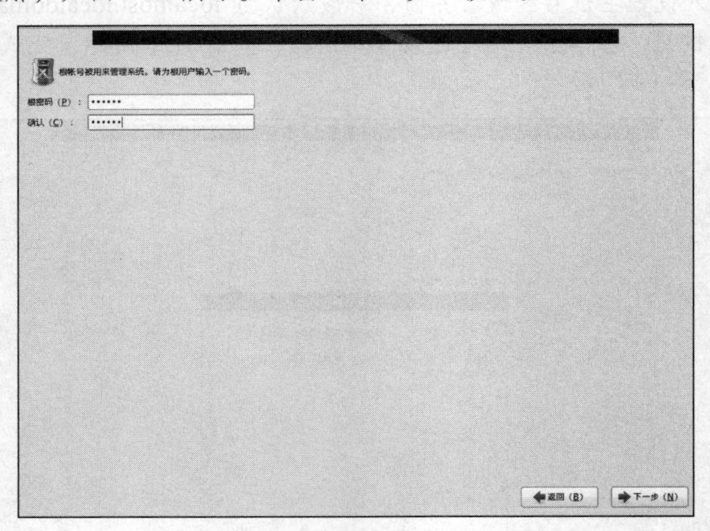

图 1-28　RHEL6 安装 root 账号密码设置界面

步骤 10　进入硬盘分区界面，此界面总共有 5 种分区方案。每种方案的适用场合在安装界面上都有相关描述。用户可根据需要选择自己的分区方案。如图 1-29 所示，前 4 种方案由系统默认定制，第 5 种方案是用户根据自己的需求完全自定义的方案。

注意： 界面左下角有“加密系统”和“查看并修改分区布局”两个复选框，“加密系统”是指对硬盘进行加密后，需要相应的 key 和 passphrase 才能读出加密后的资料；“查看并修改分区布局”则是指对分区方案进行查看，如果需要调整则可以进行相应的修改。

这里选择第 2 种方案，并选中“查看并修改分区布局”复选框，如图 1-29 所示，然后单击“下一步”按钮。

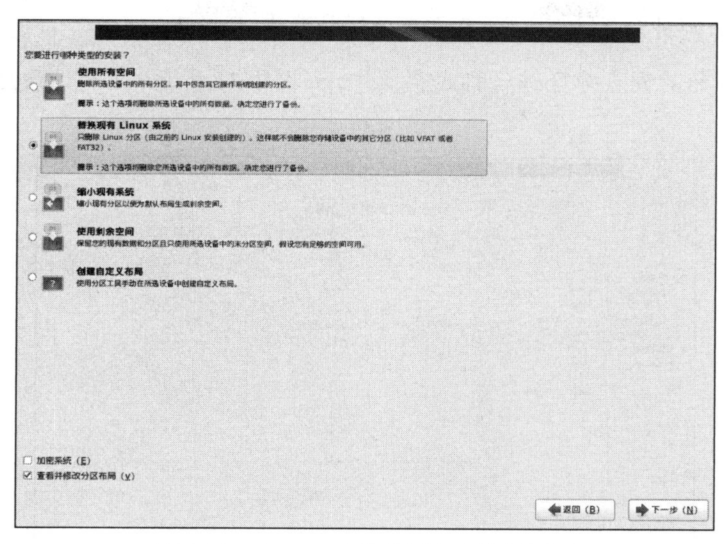

图 1-29 RHEL6 安装分区方案选择界面

进入分区查看界面，如果对现有分区方案不满意，可以在选择对应分区后再单击界面右下角的“创建”、“编辑”、“删除”和“重设”中对应的按钮来调整分区方案，如图 1-30 所示。确定后单击“下一步”按钮。

注意：（1）挂载点和分区之间的关系。挂载点实际上就是 Linux 中的磁盘文件系统的入口目录，类似于 Windows 中的用来访问不同分区的 C:、D:、E:等盘符。分区挂载到对应的入口目录下即可，类似于 Windows 中把盘符分配给对应的分区。例如，第一块硬盘的第一个分区被挂载到了目录 boot 下，如图 1-30 所示。

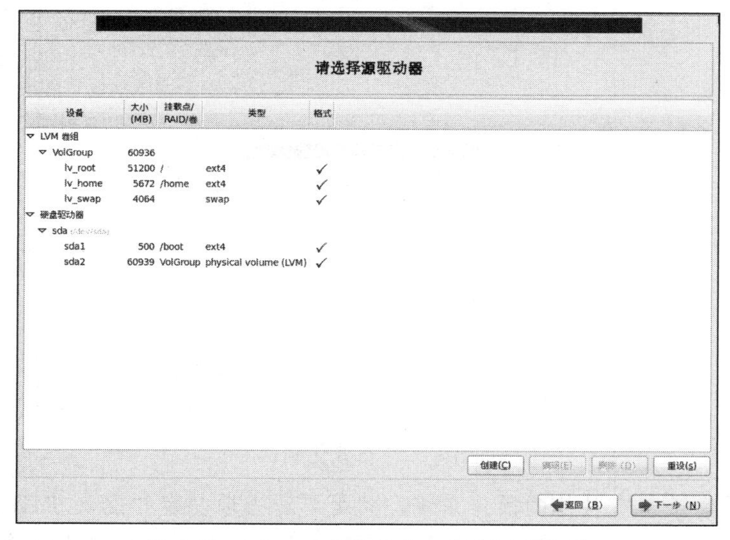

图 1-30 RHEL6 安装挂载点和分区示意图

（2）Linux 最多支持 4 个分区。如果需要设置的分区大于 4，就需要创建最多 3 个主分区，1 个扩展分区，然后在扩展分区里创建多个逻辑分区即可。

（3）无论哪种分区方案，一定要有分区挂载在/目录下。

步骤 11 开始对硬盘分区进行格式化操作，如图 1-31 所示，确定无误后单击“格式化”按钮。

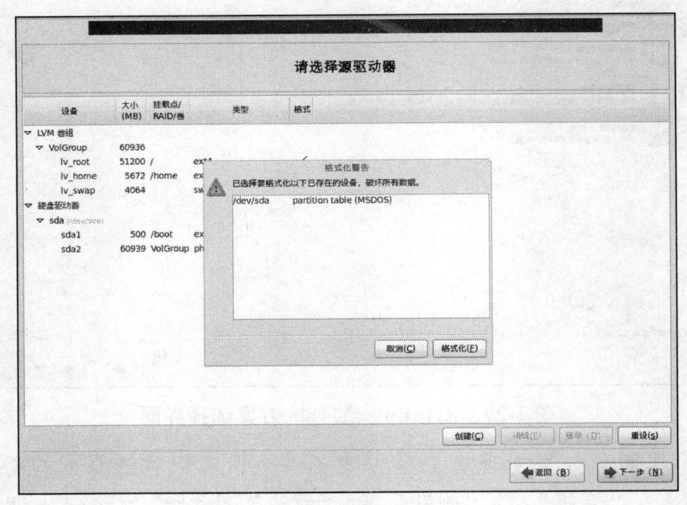

图 1-31 硬盘分区格式化

步骤 12 弹出“将存储配置写入磁盘”的提示框，如果确定要继续，就单击“将修改写入磁盘”按钮，安装程序会按照之前确定的方案对分区进行格式化以及后续安装操作，如图 1-32 所示。

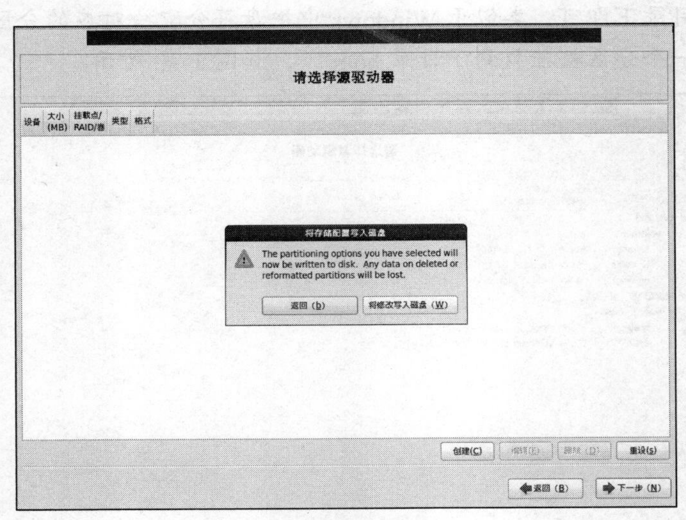

图 1-32 格式化确认

如果之前硬盘上装有其他的操作系统，就需要适当地安装和配置 RHEL6 的引导程序（如 GRUB 或者 LILO），指定引导程序的安装位置，以及引导程序启动的默认操作系统。

根据具体需要，可单击对应的“添加”、“编辑”或“删除”按钮进行操作。完成之后，单击“下一步”按钮，如图 1-33 所示。

图 1-33　引导程序配置

步骤 13　在进入的界面中选择 RHEL6 的安装版本，可以选择相应的桌面版、服务器版等，也可以根据需要补充安装附加的软件包。这里选中“现在自定义”单选按钮，如图 1-34 所示，单击“下一步”按钮。

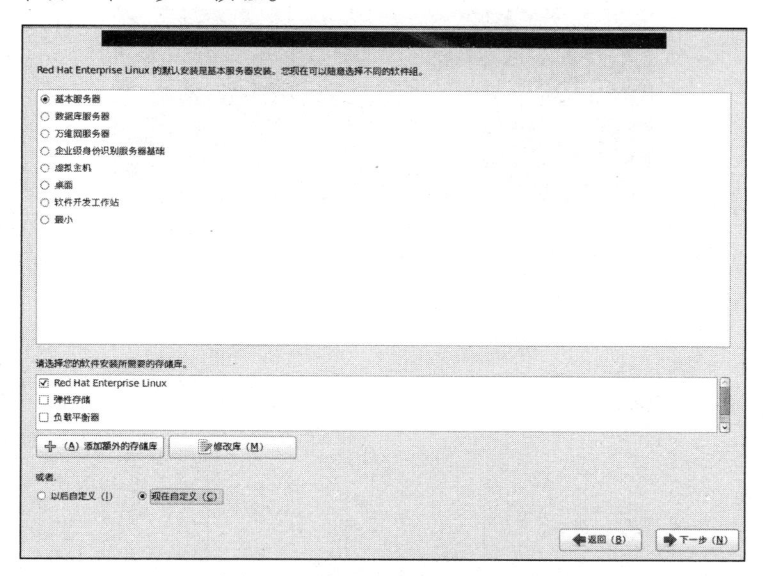

图 1-34　RHEL6 安装版本选择

步骤 14　进入软件包选择界面，用户可根据需要添加或删除需要的软件包。注意，如果希望系统安装好之后就具有图形桌面，那么在此处就需要选择相关的桌面选项，如 KDE 桌面等，如图 1-35 所示。选择之后单击“下一步”按钮。

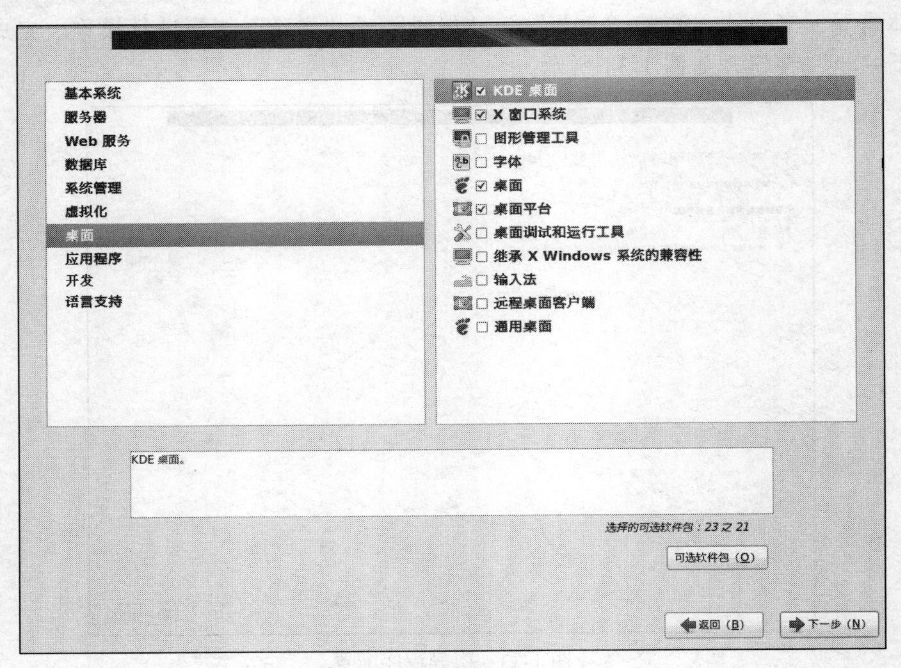

图 1-35　软件包选择界面

步骤 15　进入软件安装界面，此时等待即可，如图 1-36 所示。

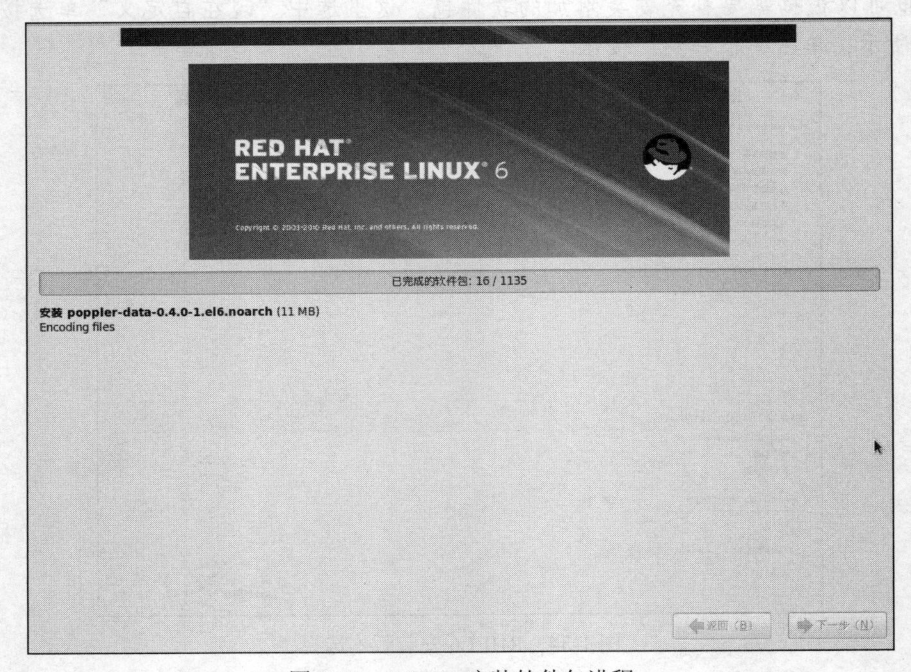

图 1-36　RHEL6 安装软件包进程

步骤 16　安装完成以后的界面如图 1-37 所示，单击“重新引导”按钮，重新启动以后就会进入“欢迎”界面，如图 1-38 所示，单击“前进”按钮。

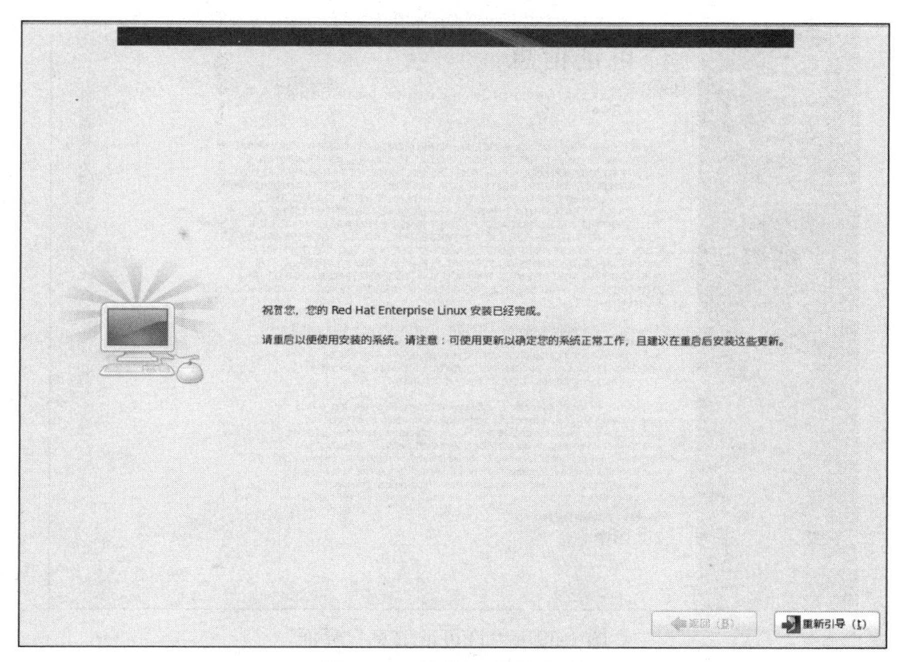

图 1-37　软件包安装完成

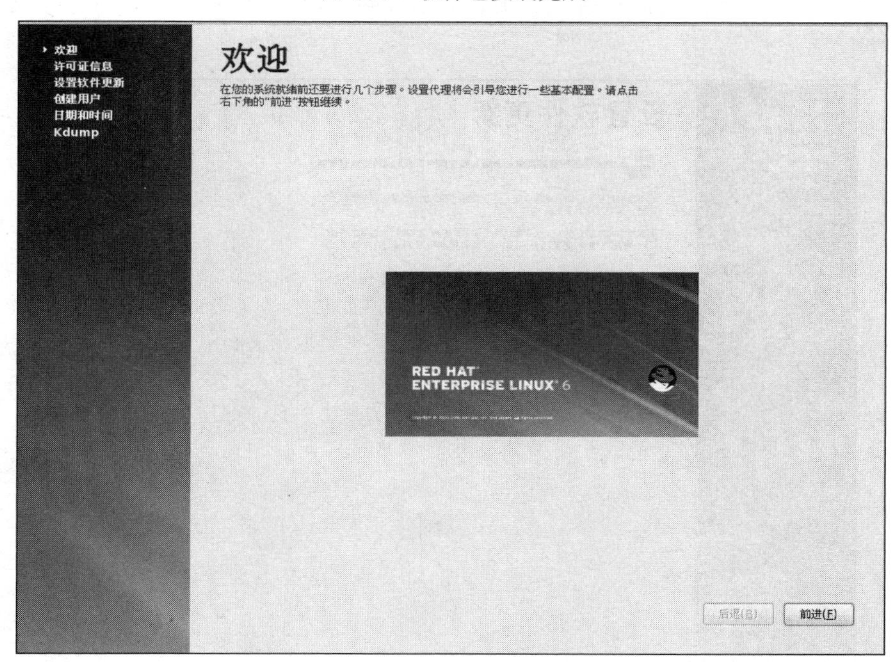

图 1-38　“欢迎”界面

步骤 17　进入“许可证信息”界面，选中“是的，我同意许可证协议”单选按钮，如图 1-39 所示，单击“前进”按钮。

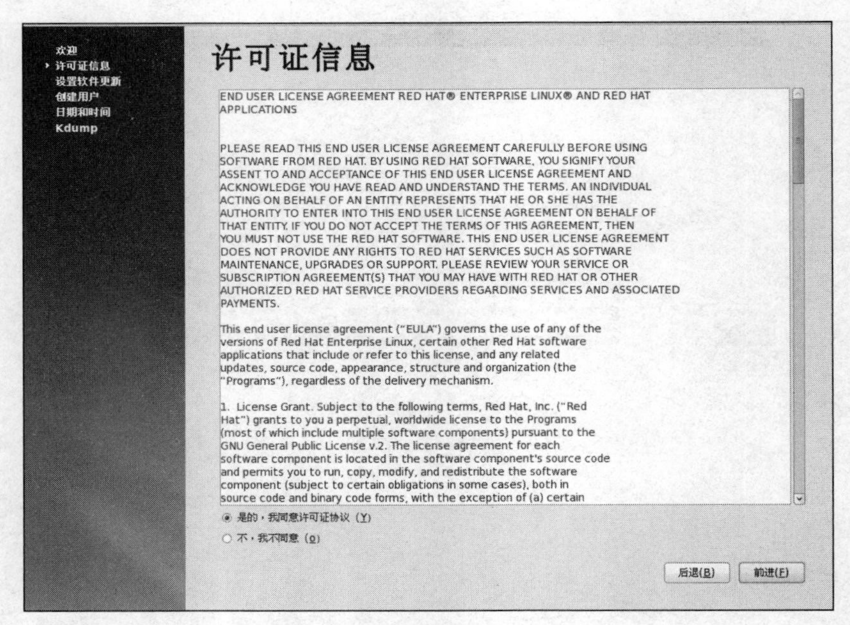

图 1-39 “许可证信息”界面

步骤 18 进入“设置软件更新”界面，如图 1-40 所示。设置完成以后，单击“前进”按钮。

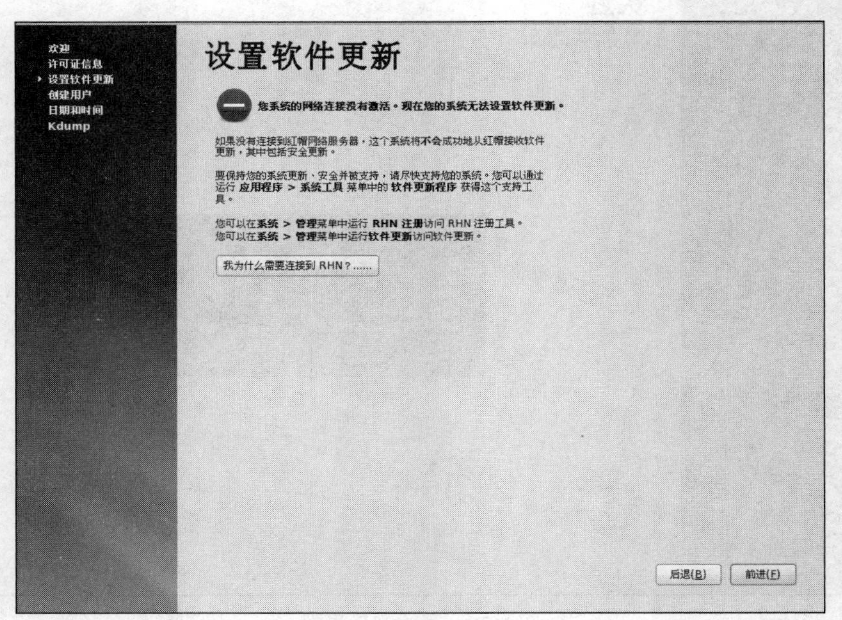

图 1-40 “设置软件更新”界面

步骤 19 进入“创建用户”界面，用户需要创建一个非 root 用户，需要设定用户名、密码等。这里创建用户名为 student，密码根据个人需要设定，如图 1-41 所示，完成后单击“前进”按钮。

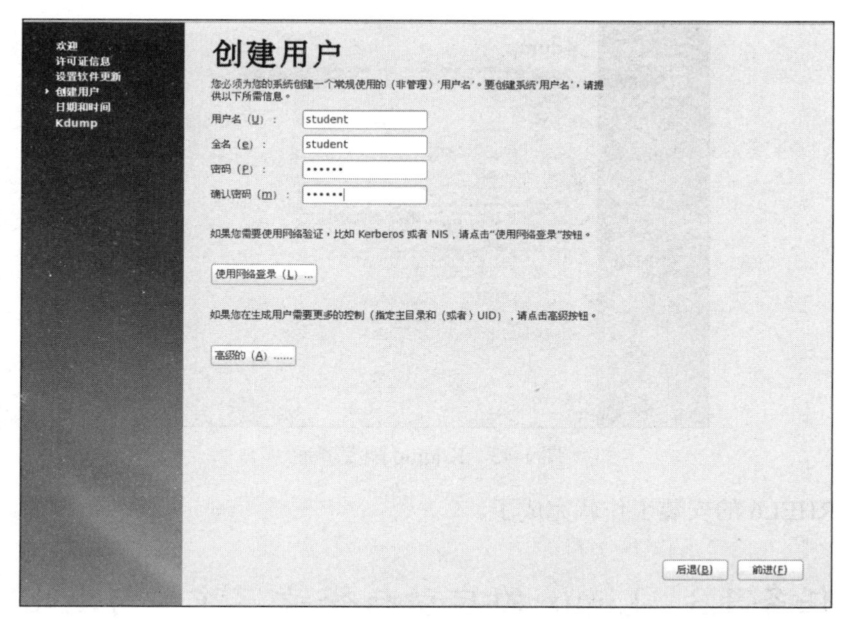

图 1-41 “创建用户”界面

步骤 20 进入“日期和时间”设置界面，如图 1-42 所示，设置完成以后，单击“前进”按钮。

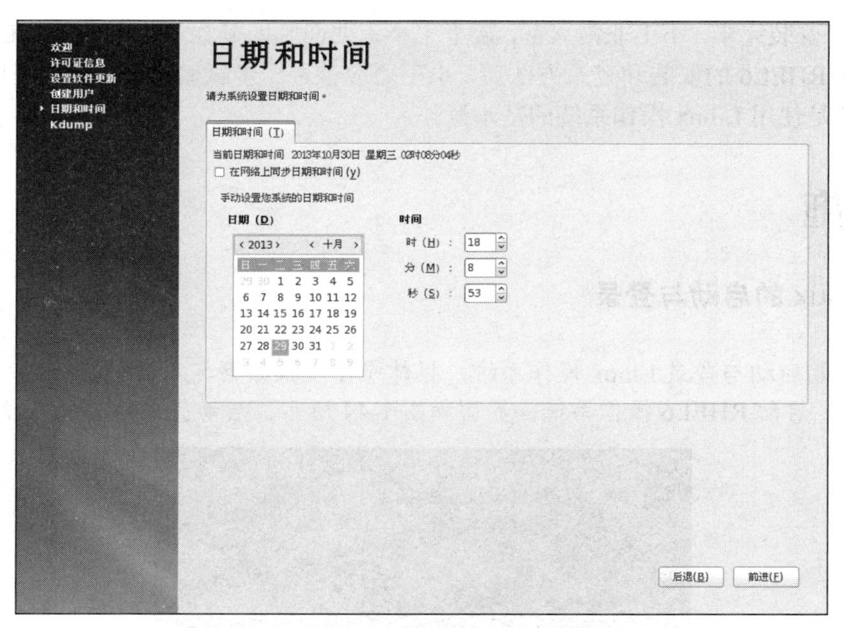

图 1-42 “日期和时间”设置界面

步骤 21 进入 Kdump（内存崩溃转储）配置界面，当内存不够时界面会出现提示，如图 1-43 所示。配置完成后，单击“完成”按钮。

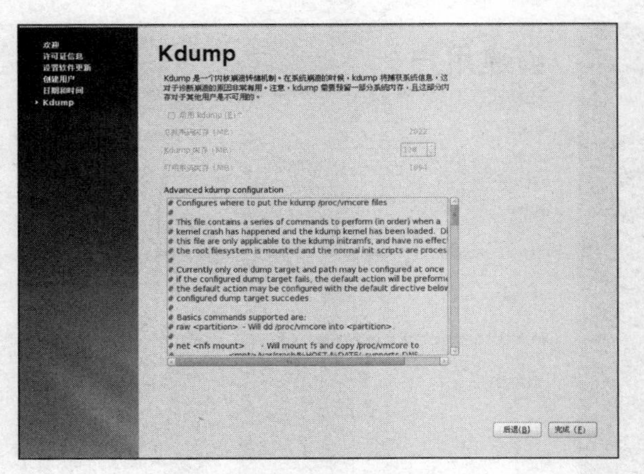

图 1-43　Kdump 配置界面

至此，RHEL6 的安装工作就完成了。

任务 1.3　Linux 的启动与登录、注销与退出

任务场景

RHEL6 安装完毕，小王非常兴奋，接下来小王要面临的是如何启动、登录 Linux 系统。同时在熟悉 RHEL6 的安装和登录方法后，小王还应该进一步试验如何注销、退出 RHEL6，因为这些都是使用 Linux 操作系统的基本操作。

任务实施

1.3.1　Linux 的启动与登录

下面开始启动与登录 Linux 操作系统，具体操作步骤如下。

步骤 1　启动 RHEL6 操作系统，界面如图 1-44 所示，启动完成后会进入登录界面。

图 1-44　RHEL6 启动过程界面

步骤 2　在登录界面输入用户名和密码登录系统。

RHEL6 的登录界面有两种，即文本界面和图形界面。

（1）文本登录界面如图 1-45 所示。

Red Hat Enterprise Linux Server release 6.1 (Santiago)
Kernel 2.6.32-131.0.15.el6.i686 on an i686
localhost login: _

图 1-45　RHEL6 的文本登录界面

在图 1-45 所示的界面中输入用户名，完成后输入密码。注意：输入密码时，光标不会移动。登录成功后的界面如图 1-46 所示。

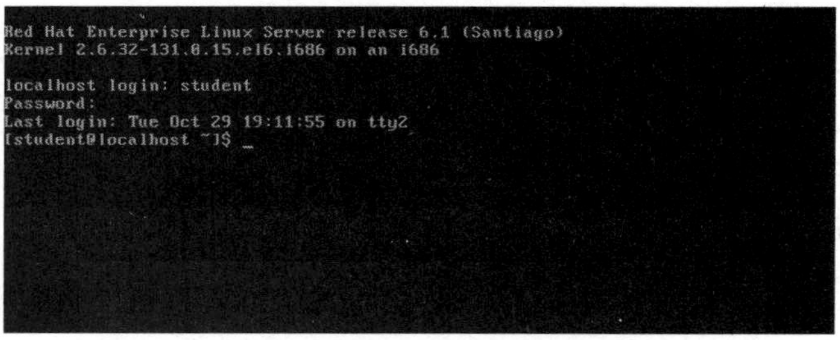

Red Hat Enterprise Linux Server release 6.1 (Santiago)
Kernel 2.6.32-131.0.15.el6.i686 on an i686
localhost login: student
Password:
Last login: Tue Oct 29 19:11:55 on tty2
[student@localhost ~]$ _

图 1-46　RHEL6 的文本界面登录成功后的界面

（2）图形登录界面如图 1-47 所示。

Red Hat Enterprise Linux Server release 6.1 (Santiago)
student
密码：
取消(C)
登录
USA
GNOME
6:56 下午

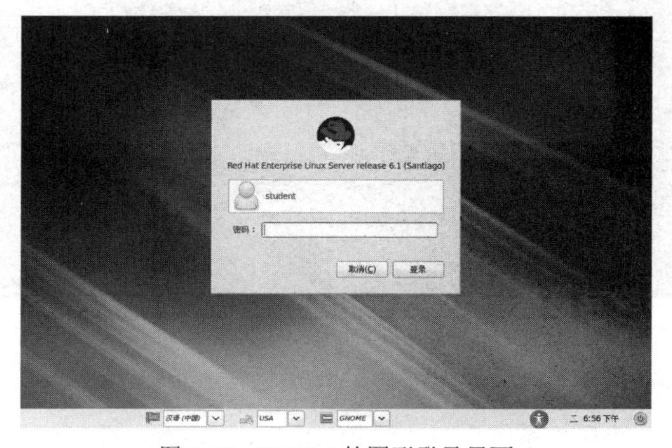

图 1-47　RHEL6 的图形登录界面

在如图 1-47 所示的界面中对应位置输入密码，单击“登录”按钮，登录成功后的界面如图 1-48 所示。

应用程序 位置 系统
二 10月 29 18:58 student
计算机
student 的主文件夹
回收站

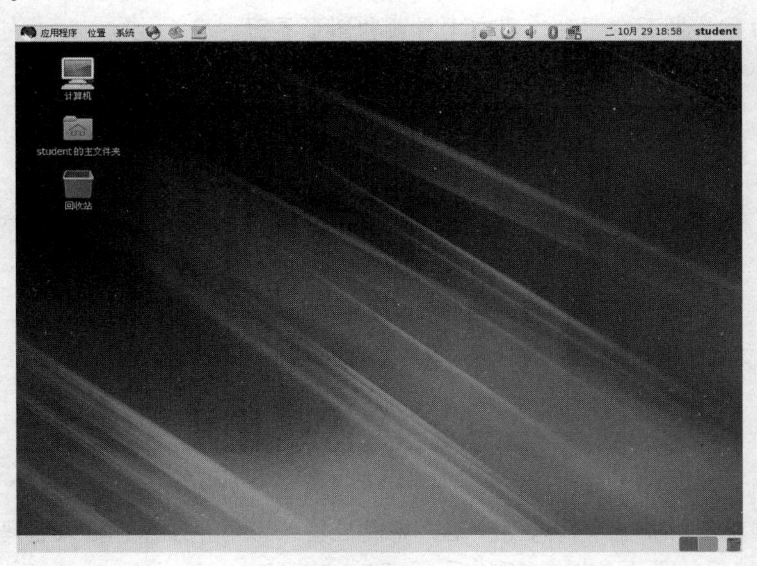

图 1-48　RHEL6 的图形界面登录成功后的界面

1.3.2　Linux 的注销

注销 Linux 操作系统，通常有以下两种操作方法。

1. 在文本界面下注销用户

在文本界面下，输入命令 logout 或者 exit，然后按 Enter 键，如图 1-49 所示。完成后的界面如图 1-45 所示。

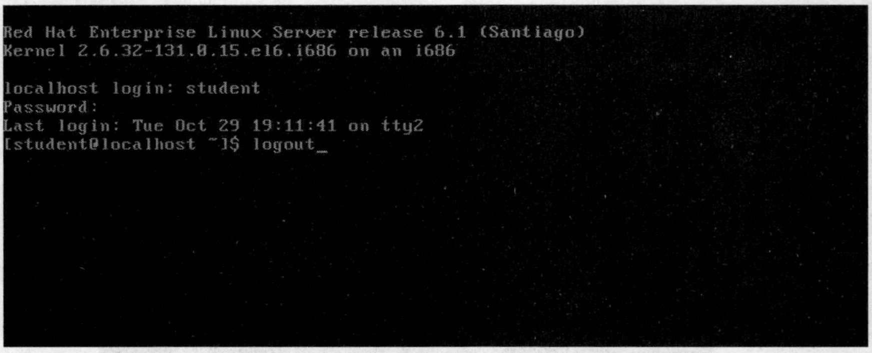

Red Hat Enterprise Linux Server release 6.1 (Santiago)
Kernel 2.6.32-131.0.15.el6.i686 on an i686
localhost login: student
Password:
Last login: Tue Oct 29 19:11:41 on tty2
[student@localhost ~]$ logout

图 1-49　RHEL6 文本界面注销用户

2. 图形界面下注销用户

在图形界面下，选择“系统”→“注销 student”命令，即可注销 student 用户，如图 1-50 所示。

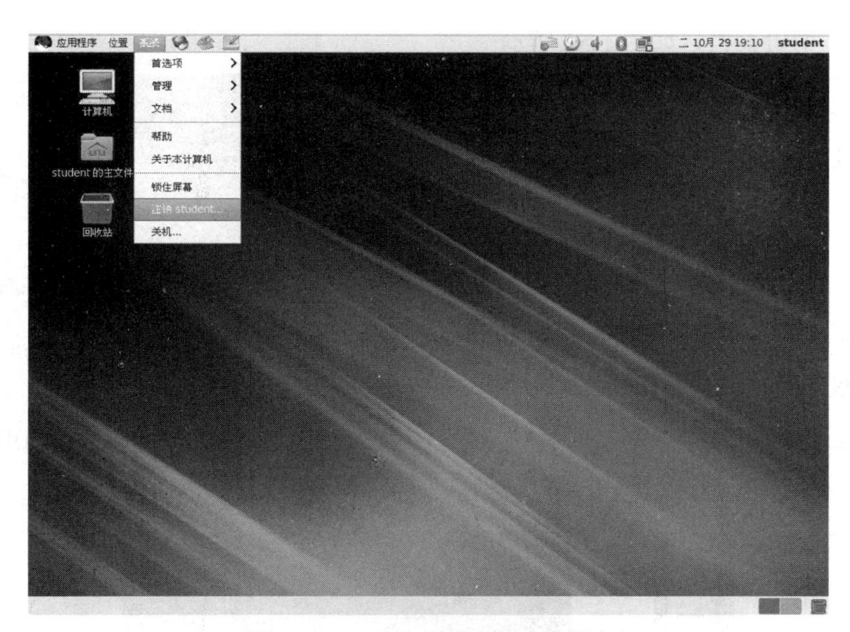

图 1-50　RHEL6 图形界面注销用户

注销后的图形界面如图 1-51 所示。

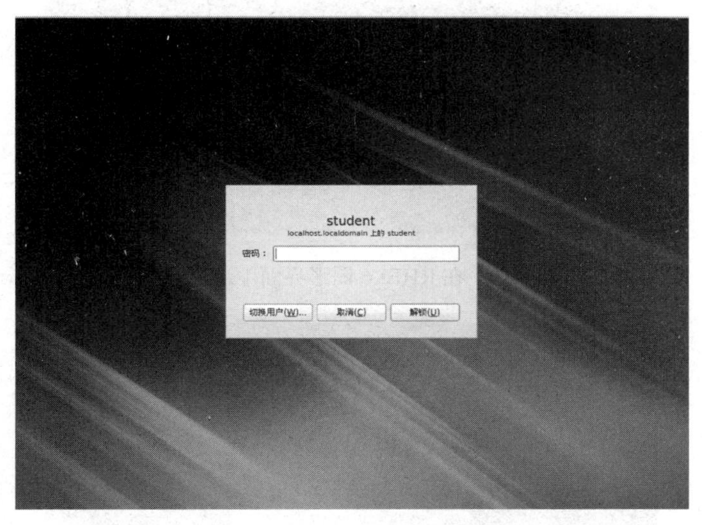

图 1-51　在 RHEL6 图形界面下注销用户后的界面

1.3.3　Linux 的退出

要退出 Linux 系统，通常也有两种方法。

1. 文本界面下退出系统（重启动或者关机）

在文本界面下，首先使用 su 命令切换到 root 用户，然后输入 shutdown -h now 命令后按 Enter 键，即可关机，如图 1-52 所示。

图 1-52　在 RHEL6 文本界面下退出系统

如果要重启动，输入 shutdown -r 命令后按 Enter 键即可。

2. 图形界面下退出系统（重启动或者关机）

在图形界面下，选择“系统”→“关机”命令，如图 1-53 所示。之后就会弹出如图 1-54 所示的提示对话框，要关机或者重启，只要单击相应的按钮即可。

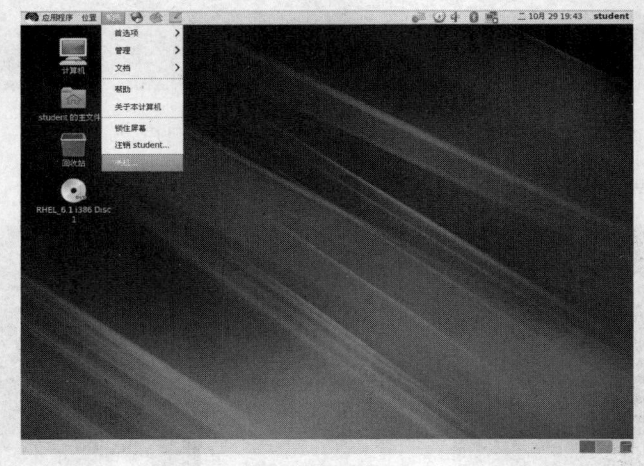

图 1-53　在 RHEL6 图形界面下退出系统

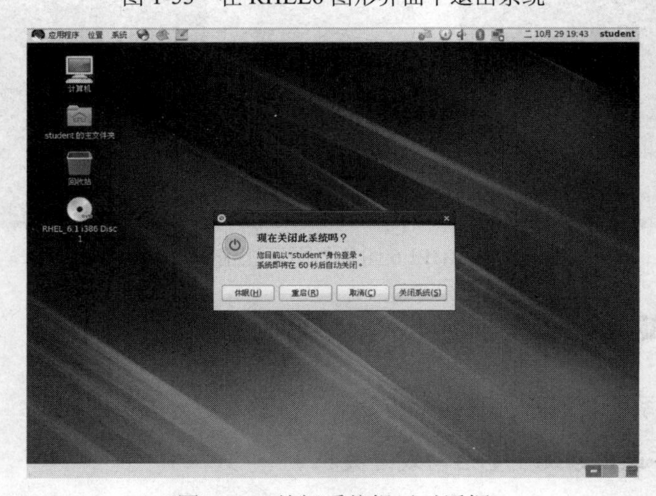

图 1-54　关闭系统提示对话框

项目实训 RHEL6的安装、登录、注销、退出

1. 实训目的

完成本实训后，将能够做到：

- 掌握RHEL6的虚拟机环境配置方法。
- 掌握RHEL6安装时自定义分区的方法。
- 掌握RHEL6的两种登录的方法。
- 掌握RHEL6的两种注销和关机的方法。

2. 实训内容

（1）安装并启动VMware软件。

（2）根据如下要求配置CPU、内存、硬盘类型和容量、网络连接方式、总线以及其他硬件等的虚拟机环境：双核CPU，2GB内存，80GB的SCSI硬盘1块，无软驱，桥接网络。

（3）加载光盘，启动安装RHEL6的工作。

（4）配置安装语言、键盘、鼠标类型。

（5）输入root账户密码。

（6）按照如下要求自定义硬盘分区，挂载目录，并保存修改结果。

- 分区1：主分区，ext4文件系统，挂载/目录，容量20GB；
- 分区2：主分区，ext4文件系统，挂载/boot目录，容量1GB；
- 分区3：swap分区，容量2GB；
- 分区4：逻辑分区，ext4文件系统，挂载/home目录，容量30GB；
- 分区5：逻辑分区，ext4文件系统，挂载/tmp目录，使用剩余容量。

（7）定制软件安装包。

（8）创建新用户student，并完成RHEL6的安装。

（9）按Alt+Ctrl+F2组合键切换到文本界面，输入用户名student，以及账户密码，登录系统。

（10）使用logout命令注销系统。

（11）使用shutdown命令退出系统。

项 目 小 结

1. Linux系统

Linux是开源的，免费、安全性能好、可裁剪，既可以作为企业级服务器的操作系统，也可以作为嵌入式设备的操作系统，还可以用于其他领域，是到目前为止，全世界IT行业应用面最广泛的操作系统。Linux操作系统有很多版本，其中影响力比较大的有Red Hat、

Fedora、Ubuntu、红旗 Linux 等。

2. Linux 系统的安装

安装 Linux 有多种方式，在硬盘分区时需要把分区挂载到目录上，Linux 最多支持 4 个分区。

3. Linux 系统的启动、登录、注销、关机

Linux 的启动、登录、注销、关机等操作，既可以在文本界面下实现，也可以通过图形界面操作。

习　题

一、选择题

1. Linux 是________操作系统。

   A. 单用户、单任务　　B. 单用户、多任务

   C. 多用户、单任务　　D. 多用户、多任务

2. 以下________中产品不是 Linux 发行版。

   A. Ubuntu　　B. SuSE　　C. Red Hat　　D. BSD

3. ________是多重启动管理器，它负责装入内核并引导 Linux 系统。

   A. GNU　　B. MBR　　C. SWAP　　D. GRUB

4. 在文本界面注销 Linux 的命令是________。

   A. reboot　　B. shutdown　　C. exit　　D. init 0

5. 安装 Linux 时，一定要挂载的目录是________。

   A. /目录　　B. boot 目录　　C. root 目录　　D. home 目录

6. 在 Linux 的文本界面方式下，重新启动机器的命令是________。

   A. shutdown -r　　B. shutdown -h now

   C. logout　　D. exit

二、简答题

1. Linux 操作系统有哪些优点？
2. 简述 Linux 内核的版本号的构成。

项目 2　Linux 常用命令的使用

本项目将通过 5 个任务学习如何在 Linux 系统中的文本模式或终端模式下进行各种操作，包括 Shell 的基本使用、常见的命令的使用以及常用的文本编辑器的使用。

任务 2.1　启动 Shell 并熟悉 Shell 命令的使用

任务 2.2　使用 Linux 基本操作命令

任务 2.3　使用目录操作命令

任务 2.4　使用文件操作命令

任务 2.5　使用 vi 编辑器

任务 2.1　启动 Shell 并熟悉 Shell 命令的使用

任务场景

在 Linux 操作系统安装成功之后，老板对小王的表现很满意，并准备过几天交代给他下一步的工作安排。小王想：Linux 还不怎么会用，得赶紧利用这几天练习练习。Linux 是以命令操作为主的操作系统，可是，Linux 命令怎么使用呢？作为操作系统的外壳，Shell 命令也不会用，小王还得先学习如何启动 Shell。

打开 Shell 后，小王需要试着在 Shell 中执行以下操作：

① 列出 home 目录下的各文件名称。

② 将 file1 和 file2 两个文件复制到/expbk 目录。

③ 显示以 ma 开头的所有命令（命令补全功能）。

④ 显示所有文件名中有.bash 的文件（文件补齐功能）。

⑤ 显示所有以 l 开头的命令，使用 Ctrl+C 快捷键终止命令的执行。

⑥ 使用通配符“*”显示以 i 开头的目录或文件名；使用通配符“?”显示以 install.lo 开头的目录或文件名。

⑦ 将当前目录下的文件信息全部存储到 list.txt 文件中。

⑧ 将根目录下的文件信息追加到 list.txt 文件中。

⑨ 查询/etc/下有多少文件，并能够前后翻动相关信息。

知识引入

2.1.1 Shell 概述

Shell 是一个公用的具备特殊功能的程序。Linux 系统的 Shell 是作为操作系统的外壳，为用户提供使用操作系统的接口。它是命令语言、命令解释程序及程序设计语言的统称。

如图 2-1 所示，User（用户）使用文字或者图形界面在屏幕前操作 Linux 操作系统。Shell 接收用户输入的各种命令，并与 Kernel（内核）进行“沟通”。Kernel 则可以控制 Hardware（硬件）正确无误地进行工作，如 CPU 管理、内存管理、磁盘输入输出等。Hardware 是整个系统中的实际工作者，包含了 CPU、内存、磁盘、显卡、声卡和网卡等，没有它们，上面提到的 Shell、Kernel 都没有意义。

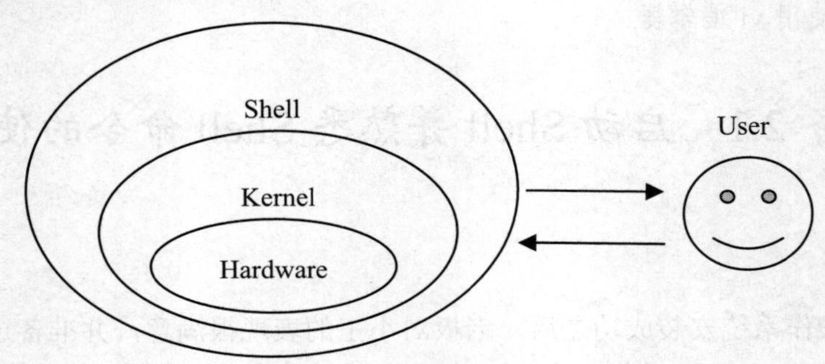

图 2-1 硬件、内核与用户的关联性

Shell 如果从狭义上讲仅仅就是指文字模式的 Shell，从广义上理解还可以包括 KDE 之类的图形界面控制软件。本书所说的 Shell 是狭义的理解，即文字模式的 Shell。

Shell 有着众多不同的版本，如 BASH（Bourne Shell）、K Shell、TCSH 等。在 RHEL6 中，打开 etc 目录下的 Shells 文件，有以下几种可用的 Shells：

- /bin/sh （已经被/bin/bash 所取代）
- /bin/bash （Linux 默认的 Shell）
- /sbin/nologin （特殊的 Shell，给系统账号使用，不能用账号实际登录）
- /bin/tcsh （整合 C Shell，提供更多的功能）
- /bin/csh （已经被/bin/tcsh 所取代）

由此可见，RHEL6 中提供了多种 Shell，并写在了 etc/Shells 文件中。这样做是因为系统某些服务在运行过程中。会检查用户能够使用的 Shells，而这些 Shells 的查询就是通过 /etc/Shells 文件进行的。

2.1.2 Shell 的优点

RHEL6 中默认的是 bash，它具有以下优点：

（1）命令的记忆功能。在命令行按键盘的上、下箭头键，可以找到之前使用过的命令。这些命令会在系统注销时被记录到.bash_history 文件中。

（2）命令与文件补全功能。在命令或者参数后使用 Tab 键可以列出想要知道的命令或者文件。

（3）命令别名设置功能。用使用 alias 将自定义的命令可以替换 bash 原有的命令，便于使用。例如：alias la='ls -a'，就可以去实现 ls -a 的功能。

（4）作业控制、前后台控制功能。例如可以将作业调到后台中执行；在单一登录环境中，实现执行多任务的目的。

（5）Shell Scripts。可以将需要连续执行的命令写成一个文件，通过交互方式来执行。还可以通过 Shell 提供的环境变量及相关命令来进行设计，相当于一个小型的程序。

（6）通配符。通过通配符可帮助用户查询与执行命令，加快操作速度。

2.1.3　Shell 命令

1. Linux 中命令的基本格式

Linux 命令执行的方式如下：

command　　[-options]　parameter1　　parameter2 ……
命令名　　　选项　　　　参数 1　　　　参数 2

注意：（1）Linux 中是严格区分大小写的。

（2）command 处一定填写“命令”或者“可执行文件名”。

（3）-options 处是对命令的特别定义，以“-”开始，多个选项可以用“-”连起来，如 ls -l -a 与 ls -la 相同。

（4）parameter1 parameter2 ……处提供命令运行的信息，或者是命令执行过程中所使用的文件名。

（5）command、-options、parameter1、parameter2、……这几个选项中间用空格隔开，不论空几格，Shell 都视为一个空格。

（6）使用分号“;”可以将两个命令隔开，这样可以实现一行中输入多个命令。命令的执行顺序和输入的顺序相同。

（7）按 Enter 键后，命令会立即执行。如果命令太长，需要用多行，可使用反斜杠“\”，以实现将一个较长的命令分成多行表达，以增强命令的可读性。换行后，Shell 自动显示提示符“>”。

2. BASH Shell 重要的热键

BASH Shell 具有以下一些重要的热键。

（1）Tab 键——命令补全、文件补齐功能。

可以使用户少打很多字，同时可以避免用户打错命令或文件名。

（2）Ctrl+C 快捷键——终止命令或程序功能。

可以终止正在运行中的命令或程序。

（3）Ctrl+D 快捷键——键盘输入结束、文件结束输入功能，也可以用来取代 exit 的输入。例如，要退出当前用户或者退出命令行，只需按 Ctrl+D 快捷键即可。

3. 通配符

通配符又称多义符。在描述文件时，有时在文件名部分用到一些通配符，以加强命令的功能。

在 Linux 中有以下两种基本的通配符：

（1）? 表示该位置可以是一个任意的单个字符。

（2）* 表示该位置可以是若干个任意字符。

4. 重定向

用于改变命令的输入源与输出目标。一般情况下，命令执行的结果都会默认输出到屏幕上。如果想把结果输出到其他地方（如文件或者设备），就需要使用重定向。

重定向符有 4 种，具体介绍如表 2-1 所示。

表 2-1　重定向符

符　号	作　用
>	标准输出重定向
>>	追加输出重定向
<	标准输入重定向
<<	此处操作符（Here operator）

5. 管道

利用 Linux 所提供的管道符“|”连接若干命令，管道符左边命令的输出就会作为管道符右边命令的输入。

任务实施

2.1.4　启动 Shell

在 Linux 中，有多种启动 Shell 的方法，其中最常见的有两种，即终端窗口、虚拟终端。

1. 启动终端窗口

方法一：从桌面空白处启动 Shell。

步骤 1　在 RHEL6 的桌面空白处，单击鼠标右键，弹出如图 2-2 所示的快捷菜单。

步骤 2　在弹出的快捷菜单中选择“在终端中打开”命令，即可启动 Shell，如图 2-3 所示。

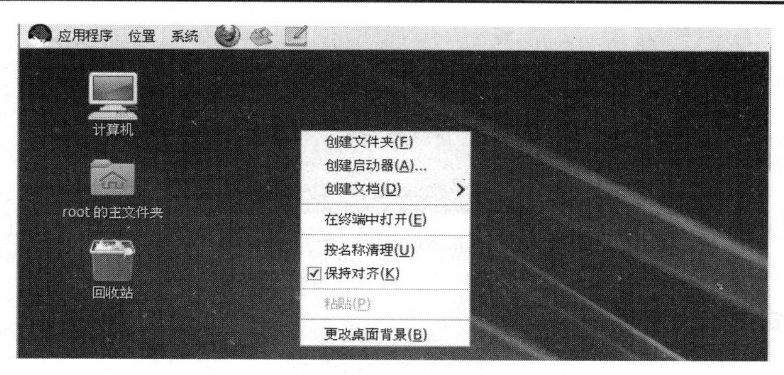

图 2-2　图形界面下启动 Shell

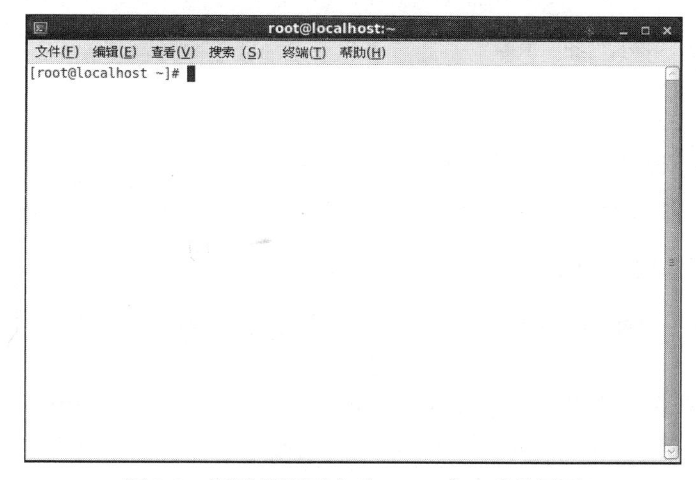

图 2-3　图形界面下启动 Shell 成功后的界面

方法二：在系统桌面上选择“应用程序”→“系统工具”→“终端”命令，也可以启动 Shell。

2. 启动虚拟终端

步骤 1　在桌面环境下，按 Alt+Ctrl+（F2~F6 中的任意一个键）即可进入虚拟终端，如图 2-4 所示。

图 2-4　文本界面下启动 Shell

步骤 2　按 Alt+Ctrl+F1 组合键，从虚拟终端里返回到图形界面下。

注意：如果登录账户为 root 用户，则登录提示符为#，如图 2-4 所示已经清楚地显示了。如果登录账户为非 root 用户，则登录提示符为$，如图 2-5 所示。

```
Red Hat Enterprise Linux Server release 6.1 (Santiago)
Kernel 2.6.32-131.0.15.el6.i686 on an i686

localhost login: student
Password:
Last login: Sat Dec 15 15:38:30 on tty4
[student@localhost ~]$ _
```

图 2-5　非 root 用户登录提示符

2.1.5　Shell 命令的使用

针对任务 2.1 任务场景的任务说明中的内容，操作①的命令写法如下：

```
[root@localhost  ~]# ls  -al  /root
```

或者

```
[root@localhost  ~]# ls     -al     /root
```

注意： 此处命令与参数之间只要有空格，不管是几个，都是可以接受的。

操作②的命令写法如下：

```
[root@localhost  ~]#cp  /exp/chp2/2_2/file1  /exp/chp2/2_2/file2  /bk/exp2\
>/2_2/expbk
```

注意： 因为命令太长，所以使用\[Enter]将[Enter]转义，使得在输入[Enter]后命令不会立刻执行，而是在下一行开始自动出现“>”符号。

操作③的命令写法如下：

```
[root@localhost  ~]#ma[Tab][Tab]
```

显示结果如图 2-6 所示。

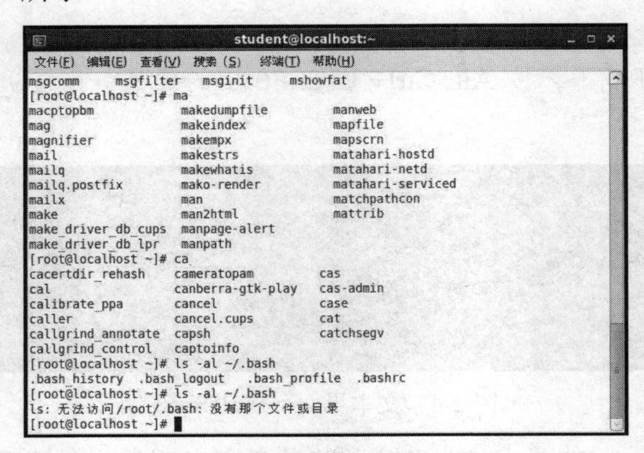

图 2-6　显示以 ma 开头的所有命令

操作④的命令写法如下：

```
[root@localhost  ~]#ls -al ~/.bash[Tab][Tab]
```

显示结果为该目录下所有文件名中有.bash 的文件。如果输入 ls -al ~/.bash，然后直接按 Enter 键，显示结果为“ls：无法访问/root/.bash：没有那个文件或目录”。两者的比较如图 2-6 所示，从而验证了[Tab][Tab]的文件补齐功能。

操作⑤的命令写法如下：

```
[root@localhost  ~]#l[Tab][Tab]
```

结果显示出所有以 l 开头的命令，如图 2-7 所示。按 Ctrl+C 快捷键即可终止命令的执行。注意图 2-7 中“--More--”后面的“^C”字样，这就表明 Ctrl+C 快捷键已经起作用了。

```
student@localhost:~
文件(F) 编辑(E) 查看(V) 搜索(S) 终端(T) 帮助(H)
[root@localhost ~]# l
Display all 173 possibilities? (y or n)
l.                     linguist               lscgroup
l2ping                 linguist-qt4           lscpu
lacheck                link                   lsdiff
lambda                 linux32                lshal
lamed                  linux64                lsinitrd
lancelot               lispmtopgm             lskat
last                   lkbib                  lsmod
lastb                  ll                     lsof
lastcomm               lm1100                 lspci
lastlog                ln                     lspcmcia
latencytop             lnewusers              lssubsys
latex                  lnstat                 lsusb
latrace                lnusertemp             ltrace
latrace-ctl            loadkeys               lua
lchage                 load_policy            luac
lchfn                  loadunimap             luit
lchsh                  local                  lupdate
lconvert               locale                 lupdate-qt4
ld                     localedef              luseradd
ldattach               locate                 luserdel
ldb3add                lockdev                lusermod
ldb3del                logfactor5             lvchange
ldb3edit               logger                 lvconvert
--More--^C
```

图 2-7　以 l 开头的命令显示

操作⑥的命令写法如下：

● 显示以 i 开头的目录或文件名

```
[root@localhost  ~]# ls i*
```

● 显示以 install.lo 开头的目录或文件名

```
[root@localhost  ~]# ls install.lo?
```

显示结果如图 2-8 所示。

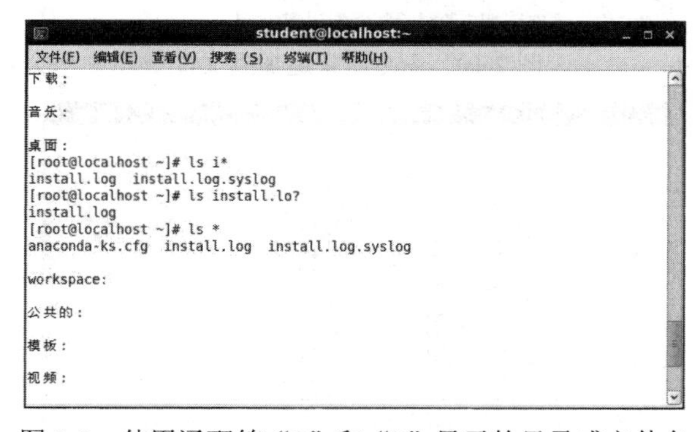

图 2-8　使用通配符“*”和“?”显示的目录或文件名

操作⑦的命令写法如下：

```
[root@localhost  ~]#ls  -al>list.txt
```

结果如图 2-9 所示。

操作⑧的命令写法如下：

```
[root@localhost  ~]#ls  -l />>list.txt
```

结果如图 2-10 所示，图中能看到后追加的部分。

操作⑨的命令写法如下：

```
[root@local  ~]#ls  -al  /etc|less
```

显示结果如图 2-11 所示，例如，在冒号后面输入 2，就会翻到第 2 页；输入 q，就会退出。

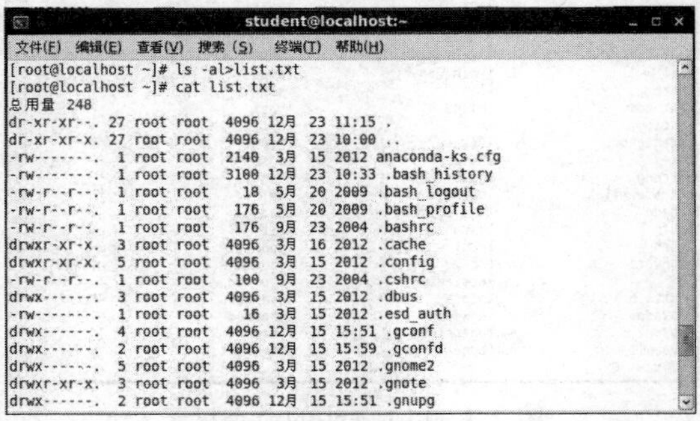

图 2-9 命令结果写入到文件

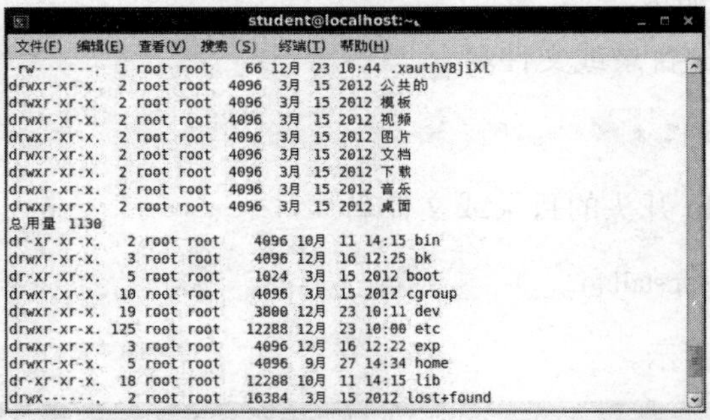

图 2-10 命令结果追加到文件

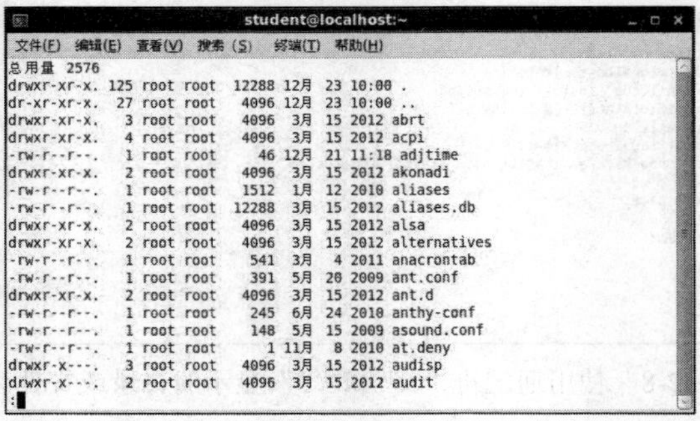

图 2-11 前后翻动相关信息

任务 2.2　使用 Linux 基本操作命令

任务场景

小王要在 Shell 中执行以下操作练习 Linux 的基本操作命令：

① 由 student 用户切换到 root 用户；

② 由 student 用户切换到 stu1 用户；

③ 退出命令行；

④ 以 3 种方式关机：立刻关机、在随后的 20:25 关机、再过 30 分钟重启并显示 “The system will reboot.” 信息；

⑤ 查询 date 命令的相关说明；

⑥ 查看 cd 命令的使用方法；

⑦ 显示系统当前的日期和时间；

⑧ 设置系统当前的日期和时间。

知识引入

Linux 中有很多命令，其中最基本的命令有 su、exit、shutdown、man、help、ls、login、logout、clear 等。

（1）su 命令——切换用户账号命令。

格式：su　[选项]　[用户名]

选项说明如表 2-2 所示。

（2）exit 命令——退出当前用户或者命令行命令。

格式：exit

表 2-2　su 选项表

选　项	作　用
-	用户想要切换到 root
-l	后面可以接用户名，可使用变换身份者的所有相关环境设置文件
-m	使用当前环境设置，而不重新读取新用户的设置文件
-c	仅进行一次命令，所以-c 后面可以加上命令

（3）shutdown 命令——重启或者关闭 Linux 系统命令。

格式：shutdown　[选项]　[时间]　[警告信息]

选项说明如表 2-3 所示。

表 2-3　shutdown 选项表

选　项	作　用
-t　sec	过几秒后关机
-r	将系统服务停掉以后就重新启动
-h	将系统服务停掉以后立即关机
-n	不经过 init 程序，直接以 shutdown 关机
-c	取消已经在进行的 shutdown 命令内容

注意：shutdown 命令只能由 root 用户执行。普通用户可使用替代命令 reboot 来执行重启；使用 halt 或 poweroff 命令来执行关机。

（4）man 命令——在线帮助命令。

格式：man　[选项]　命令名称

选项说明如表 2-4 所示。

表 2-4　man 选项表

选　项	作　用
-f	只显示出命令的功能而不显示其中详细的说明文件
-w	不显示手册页，只显示将被格式化和显示的文件所在位置

（5）help——系统帮助文档，用于查看所有 Shell 命令的用法。

格式：命令名称　--help

（6）date 命令——显示或者设置系统的日期和时间。

格式：date [选项] [格式控制字符串]

（7）clear 命令——清屏命令。

（8）history 命令——显示用户最近执行的命令。

任务实施

——使用 Linux 的基本操作命令

针对任务 2.2 的任务场景中的内容，操作①的命令写法如下：

```
[student@localhost　~]$su
```

执行结果如图 2-12 所示。注意：执行 env 命令以后，发现虽然已经切换用户到 root，但是 user 仍是 student，这说明环境设置仍然是 student 用户的。如果想要环境设置也切换过来，应该使用 su　-，即[student@localhost　~]$su　-。

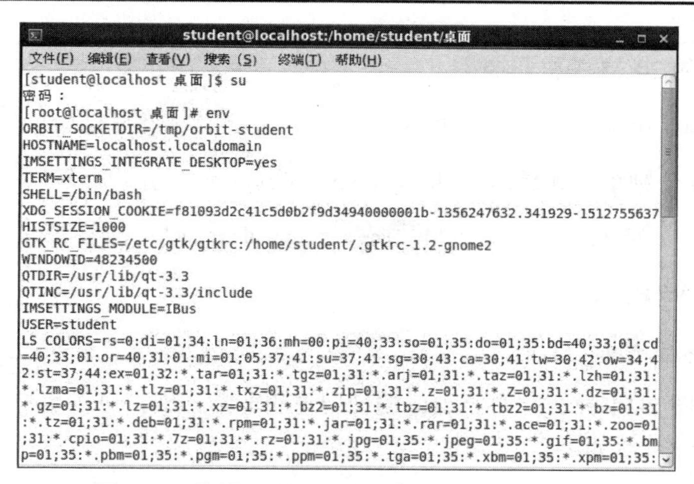

图 2-12　使用 su 从 student 用户切换到 root 用户

操作②的命令写法如下：

```
[student@localhost  ~]$su  -l  stu1
```

执行结果如图 2-13 所示。

注意：root 的密码可能外流。可以使用 sudo 代替 su。

操作③的命令写法如下：

```
[student@localhost  ~]$exit
```

执行后，终端会自动关闭。

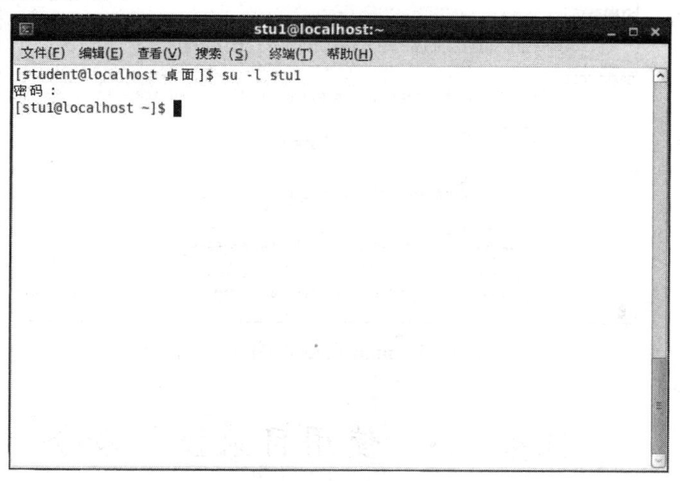

图 2-13　使用 su -从 student 用户切换到 stu1 用户

操作④的命令写法如下：

- 立刻关机命令

```
[root@localhost  ~]#shutdown  -h  now
```

- 在随后的 20:25 关机命令

```
[root@localhost ~]# shutdown -h 20:25
```

- 再过 30 分钟重启并显示“The system will reboot.”信息命令

```
[root@localhost ~]# shutdown -r +30 'The system will reboot.'
```

操作⑤的命令写法如下：

```
[root@localhost ~]#man date
```

执行结果如图 2-14 所示，关于 date 的使用说明非常详细，可供用户参考。
操作⑥的命令写法如下：

```
[root@localhost ~]# cd --help
```

操作⑦的命令写法如下：

```
[root@localhost ~]# date
```

操作⑧的命令写法如下：

```
[root@localhost ~]# date 05012013
```

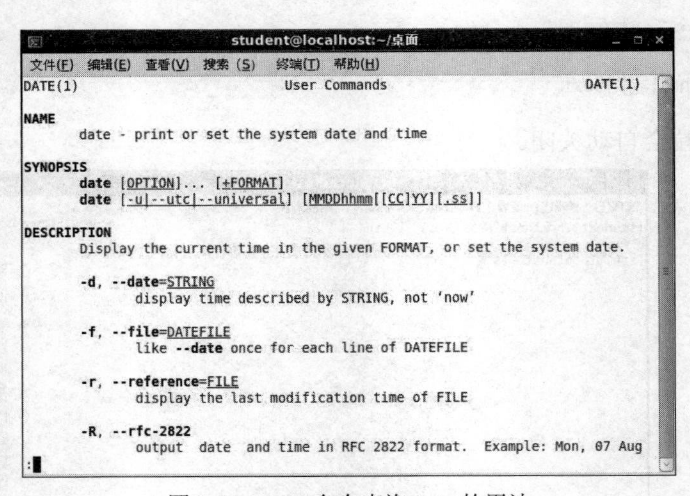

图 2-14 man 命令查询 date 的用法

任务 2.3 使用目录操作命令

任务场景

小王要在 Shell 中执行以下操作来熟悉目录操作命令：

① 使用 cd 命令分别切换到当前目录、上级目录、前一个工作目录、当前用户的家目录、student 用户的家目录；

② 在目录 exp 下创建如下目录，test 和 test1/test2/test3/test4；另创建 test5，并设置属性，user 读写执行权限，group 和 others 执行权限；

③ 删除目录 test5（空目录）和 test3（非空目录）；

④ 进入 student 用户的主目录；

⑤ 将 student 家目录下的所有文件列出来（含属性与隐藏属性）。

知识引入

2.3.1　目录与路径

Linux 中的目录是树形结构的。对目录的访问和切换可以通过两种方式来实现：绝对路径和相对路径。

绝对路径：从根目录开始的路径。例如：/usr/share 目录。

相对路径：相对于当前目录的路径。例如：../share 目录。

另外，Linux 中还有一些特殊的目录，如表 2-5 所示。

表 2-5　特殊目录

特 殊 目 录	作　用
.	当前目录
..	上一层目录
-	前一个工作目录
~	当前用户的家目录
~account	account 用户的家目录

2.3.2　Linux 目录操作命令

下面对常见的 Linux 目录操作命令进行介绍。

（1）mkdir 命令——创建新目录命令。

格式：mkdir　[选项]　目录名

选项说明如表 2-6 所示。

表 2-6　mkdir 选项表

选　项	作　用
-m	对新建目录设置存取权限
-p	帮助直接建立所需要的目录递归

（2）rmdir 命令——删除“空”目录命令。

格式：rmdir [选项] 目录名

选项如表 2-7 所示。

表 2-7 rmdir 选项表

选 项	作 用
-p	递归删除目录，当子目录删除后其父目录为空时，也一同被删除

注意：

- 目录被删除之前必须是空的。
- rm - r dir 命令可代替 rmdir，不论目录是否为空，均被删除，所以有危险性。
- 删除某目录时必须具有对父目录的写权限。

（3）cd 命令——切换工作目录命令。

格式：cd [目录名]

（4）pwd 命令——显示用户所处当前目录的完整路径。

格式：pwd

注意：对于连接文件显示的是连接路径；若要显示实际路径，则需要加-P 参数（P 大写）。

（5）ls 命令——列出目录内容命令。

格式：ls [选项] [目录或文件]

选项说明如表 2-8 所示。

表 2-8 ls 选项表

选 项	作 用
-a	显示所有（All）的目录和文件，包括隐藏的目录和文件
-A	显示几乎所有（Almost all）的目录和文件（“.”和“..”除外）
-d	仅列出目录本身，不列出目录内的文件数据
-f	直接列出结果，而不进行排序
-F	显示目录和文件的名称，并给出文件类型
-h	列出文件大小
-l	以长 Long 格式显示文件的详细信息
-n	列出 UID 和 GID 的名称
-r	以逆向（Reverse）排序的次序显示
-R	以递归（Recursive）方式显示该目录的内容和所有子目录的内容
-S	以文件大小（Size）的递降次序排序显示
-t	以文件的最后修改时间（Time）排序显示

任务实施

——使用目录操作命令

针对任务 2.3 任务场景中的内容，操作①的命令写法如下：

- 切换到当前目录

```
[root@localhost student]#cd .
```

- 切换到上级目录

```
[root@localhost student]#cd ..
```

- 切换到前一个工作目录

```
[root@localhost home]#cd -
```

- 切换到当前用户的家目录

```
[root@localhost student]#cd ~
```

- 切换到 student 用户的家目录

```
[root@localhost ~]#cd ~student
```

执行结果如图 2-15 所示。

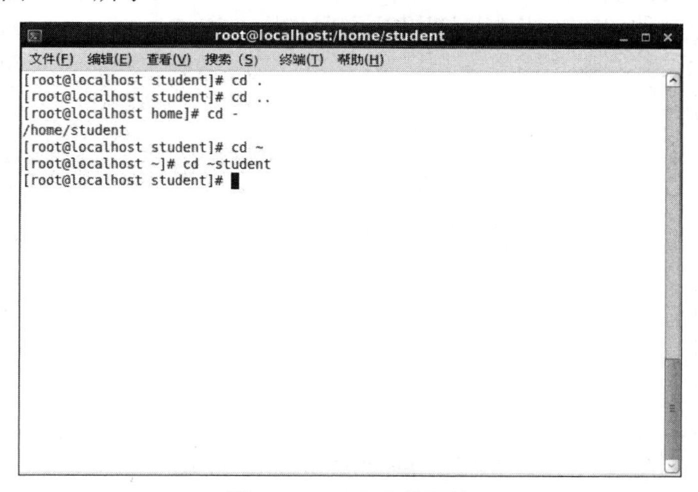

图 2-15 cd 命令的用法

操作②的命令写法如下：

- 创建目录 test 命令

```
[root@localhost exp]#mkdir test
```

执行结果如图 2-16 所示。

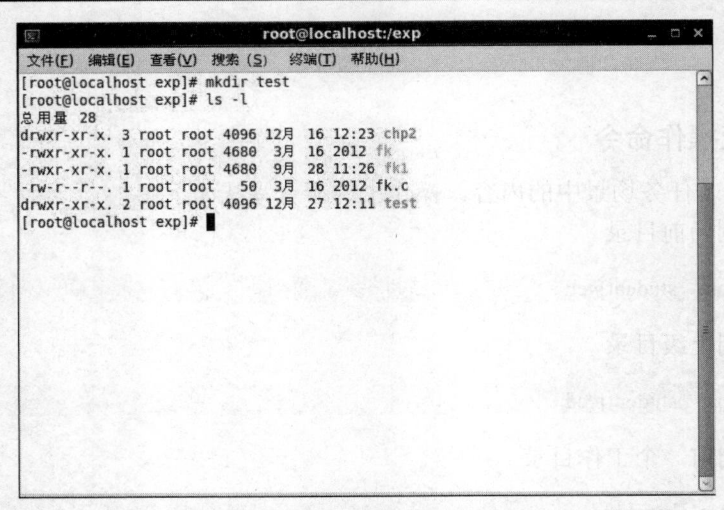

图 2-16 mkdir 命令创建单个目录

- 创建目录 test1/test2/test3/test4 命令

```
[root@localhost exp]#mkdir -p test1/test2/test3/test4
```

执行结果如图 2-17 所示。如果不用-p 参数，则会提示错误。使用-p 参数，会自动建立多层目录。

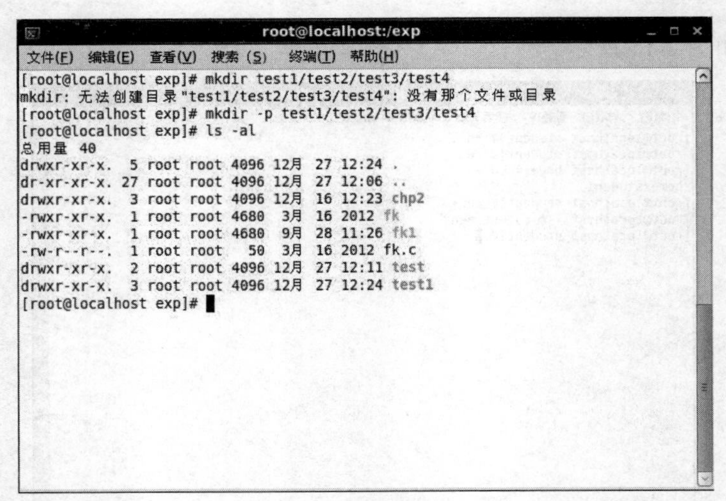

图 2-17 mkdir -p 创建多层目录

- 创建目录 test5 命令

```
[root@localhost exp]#mkdir -m 711 test5
```

执行结果如图 2-18 所示。如果没有加-m 参数，系统会使用默认属性。

```
root@localhost:/exp
文件(F) 编辑(E) 查看(V) 搜索(S) 终端(T) 帮助(H)
[root@localhost exp]# mkdir -m 711 test5
[root@localhost exp]# ls -al
总用量 44
drwxr-xr-x.  6 root root 4096 12月 27 12:34 .
dr-xr-xr-x. 27 root root 4096 12月 27 12:06 ..
drwxr-xr-x.  3 root root 4096 12月 16 12:23 chp2
-rwxr-xr-x.  1 root root 4680  3月 16 2012 fk
-rwxr-xr-x.  1 root root 4680  9月 28 11:26 fk1
-rw-r--r--.  1 root root   50  3月 16 2012 fk.c
drwxr-xr-x.  2 root root 4096 12月 27 12:11 test
drwxr-xr-x.  3 root root 4096 12月 27 12:24 test1
drwx--x--x.  2 root root 4096 12月 27 12:34 test5
[root@localhost exp]#
```

图 2-18　mkdir -m 创建指定属性目录

操作③的命令写法如下：

● 删除目录 test5

```
[root@localhost exp]#rmdir test5
```

● 删除目录 test3

```
[root@localhost test2]#rmdir -p test3
```

因为 test3 目录非空，所以会提示“删除 test3 失败，目录非空”。如果想要把下级子目录（也是空目录）一并删除，需要加-p 参数。注意，此处路径要写完整。结果如图 2-19 所示。

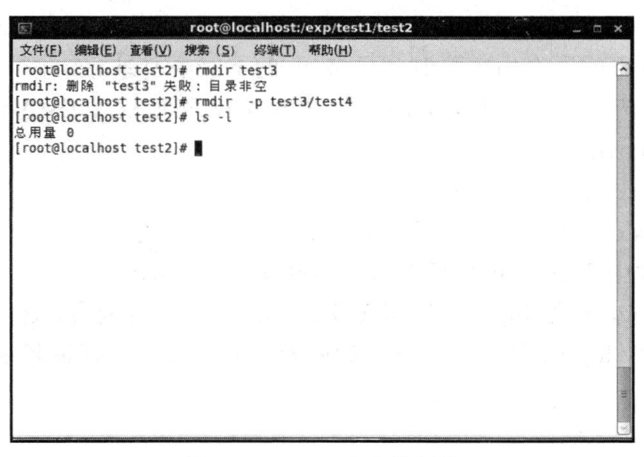

图 2-19　rmdir 命令的用法

操作④的命令写法如下：

```
[root@localhost test2]#cd ~student
```

操作⑤的命令写法如下：

```
[root@localhost student]#ls -al ~
```

结果如图 2-20 所示。图中能够看到以.开头的文件，以及目录文件。

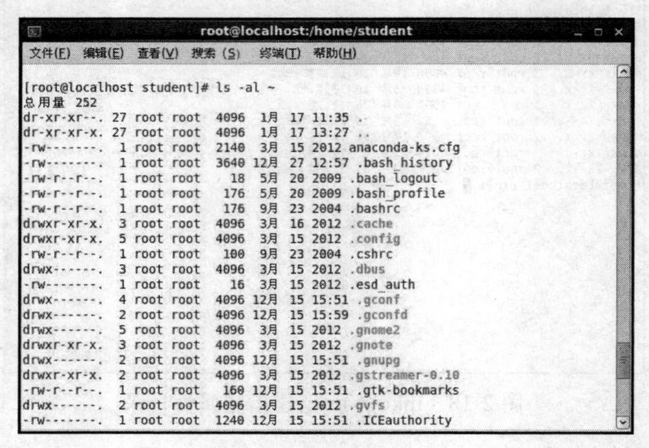

图 2-20 ls 命令的用法

任务 2.4 使用文件操作命令

任务场景

小王要在 Shell 中执行以下操作来熟悉文件操作命令的使用：

① 在目录 exp 中创建空白文件 testfile，并将文件 testfile 复制到 testfile.bak。

② 将家目录下的.bashrc 文件复制到目录 exp 下，并重新命名为 bashrc。

③ 将目录 exp 下的所有内容复制到目录 bk 的下级子目录 new 下。

④ 在目录 bk 下建立一个目录 movdec，将 bk/new 下的文件 testfile 移到 movdec 里。

⑤ 将目录名 movdec 重命名为 movie。

⑥ 删除目录 movie（非空目录）。

⑦ 显示文件 fk.c 的内容，并显示换行符、行号、特殊字符。

⑧ 在 fk.c 文件中查找 include 所在行，查找文件 passwd。

⑨ 分屏显示 logfile 文件内容，显示文件 logfile 的第一行内容，显示文件 logfile 最后 7 行的内容，显示文件 logfile 从第 5 行开始的内容，显示文件 logfile 最后 6 个字节的内容。

知识引入

2.4.1 常用的 Linux 文件操作命令

下面是一些常见的 Linux 文件操作命令，具体介绍如下。

（1）touch 命令——创建新文件命令（文件内容为空）。

格式：touch [文件名]

（2）cp 命令——复制文件或目录命令。

格式：cp　[选项]　源文件或目录　目标文件或目录

选项说明如表 2-9 所示。

表 2-9　cp 选项表

选　　项	作　　用
-r	递归持续复制，用于目录的复制操作
-d	若源文件为连接文件的属性，则复制连接文件属性
-f	不询问用户，强制复制
-i	若目标文件存在，则询问是否覆盖
-p	与文件的属性一起复制
-u	若目标文件比原文件旧，则更新目标文件

（3）mv 命令——移动文件或目录命令、重命名命令。

格式：mv　[选项]　源文件或目录　目标文件或目录

选项说明如表 2-10 所示。

表 2-10　mv 选项表

选　　项	作　　用
-f	强制直接移动而不询问
-i	若目标文件存在，则询问是否覆盖
-u	若目标文件已经存在，且源文件比较新，就更新

（4）rm 命令——删除文件或目录命令。

格式：rm　[选项]　文件…

选项说明如表 2-11 所示。

表 2-11　rm 选项表

选　　项	作　　用
-f	强制删除
-i	交互模式，在删除前会询问用户是否操作
-r	递归删除，常用于目录删除

（5）cat 命令——将文本文件内容输出到屏幕或终端窗口命令。

格式：cat　[选项]　文件名

选项说明如表 2-12 所示。

表 2-12　cat 选项表

选　　项	作　　用
-n	显示行号
-E	将结尾的换行符$显示出来
-r	显示看不见的特殊字符

（6）grep 命令——在指定的文件中，查找并显示含有指定字符串的行命令。

格式：grep　要找的字串　文本文件名

（7）whereis 命令——寻找特定文件位置命令。

格式：whereis　[选项]　命令名

（8）more 命令——分屏显示文件内容（向后翻页）。

格式：more [选项] 文件

（9）less 命令——分屏显示文件内容（向前、向后翻页）。

格式：less [选项] 文件

注意：用户可以使用上下箭头键、Enter 键、空格键、PageUp 或 PageDn 键前后翻阅文本内容，使用 Q 键退出命令。

（10）head 命令——显示文件的前几行内容。

格式：head [选项] 文件

（11）tail 命令——从指定位置开始将指定的文件写到标准输出。

格式：head [选项] [文件]

2.4.2　常见的 Linux 维护操作命令

下面对一些常见的 Linux 维护操作命令进行介绍。

（1）uname 命令——查看系统信息。

格式：uname [选项]

选项及其作用如表 2-13 所示。

表 2-13　uname 选项表

选　项	作　用
-a	显示所有信息
-s	显示内核名
-n	显示本机机器名
-r	显示内核版本号

（2）du 命令——显示当前目录及其子目录所占空间大小。

格式：du [选项] 目录

选项及其作用如表 2-14 所示。

表 2-14　du 选项表

选　项	作　用
-a	显示所有文件的大小
-s	只显示总计
>或>>	将显示结果保存到文件

（3）df 命令——显示所有文件系统的使用情况及剩余空间等信息。

格式：df [选项]

选项及其作用如表 2-15 所示。

表 2-15　df 选项表

选　项	作　用
-a	显示所有文件系统的磁盘使用情况
-k	以 k 字节为单位显示
-i	显示 i 节点信息
-t	显示指定类型的文件系统的磁盘使用情况
-x	显示非指定类型的文件系统的磁盘使用情况
-T	显示文件系统类型

（4）top 命令——实时显示系统中各进程的资源占用情况。

格式：top [选项] [d] [n]

选项及其作用如表 2-16 所示。

表 2-16　top 选项表

选　项	作　用
-b	使用批处理模式
-c	列举时，显示每个程序的具体信息
-i	忽略闲置或僵死的进程
-q	表示持续监控程序执行的状况
-s	使用保密模式
-S	使用累计模式

d 表示设置 top 监控程序执行状况的间隔时间，以秒为单位。

n 表示设置监控信息的更新次数。

任务实施

——使用文件操作命令

结合任务 2.4 任务场景中的说明，操作①的命令写法如下：

- 创建空白文件 testfile

```
[root@localhost    exp]#touch    testfile
```

- 将文件 testfile 复制到 testfile.bak

```
[root@localhost  exp]#cp  testfile  testfile.bak
```

操作②的命令写法如下：

```
[root@localhost  /]#cp  ~/.bashrc  /exp/bashrc
```

操作③的命令写法如下：

```
[root@localhost  /]#cp  -r  /exp/  /bk/new
```

操作④的命令写法如下：

```
[root@localhost  /]#mkdir  bk/movdec
[root@localhost  /]#mv  /bk/new/testfile  bk/movdec
```

操作⑤的命令写法如下：

```
[root@localhost  /]#mv  /bk/movdec  bk/movie
```

注意：rename 是专门进行文件重命名的命令。

操作⑥的命令写法如下：

```
[root@localhost  /]#rm  -rf  bk/movie
```

操作⑦的命令写法如下：

```
[root@localhost  exp]#cat  -nvE  fk.c
```

执行结果如图 2-21 所示。

```
root@localhost:/exp
文件(F) 编辑(E) 查看(V) 搜索(S) 终端(T) 帮助(H)
[root@localhost exp]# cat fk.c
#include "stdio.h"
main()
{
printf("Hello\n");

}
[root@localhost exp]# cat -n fk.c
     1  #include "stdio.h"
     2  main()
     3  {
     4  printf("Hello\n");
     5
     6  }
[root@localhost exp]# cat -nvE fk.c
     1  #include "stdio.h"$
     2  main()$
     3  {$
     4  printf("Hello\n");$
     5  $
     6  }$
[root@localhost exp]#
```

图 2-21　cat 命令的用法

操作⑧的命令写法如下：

● 在 fk.c 文件里查找 include 所在行

```
[root@localhost exp]#grep include fk.c
```

● 查找文件 passwd

```
[root@localhost exp]#whereis passwd
```

执行结果如图 2-22 所示。

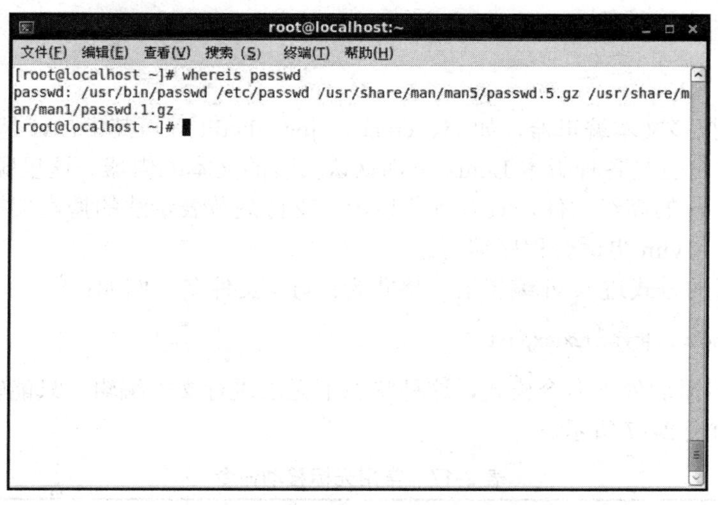

图 2-22　whereis 命令的用法

操作⑨的命令写法如下：

● 分屏显示 logfile 文件内容

```
[root@localhost exp]#cat logfile|more
```

注意：按 Q 键退出命令。

● 显示文件 logfile 的第 1 行内容

```
[root@localhost exp]#head -1 logfile
```

● 显示文件 logfile 最后 7 行的内容

```
[root@localhost exp]#tail -7 logfile
```

● 显示文件 logfile 从第 5 行开始的内容

```
[root@localhost exp]#tail +5 logfile
```

● 显示文件 logfile 最后 6 个字节的内容

```
[root@localhost exp]#tail -c 6 logfile
```

任务 2.5 使用 vi 编辑器

任务场景

熟悉了 Linux 的各类常用命令后，小王还想练习一下 Linux 的 vi 文本编辑工具。

知识引入

Linux 中有很多文本编辑器，如 vi、emacs、joe、kedit 等。其中，vi 是最古老的一种，但是功能很齐全，也是各种版本 Linux 里都默认安装的文本编辑器。这里顺便提一下 vim，vim 可以看成是 vi 的高级软件，具有颜色显示、支持规范表示法的搜索架构等。因此，除了文本编辑以外，vim 更适合程序编写。

使用命令行的方式进入 vi 编辑器，格式为：vi 文件名。例如：

```
[root@localhost /]#vi textexp.txt
```

进入 vi 编辑器后处于命令模式，这种状态下无法进行文本编辑，只能输入命令。常用光标移动命令如表 2-17 所示。

表 2-17 常用光标移动命令

命令	作用
↑	光标移到上一行
↓	光标移到下一行
←	光标左移一个字符
→	光标右移一个字符
0	光标移到本行的开始
$	光标移到本行的末尾
H	光标移到屏幕上第一行的开始
G	光标移动到文件的最后一行的开始
nG	光标移动到文件的第 n 行的开始
gg	光标移动到文件的第一行的开始

常见搜索与替换的命令如表 2-18 所示。

表 2-18 常用搜索与替换命令

命令	作用
/word	从光标位置开始，向下查找名为 word 的字符串
?word	从光标位置开始，向上查找名为 word 的字符串
n	n 是英文按键。表示“重复前一个搜索的动作”
N	N 是英文按键。表示“反向重复前一个搜索的动作”
:n1、n2s/word1/word2/g	在 n1 行与 n2 行之间寻找字符串 word1，并将其替换为字符串 word2

常见删除、复制、粘贴的命令如表 2-19 所示。

表 2-19　常用删除、复制、粘贴命令

命　　令	作　　用
X, x	X 为向前删除一个字符，相当于 Backspace 键。x 为向后删除一个字符，相当于 Del 键
dd	删除光标所在行
yy	复制光标所在行
P, p	P 为将已复制的数据粘贴到光标的下一行。p 为将已复制的数据粘贴到光标的上一行
u	还原上一个操作
Ctrl+R	重复上一个操作

在命令模式下输入 i、o、a 中的任意一键即可进入编辑状态，这时就可以进行文本的编辑了。编辑完成可以使用 Esc 键切换到末行状态。常见末行模式命令如表 2-20 所示。

表 2-20　常用末行模式命令

命　　令	作　　用
:w	将编辑的数据写入硬盘文件
:w!	若文件为“只读”属性时，强制写入该文件
:q	退出 vi 编辑器
:q!	不存盘，强制退出 vi 编辑器
:wq	存盘后退出 vi 编辑器
:e!	将文件还原到原始状态
ZZ	若文件未修改，则不存盘退出；若已修改，则存盘退出
:w　filename	数据另存为文件名为 filename 的文件
:r　filename	读入文件名为 filename 的文件，并将数据加到当前光标所在行的后面
:set　nu	显示行号

任务实施

——vi 编辑器的使用

vi 编辑器使用起来比较简单，具体操作步骤如下。

步骤 1　输入命令：

```
[root@localhost  /]#vi  textexp.c
```

输入以后，显示如图 2-23 所示。

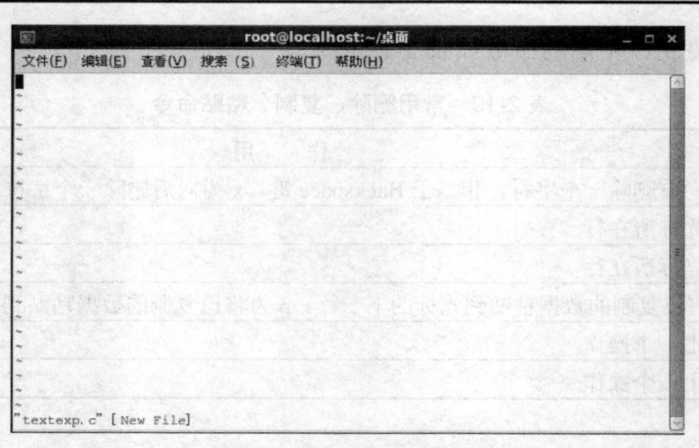

图 2-23 输入命令后的 vi 编辑器界面

步骤 2 按键盘上的 A 键，进入编辑模式。

步骤 3 根据需要输入文本内容。

步骤 4 按键盘上的 Esc 键可以直接退出 vi 编辑器。

步骤 5 连续按两次 Shift+Z 快捷键，即可保存退出。

项目实训 Linux 常用命令的使用

1. 实训目的

完成本实训后，将能够做到：

- 掌握 Linux 常见基本命令的使用。
- 掌握 Linux 常见目录命令的使用。
- 掌握 Linux 常见文件命令的使用。
- 掌握 vi 编辑器的使用。

2. 实训内容

登录到 Linux，执行以下操作：

① 列出根目录下全部子目录与文件的详细情况。

② 在根目录下创建目录 study，在 study 下创建目录 OSsetup 和 OScom、temp。

③ 在目录 OSsetup 下创建文件 setup.doc，将文件 setup.doc 复制到目录 OScom 下并改名为 comm.doc。

④ 在目录 OScom 下创建文件 exp.c，输入如下内容并保存：

```
#include "stdio.h"
main()
{
printf("This is Linux command!\n");
}
```

⑤ 将文件 exp.c 移动到目录 temp 下，删除目录 temp。

项 目 小 结

1. Shell

Shell 是 Linux 操作系统的外壳，为用户提供使用操作系统的接口。它是命令语言、命令解释程序及程序设计语言的统称。Shell 的管理功能强大，占用资源小，处理速度快。

2. Linux 命令

在 Shell 下运行，实现 Linux 的各种功能，包括系统、目录、文件等的创建、删除等管理功能。常见的基本命令有：su、exit、shutdown、man、help、ls、login、logout、clear 等，常见的目录命令有：mkdir、rmdir、cd 等；常见的文件命令有：touch、cp、mv、rm 等。

3. vi 编辑器

文本编辑器用于在 Linux 下创建、编辑文本，也可以编写源程序，编辑文本时根据需要在命令模式、编辑模式之间切换。

习 题

一、选择题

1. 如果要列出一个目录下的所有文件需要使用命令行________。

A. ls　　B. ls -a　　C. ls -l　　D. ls -d

2. ________命令可以将普通用户转换成超级用户。

A. super　　B. passwd　　C. Tar　　D. su

3. 除非特别指定，cp 假定要拷贝的文件在下面________目录下。

A. 用户目录　　B. home 目录　　C. root 目录　　D. 当前目录

4. 使用 rm -i 命令，系统会提示用户确认________。

A. 命令行的每个选项　　B. 文件的位置

C. 是否有写的权限　　D. 是否真的删除

5. 把当前目录下的 file1.txt 复制为 file2.txt 的正确命令是________。

A. copy　file1.txt　file2.txt　　B. cp　file1.txt　|　file2.txt

C. cat　file2.txt　file1.txt　　D. cat　file1.txt　>　file2.txt

6. 删除一个非空子目录 /tmp 的命令是________。

A. del　/tmp/*　　B. rm　-rf　/tmp

C. rm　-Ra　/tmp/*　　D. rm　-rf　/tmp/*

7. 在使用 mkdir 命令创建新的目录时，在其父目录不存在时先创建父目录的选项是________。

A．-m　　B. -f　　C. -p　　D. -d

8. 快速切换到用户 John 的主目录下的命令是________。

A. cd @John　　B. cd #John　　C. cd &John　　D. cd ~John

9. 在 Linux 中，要查看文件内容，可使用________命令。

A. more　　B. cd　　C. login　　D. logout

10. 使用命令 vi /etc/inittab 查看文件的内容，如果不小心改动了一些内容，为了防止系统出问题，不想保存所修改内容，应该________。

A. 在命令状态下，输入 wq

B. 在命令状态下，输入 q!

C. 在命令状态下，输入 x!

D. 在编辑状态下，按 Esc 键直接退出 vi

二、简答题

1. 写出完成如下操作的命令：在/home/user 下新建文件 f1 和 f2。f1 的内容是/root 目录的详细信息，f2 的内容是/root 所在磁盘分区的信息。然后将两个文件合并生成文件 f3。

2. more 命令和 less 命令有何异同点？

项目 3　文件与设备管理

本项目通过5个任务学习和掌握Linux系统中文件和磁盘管理的基本知识和常用操作，主要包括磁盘的分区，文件系统的创建、挂载、卸载，Nautilus 文件浏览器和移动存储设备的使用等。

任务 3.1　创建硬盘分区
任务 3.2　创建文件系统
任务 3.3　挂载与卸载文件系统
任务 3.4　使用 Nautilus 文件浏览器
任务 3.5　使用移动存储设备

任务 3.1　创建硬盘分区

任务场景

通过几天的练习，小王已经大致学会了 Linux 命令的使用方法，也掌握了一些常用的 Linux 命令。可是有些命令，特别是一些关于目录和文件操作的命令，在操作过程中，系统经常会给出诸如“路径错误”或“权限不够”之类的错误提示。这到底是怎么回事呢？要弄清其中的道理，首先要知道分区和文件系统的概念，小王计划先从熟悉分区开始。

知识引入

3.1.1　分区的作用

简而言之，分区就是告诉操作系统硬盘可以访问的区域是由 A 柱面到 B 柱面，操作系统就能控制硬盘磁头去 A~B 范围内的柱面访问数据。

在 Linux 的安装过程中，需要在硬盘创建分区和文件系统。不过随着系统的不断使用，硬盘空间会因为不够用，需要通过添加硬盘的方法来扩充可用空间。这时手工创建分区和挂载文件系统的方法就显得尤为重要了。

创建分区和挂载文件系统的步骤如下：

（1）对硬盘分区。

（2）分区格式化，创建对应的文件系统。

（3）将分区挂载到相应的目录（分区只能够挂载到空目录）。

3.1.2 Linux 分区管理

Linux 对于硬盘的管理是通过将硬盘映射成为设备文件的方式实现的。设备文件名的命名方式是/dev/sdx 或者/dev/hdx，分区的命名方式则对应为/dev/sdxy 或者/dev/hdxy，其中 x 表示硬盘（从 a 开始，以此类推），y 表示分区号（从 1 开始，以此类推）。Sd 表示 SCSI 硬盘，hd 表示 IDE 硬盘。SCSI 接口和 IDE 接口光驱的命名方式和磁盘一样。

【例 3-1】第 2 块 SCSI 硬盘的第 1 个分区设备文件名是什么？

设备文件名是 sdb1，访问路径为/dev/sdb1。

【例 3-2】第 3 块 IDE 硬盘的第 2 个分区设备文件名是什么？

设备文件名是 hdc2，访问路径为/dev/hdc2。

注意： 对于硬盘分区来说，编号 1~4 是为主分区和扩展分区保留的，扩展分区中的逻辑分区编号从 5 开始。例如，hda5 就是第 1 块 IDE 硬盘中的第 1 个逻辑分区。

如何创建和管理分区？RHEL6 提供了两个命令：fdisk 和 parted。

1. fdisk 命令

fdisk 是传统的 Linux 分区工具，它可以对分区进行查看、添加、修改和删除等操作。命令格式如下：

```
fdisk [-u] [-b sectorsize] [-C cyls] [-H heads] [-S sects] device
fdisk -l [-u] [device]
fdisk -s partition
```

命令选项的说明如表 3-1 所示。

表 3-1　常用命令选项

命 令 选 项	说　明
-b sectorsize	定义硬盘扇区大小，只适用于老核心版本 Linux
-C cyls	定义硬盘的柱面数
-H heads	定义分区表所用的硬盘磁头数，一般为 16 或 255
-S sects	定义每条磁道的扇区数
-l	显示指定硬盘设备的分区表信息
-u	以扇区为单位列出每个设备分区的起始数据块选项位置
-s	以数据块为单位显示指定设备分区的容量

表 3-2 列出了交互运行 fdisk 命令时所用到的 fdisk 子命令。

表 3-2　常用的 fdisk 子命令

fdisk 子命令	说　明
n	设定新的硬盘分割区
d	删除硬盘分割区属性

续表

fdisk 子命令	说　　明
p	显示硬盘分割情形
t	改变硬盘分割区属性
l	显示可用的硬盘分区类型标识列表
w	结束并写入硬盘分割区属性
m	显示所有子命令
q	结束不存入硬盘分割区属性
a	设定硬盘启动区

2. parted 命令

parted 命令是 RHEL6 下的另一款分区软件，它也可以对分区进行创建、删除、查看、更改、修改分区大小等操作，创建文件系统，可以使用交互模式。parted 命令格式如下：

```
parted [options] [device [command [options…]…]]
```

parted 的命令选项如表 3-3 所示。

表 3-3　parted 的命令选项

命 令 选 项	说　　明
h	显示帮助信息
l	列出所有块设备的分区情况
m	显示机器的修剪输出
s	不显示用户提示信息
v	显示 parted 的版本信息
device	硬盘设备名称
command	parted 子命令

parted 命令的子命令如表 3-4 所示。

表 3-4　parted 的子命令

parted 子命令	说　　明
check NUMBER	检测指定分区上的文件系统
cp FROM TO	将当前指定分区中的文件系统复制到另一个指定分区
help [COMMAND]	显示可用的 parted 子命令
mklabel,mktable LABEL-TYPE	设置硬盘分区的标签
mkfs NUMBER FS-TYPE	在指定的硬盘分区中创建指定类型的文件系统
mkpart PART-TYPE [FS-PART] START END	按照指定的起始位置，划分硬盘分区
mkpartfs PART-TYPE FS-PART START END	按照指定的起始位置，划分硬盘分区，创建指定的文件系统
move NUMBER START END	把指定的硬盘分区移至指定的起始位置

续表

parted 子命令	说　明
name NUMBER NAME	命名分区号
print [free | NUMBER | all]	显示硬盘分区表
quit	退出 parted 命令
rescue START END	修复丢失的分区
resize NUMBER START END	修改硬盘分区的起止位置，重新界定分区大小
rm NUMBER	删除指定分区
select DEVICE	选择需要配置的设备作为当前设备
set NUMBER FLAG STATE	修改硬盘分区标志的状态
toggle [NUMBER [FLAG]]	设置或取消分区的标记
unit UNIT	设置默认的单位
version	显示 parted 的版本信息

任务实施

——创建硬盘分区

步骤 1　查看第 1 块 SCSI 硬盘的分区表信息，命令写法如下：

```
[root@whptu 桌面]#fdisk  -l  /dev/sda
```

命令及显示结果如图 3-1 所示。

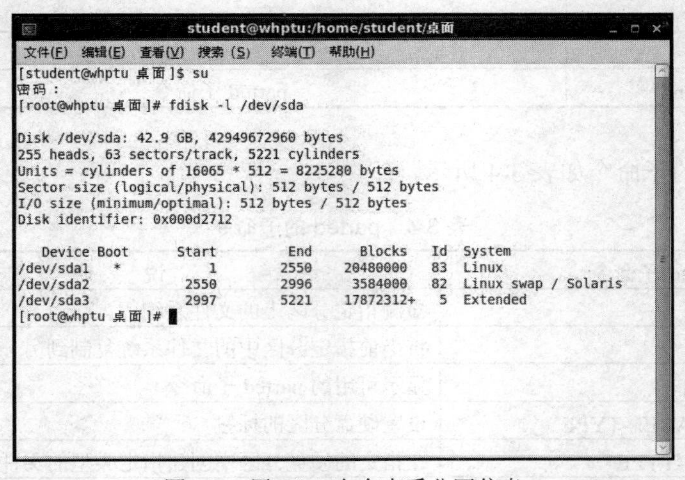

图 3-1　用 fdisk 命令查看分区信息

步骤 2　进入 fdisk 的交互模式，命令写法如下：

```
[root@whptu 桌面]#fdisk  /dev/sda
```

进入 fdisk 的交互模式，如图 3-2 所示。

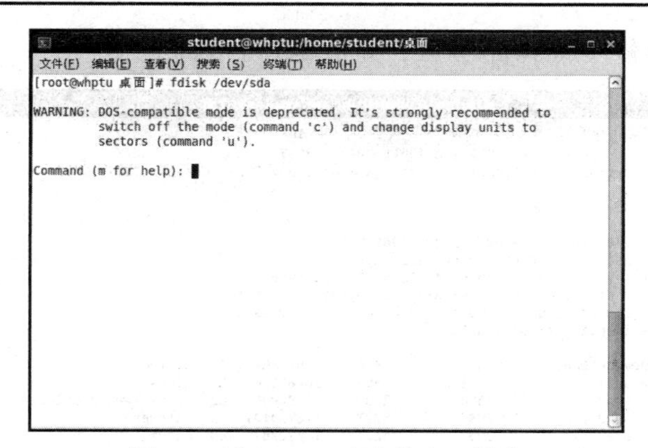

图 3-2　进入 fdisk 命令的交互模式

步骤 3　在 Command (m for help):后面输入子命令 p，就能够看到该磁盘分区的详细信息，如图 3-3 所示。

```
/dev/sda1   *           1        2550    20480000   83  Linux
/dev/sda2            2550        2996     3584000   82  Linux swap / Solaris
/dev/sda3            2997        5221    17872312+   5  Extended
[root@whptu 桌面]# fdisk /dev/sda

WARNING: DOS-compatible mode is deprecated. It's strongly recommended to
         switch off the mode (command 'c') and change display units to
         sectors (command 'u').

Command (m for help): p

Disk /dev/sda: 42.9 GB, 42949672960 bytes
255 heads, 63 sectors/track, 5221 cylinders
Units = cylinders of 16065 * 512 = 8225280 bytes
Sector size (logical/physical): 512 bytes / 512 bytes
I/O size (minimum/optimal): 512 bytes / 512 bytes
Disk identifier: 0x000d2712

   Device Boot      Start         End      Blocks   Id  System
/dev/sda1   *           1        2550    20480000   83  Linux
/dev/sda2            2550        2996     3584000   82  Linux swap / Solaris
/dev/sda3            2997        5221    17872312+   5  Extended

Command (m for help):
```

图 3-3　用子命令 P 查看分区信息

步骤 4　在 Command (m for help):后面输入子命令 n，就能够添加磁盘分区，本例是在扩展分区中添加了一个逻辑分区，标识为 sda5，如图 3-4 所示。

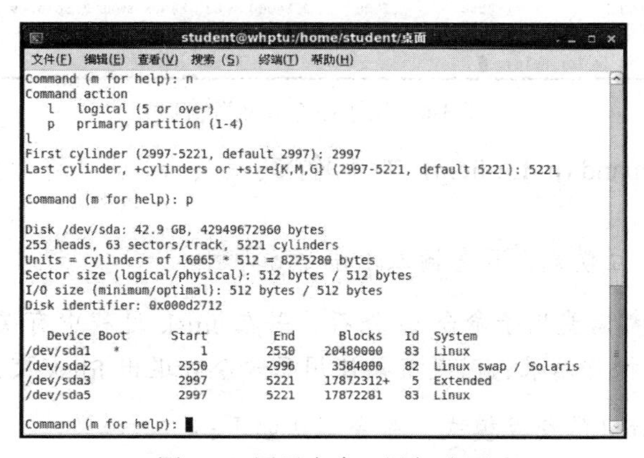

图 3-4　用子命令 n 添加分区

步骤 5　在 Command (m for help):后面输入子命令 t，即可修改分区的类型，本例是将

sda5 分区的分区类型修改成 swap 分区，如图 3-5 所示。

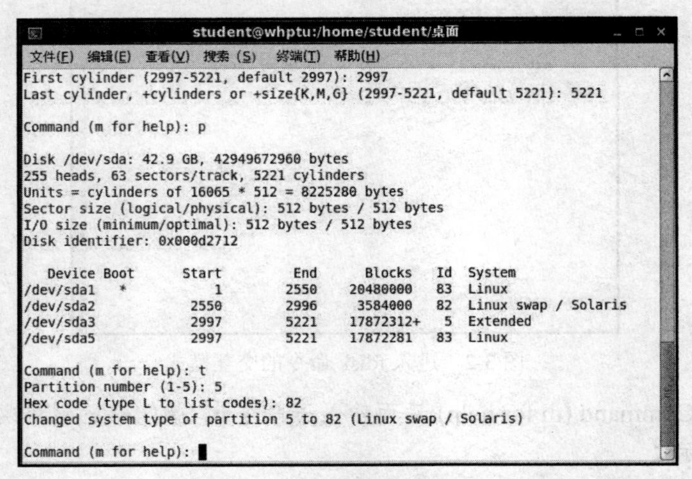

图 3-5　用子命令 t 修改分区

步骤 6　在 Command (m for help): 后面输入子命令 d，即可将选定分区删除，本例是将 sda5 分区删除，如图 3-6 所示。

```
student@whptu:/home/student/桌面
文件(F) 编辑(E) 查看(V) 搜索(S) 终端(T) 帮助(H)
   Device Boot      Start         End      Blocks   Id  System
/dev/sda1   *           1        2550    20480000   83  Linux
/dev/sda2            2550        2996     3584000   82  Linux swap / Solaris
/dev/sda3            2997        5221    17872312+   5  Extended
/dev/sda5            2997        5221    17872281   82  Linux swap / Solaris

Command (m for help): d
Partition number (1-5): 5

Command (m for help): p

Disk /dev/sda: 42.9 GB, 42949672960 bytes
255 heads, 63 sectors/track, 5221 cylinders
Units = cylinders of 16065 * 512 = 8225280 bytes
Sector size (logical/physical): 512 bytes / 512 bytes
I/O size (minimum/optimal): 512 bytes / 512 bytes
Disk identifier: 0x000d2712

   Device Boot      Start         End      Blocks   Id  System
/dev/sda1   *           1        2550    20480000   83  Linux
/dev/sda2            2550        2996     3584000   82  Linux swap / Solaris
/dev/sda3            2997        5221    17872312+   5  Extended

Command (m for help):
```

图 3-6　用子命令 d 删除分区

步骤 7　在 Command (m for help): 后面输入子命令 w，即可将对分区的修改进行保存，如图 3-7 所示。

若要退出 fdisk 交互模式，只需输入子命令 q 即可。

注意：对分区的操作都需要用子命令 w 保存，若在 fdisk 过程中有误操作，则不需要用子命令 w 来保存操作结果，而是直接使用子命令 q 退出 fdisk 交互模式。

步骤 8　进入 parted 的交互模式，命令写法如下：

```
[root@whptu 桌面]#parted  /dev/sda
```

显示结果如图 3-8 所示。

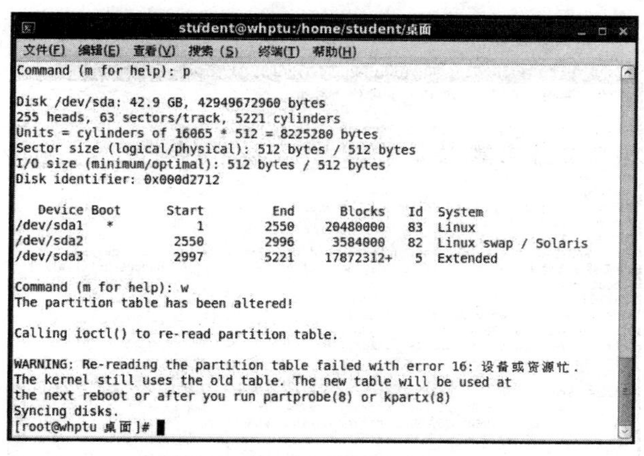

图 3-7　用子命令 w 保存分区

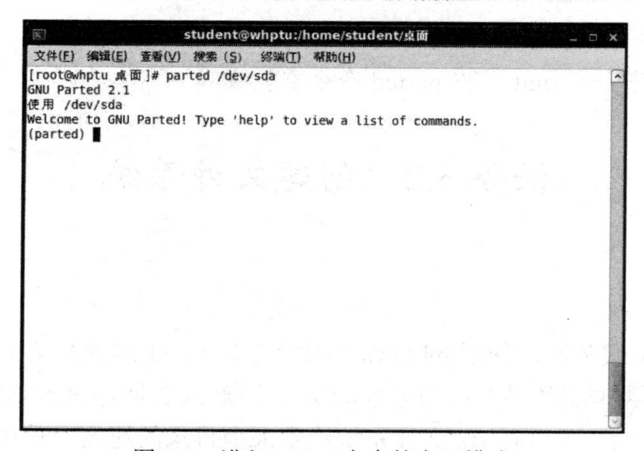

图 3-8　进入 parted 命令的交互模式

步骤 9　在(parted)后输入子命令 print，可以查看磁盘分区信息，如图 3-9 所示。

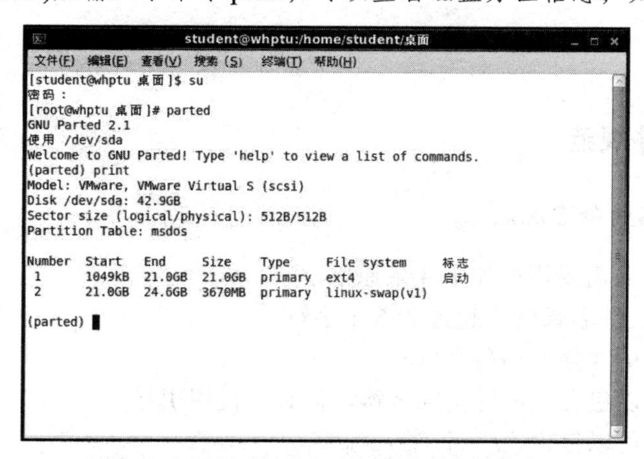

图 3-9　用子命令 print 查看磁盘分区信息

步骤 10 在(parted)后输入子命令 mkpart，创建硬盘分区，本例创建的是扩展分区，如图 3-10 所示。

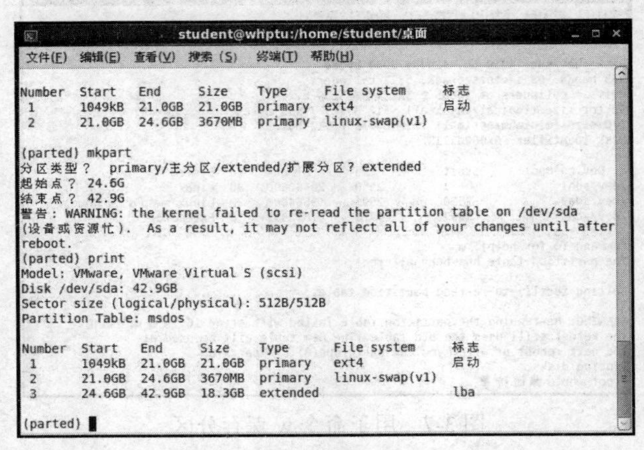

图 3-10 用子命令 mkpart 创建分区

步骤 11 使用子命令 quit 退出 parted 命令交互模式。

任务 3.2 创建文件系统

任务场景

现有一台 Linux 服务器，使用 mkfs 命令对第 2 块 SCSI 磁盘的第 1 个分区进行坏块检查，然后建立 ext4 类型文件系统；为分区的文件系统 ext2 增加日志功能，并把 ext2 转换为 ext3；建立索引目录，提高 ext2 文件系统检索大型目录的速度。使用 Linux 自带的图形化磁盘实用工具实现磁盘的分区管理、格式化卷、挂载、卸载等功能。

知识引入

3.2.1 Linux 文件规范

1. Linux 文件名的命名规范

Linux 文件的命名需要遵循如下 4 条原则：

（1）Linux 的文件名长度不超过 256 个字符。

（2）文件名严格区分大小写字母。

（3）文件名可以包含空格等特殊字符，但必须使用引号。

（4）文件名不可以包含“/”字符。

2. Linux 文件类型

（1）常规文件：通常访问的文件。标记为“-”。

（2）目录：标记为“d”。

（3）块设备文件：存储数据以供系统访问的接口设备，如：硬盘等。标记为“b”。

（4）字符设备文件：串行端口的接口设备，如：鼠标、键盘等。标记为“c”。

（5）管道：特殊的文件类型，解决多个程序同时访问一个文件所造成的错误。标记为“p”。

（6）套接字：用于网络数据连接的文件。标记为“s”。

（7）连接文件：类似于 Windows 下面的快捷方式。标记为“l”。

3. 目录的属性

目录具有读、写和执行 3 种属性。

（1）读属性（r）：表示具有读取目录结构清单的权限。可以用 ls 命令列出目录内容。

（2）写属性（w）：表示拥有更改该目录清单的权限。

- 建立新文件和目录。
- 删除已存在的文件与目录。
- 将已存在的文件或目录进行重命名。
- 移动该目录内的文件、目录的位置。

（3）执行属性（x）：进入目录。

4. 文件的属性

文件属性有 3 个：读属性（r）、写属性（w）和执行属性（x）。

图 3-11 所示的是文件清单命令结果。图中的第 1 列显示的 10 个字符是所有文件和目录的属性，其中第 1 个字符的含义是文件类型，表明 exp 是一个普通文件；第 2、3、4 三个字符为一组，r 描述的是 exp1 所属用户的权限，r 表示可读，w 表示可写，x 表示可执行；第 5、6、7 三个字符描述的是 exp1 所在的用户组的属性，r 代表可读，w 代表可写，x 代表可执行；第 8、9、10 三个字符描述的是用户组以外的其他用户的权限，r 代表可读，w 代表可写，x 代表可执行；-表示无权限。文件 exp1.c 的用户是 student，用户组是 student，那么文件 exp1.c 的权限可以解释为用户 student 对 exp1 可读可写不可执行，用户组 student 里的其他用户对 exp1.c 可读可写不可执行，用户组 student 以外的其他用户可读不可写不可执行。

使用 ll 命令后屏幕显示内容说明如下：

第 1 列是 10 个字符，表示文件或目录的属性，前面已经说明了，不再赘述；第 2 列是诸如 1、2、3、4 等的数字，表示的是连接占用的节点与连接文件有关，一个节点的大小为 128 字节，用来记录文件或目录的相关属性，并指向分配到的那个块；第 3 列表示文件或目录所属的用户；第 4 列表示用户所在的用户组；第 5 列表示文件或目录的大小；第 6 列表示文件或目录的创建日期或者最近修改的日期；第 7 列是文件或者目录名。

```
student@localhost:~
文件(F)  编辑(E)  查看(V)  搜索 (S)  终端(T)  帮助(H)
[student@localhost ~]$ ll
总用量 52
drwxr-xr-x. 2 student student 4096  4月  27 2012 aa
-rw-rw-rw-. 1 student student 4682 10月  11 2012 exp1
-rw-rw-r--. 1 student student   49 10月  11 2012 exp1.c
-rw-rw-r--. 1 student student    0 10月  11 2012 exp2
drwxrwxr-x. 3 student student 4096 10月  18 2012 workspace
drwxr-xr-x. 2 student student 4096  3月  15 2012 公共的
drwxr-xr-x. 2 student student 4096  3月  15 2012 模板
drwxr-xr-x. 2 student student 4096  3月  15 2012 视频
drwxr-xr-x. 2 student student 4096  3月  15 2012 图片
drwxr-xr-x. 2 student student 4096  3月  15 2012 文档
drwxr-xr-x. 2 student student 4096  3月  15 2012 下载
drwxr-xr-x. 2 student student 4096  3月  15 2012 音乐
drwxr-xr-x. 4 student student 4096  4月  11 08:27 桌面
[student@localhost ~]$
```

图 3-11　文件信息

注意：文件或目录的属性是可以改变的。改变的方法是使用 chmod 命令。

使用 chmod 命令改变属性有两种方法：

（1）使用数字类型改变文件或目录属性。

表 3-5 描述了各属性和数值的对应关系。

表 3-5　属性与数值对应关系

属　　性	十 进 制 值	二 进 制 值
r	4	100
w	2	010
x	1	001

表 3-6 列举了文件或目录中一组属性的所有可能组合。

表 3-6　属性组合

属 性 组 合	十　进　制	二　进　制
---	0	000
--x	1	001
-w-	2	010
-wx	3	011
r--	4	100
r-x	5	101
rw-	6	110
rwx	7	111

【例 3-3】将文件 exp1.c 的属性修改为 rwx-r----x。

查表 3-5 可知要修改的属性数值化为 741，则命令写法为：chmod 741 exp1.c。

修改完以后，可以使用 ls 命令验证一下。

（2）使用符号类型改变文件或目录属性。

表 3-6 描述了各属性和符号的对应关系。

【例 3-4】将文件 exp1.c 的属性修改为 rwx-r----x。

对应表 3-7，命令写法为：chmod u=rwx,g=r,o=x exp1.c。

表 3-7　属性与符号对应关系

符　号	含　义
u	user 用户
g	group 用户组
o	others 其他人
a	user、group、others 全部
+	加入
-	除去
=	设置

【例 3-5】给文件 exp1.c 的其他人添加读属性。

命令写法为：chmod o+r exp1.c。

注意：如果当前用户对文件或目录没有相关的操作权限，那么 chmod 命令是无效的。

3.2.2　Linux 文件系统

1. 文件系统

文件系统对任何一个操作系统都是很重要的。文件系统是一种存储和组织计算机文件和数据的方法，它使得对其访问和查找变得容易。文件系统通常使用硬盘和光盘这样的存储设备，并维护文件在设备中的物理位置。

文件系统向用户提供底层数据访问的机制。它将设备中的空间划分为特定大小的块（扇区），一般每块 512 字节。数据存储在这些块中，大小被修正为占用整数个块。由文件系统软件来负责将这些块组织为文件和目录，并记录哪些块被分配给了哪个文件，以及哪些块没有被使用。

不过，文件系统并不一定只在特定存储设备上出现。它是数据的组织者和提供者，至于它的底层，可以是磁盘，也可以是其他动态生成数据的设备，如网络设备。

Linux 的内核使用了 VFS（虚拟文件系统）技术，提供了统一的文件和设备接口，从而屏蔽了各种逻辑文件系统的差异，对于用户而言，用同样的命令可以操作不同文件系统所管理的文件。

2. RHEL6 支持的文件系统

RHEL6 支持多种类型的文件系统，默认支持 ext4。这里说明一下，目前 Linux 的标准文件系统是 ext3。ext3 文件系统在数据完整性、数据访问速度、有效性保护、向下兼容性这些方面做得很完善，同时加入了日志功能，便于回溯跟踪。ext4 是 ext3 的升级版，增加了大量的新功能和特性，不但兼容 ext3，而且支持最大 1EB 的文件系统和 16TB 的单个文件、无限数量的子目录、连续数据块、多块分配、延迟分配日志校验、在线碎片整理等。另外，RHEL6 可以很好地支持 FAT16、FAT32、NTFS 这些 Windows 文件系统，能自动识别，并以只读方式访问 Windows 系统上的文件。

Linux 将文件系统表示成一棵树来访问。这棵树的根就是根目录/。这个跟 Windows 系统是有差别的，Windows 系统中每一个分区都有一棵树，分区根目录就是树的根，所以 Windows 系统至少有一棵树。而 Linux 无论有多少个分区，都只能作为 Linux 目录树的一棵子树，简而言之，整个 Linux 系统就只有一棵树。如图 3-12 所示，这里 bin、sbin、usr 等目录可以作为挂载点存在于不同的分区上，但都是根目录/的子节点。

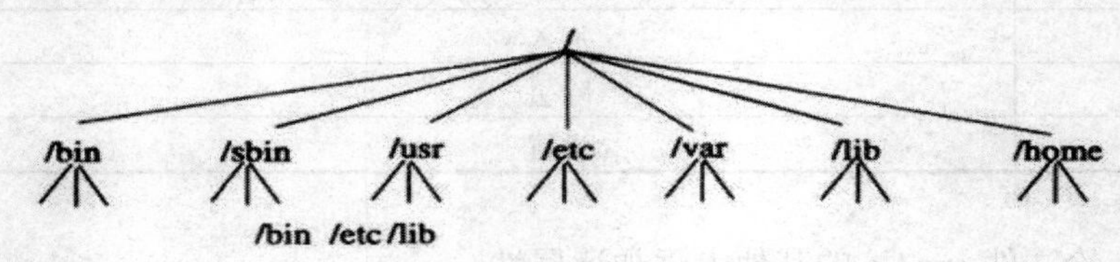

图 3-12 RHEL6 目录结构

表 3-8 列出了 RHEL6 基本的系统目录，供用户参考。

表 3-8 RHEL6 基本的系统目录

目 录 名	功 能
/	Linux 根目录，所有的目录都是由根目录衍生出来的，根目录也与开机/还原/系统修复等动作有关
/bin	存放在单人维护模式下能够被操作的命令。这些命令可以被 root 以及一般账号所使用，主要有 cat、chmod、chown、date、mv、mkdir、cp、bash 等
/sbin	存放系统管理员用到的执行命令。主要有 fdisk、fsck、mkswap、mount 等
/boot	存放开机使用的文件，含 Linux 核心文件以及开机选单与开机所需配置文件等
/dev	任何设备与接口设备都是以文件的形态存在于这个目录当中的。只要通过存取这个目录底下的某个文件，就等于存取某个装备
/etc	存放系统主要的配置文件，例如人员的账号密码文件、各种服务的启始档等
/home	系统默认的用户家目录（home directory）
/lib	存放在开机时用到的函数库，以及在/bin 或/sbin 目录下的命令可能调用的函数库
/mnt	存放可移除的设备，包括软盘、光盘、DVD 等设备都暂时挂载于此
/opt	给第三方软件存放的目录
/proc	该目录的数据都放置在内存里，如系统核心、外部设备的状态、网络状态等
/root	根用户的家目录
/tmp	一般用户或者正在执行的程序临时放置文件的目录，任何人都可以访问
/usr	存放系统主要程序、图形界面所需要的文件、额外的函数库、本机安装的软件、共享的目录与文件
/var	存放系统执行过程中经常变化的文件，如 Cache 等

3. 文件系统的创建方式

分区创建后，接下来就要根据要创建的文件系统类型，选择相应的命令来格式化分区，从而实现在分区创建相应的文件系统。只有建立了文件系统后，该分区才能用于存取文件。

建立文件系统的常用命令是 mkfs，命令格式如下：

```
mkfs [-Vcv] [-t fstype] [fs-options] device [blocks]
```

mkfs 命令的选项如表 3-9 所示。

表 3-9　mkfs 命令的选项

选　　项	说　　明
-V	显示 mkfs 命令的版本号
-c	建立文件系统之前，检查坏块
-v	产生冗余输出
-t fstype	指定创建的文件系统类型
device	设备文件名
blocks	指定文件系统中数据块的总和

调整文件系统的命令是 tune2fs，命令格式如下：

```
tune2fs [-lfj ] [-u user] [-g group] [-L volume-name ] [-m reserved-blocks-percentage] [ -O [^]features] [-r reserved-blocks-count] device
```

tune2fs 命令的选项如表 3-10 所示。

表 3-10　tune2fs 命令的选项

选　　项	说　　明
-l	查看文件系统信息
-j	将 ext2 类型的文件系统转换为 ext3 类型
-f	强制运行 tune2fs 命令
-g group	设置能够使用文件系统保留数据块的用户组成员
-L volume-label	类似 e2label 的功能，可以修改文件系统的标签
-m reserved-blocks-percentage	保留块的百分比
-O [^]features	设置或清除默认挂载的文件系统选项
-r reserved-blocks-count	调整系统保留空间

任务实施

——文件系统的创建

下面将创建文件系统，具体步骤如下。

步骤 1　检查磁盘并创建文件系统，命令写法如下：

```
[root@whptu 桌面]#mkfs -ct ext4 /dev/sdb1
```

注意： 必须是具有相应权限的用户才能在特定的 partition 上建立 Linux 文件系统。

步骤 2 在 ext2 文件系统中增加日志功能，并把 ext2 转换为 ext3，命令写法如下：

```
[root@whptu 桌面]# tune2fs -j /dev/sdb2
```

步骤 3 建立索引目录，提高 ext2 文件系统检索大型目录的速度，命令写法如下：

```
[root@whptu 桌面]# tune2fs -O dir_index /dev/sdb2
```

步骤 4 使用 Linux 自带的图形化磁盘实用工具实现磁盘的分区管理、格式化卷、挂载、卸载等功能。操作方法如下：

（1）在 Linux 系统桌面选择“应用程序”→“系统工具”→“磁盘实用工具”命令，如图 3-13 所示。

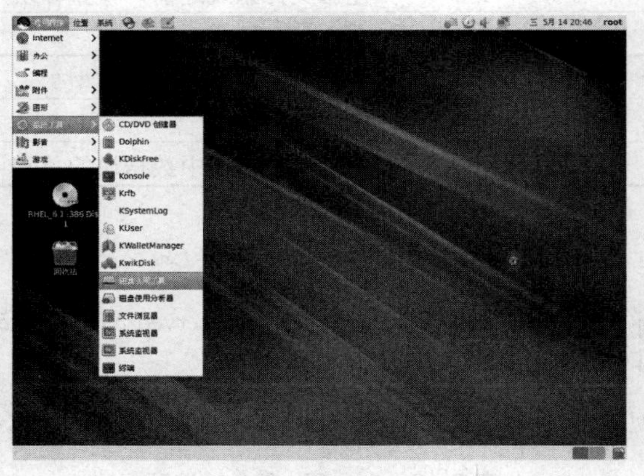

图 3-13　选择“磁盘实用工具”命令

（2）打开“磁盘实用工具”窗口，在此可以进行磁盘的分区管理、格式化卷、挂载、卸载等操作，如图 3-14 所示。

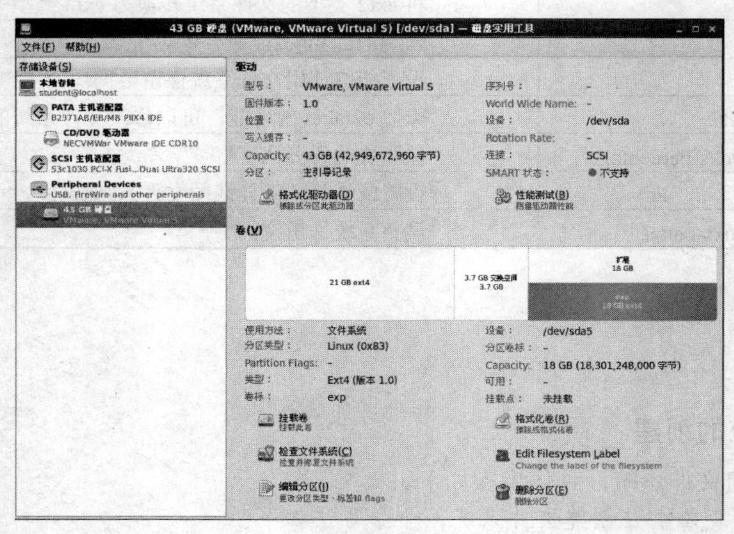

图 3-14　“磁盘实用工具”窗口

任务 3.3　挂载与卸载文件系统

任务场景

现有一台 Linux 服务器，已创建好分区 sda5，需要将 sda5 分区挂载到/mnt/sda5 的目录下，使用完以后再将该分区卸载，然后挂载和卸载光驱。

知识引入

3.3.1　挂载文件系统

文件系统创建以后，需要把该文件系统挂载到 Linux 的某个空目录里，然后才可以使用。同样地，光驱、U 盘等移动设备也必须挂载到 Linux 上才能使用。挂载文件系统有两种方法：一是通过/etc/fstab 文件来开机自动挂载；二是使用手工加载文件系统的命令 mount。这里主要介绍一下手工加载的方法。

mount 的命令格式如下：

```
mount [-t vfstype] [-o options] device dir
```

mount 命令的选项如表 3-11 所示。

表 3-11　mount 命令的选项

选　项	说　明	备　注
-t vfstype	指定文件系统的类型，通常不必指定。mount 会自动选择正确的类型	常用类型有： ext2/3/4：Linux 目前常用的文件系统（默认） msdos：MS-DOS 的 fat，就是 fat16 vfat：Windows 98 常用的 fat32 nfs：网络文件系统 iso9660：CD-ROM 光盘标准文件系统 ntfs：Windows NT 2000 的文件系统 auto：自动检测文件系统
-o options	主要用来描述设备或档案的挂接方式	常用的参数有： codepage=XXX：代码页 iocharset=XXX：字符集 ro：以只读方式挂载 rw：以读写方式挂载 nouser：使一般用户无法挂载 user：可以让一般用户挂载设备
device	要挂接（mount）的设备	
dir	设备在系统上的挂接点	

3.3.2 卸载文件系统

若要卸载已经挂载的分区，可以使用命令 umount。umount 命令的格式如下：

```
umount [-flnrv] device | directory
umount -a [-flnrv] [-t fstype]
```

umount 命令的选项如表 3-12 所示。

表 3-12 umount 命令的选项

选　项	说　明
-f	表示强制卸载指定的文件系统
-a	表示卸载/etc/mtab 文件中列举的所有文件系统（/proc 文件系统除外）
-t	表示卸载指定类型的文件系统
device	文件系统的设备文件名或远程文件系统的资源名等
directory	准备卸载的文件系统安装点

检查和修复文件系统的命令是 fsck，该命令在文件系统出现错误的时候使用，正常情况下不必使用。fsck 默认支持文件系统 ext2。fsck 的命令格式如下：

```
fsck [-aANPrRsTV][-t ][fs...]
```

fsck 的命令选项如表 3-13 所示。

表 3-13 fsck 的命令选项

命令选项	说　明
-a	自动修复文件系统，不询问任何问题
-A	依照/etc/fstab 配置文件的内容，检查文件内所列的全部文件系统
-N	不执行指令，仅列出实际执行会进行的动作
-P	当搭配“-A”参数使用时，则会同时检查所有的文件系统
-r	采用互动模式，在执行修复时询问问题，让用户得以确认并决定处理方式
-R	当搭配“-A”参数使用时，则会略过/目录的文件系统不予检查
-s	依序执行检查作业，而非同时执行
-t	指定要检查的文件系统类型
-T	执行 fsck 指令时，不显示标题信息
-V	显示指令执行过程

fsck 在使用过程中需要通过如下步骤：

（1）输入命令 init1，系统进入单用户模式。

（2）使用 umount 命令卸载要检查的文件系统。

（3）使用 fsck 命令，检查文件系统。

（4）检查完毕，重启系统。

若文件系统出错，Linux 启动时会提示用户进行文件系统检查。

任务实施

——挂载与卸载文件系统

步骤 1　在 mnt 目录下创建 sda5 目录，命令写法如下：

```
[root@whptu mnt]#mkdir   /mnt/sda5
```

步骤 2　设置 sda5 目录的权限为任何用户都可以写，命令写法如下：

```
[root@whptu mnt]#chmod   777   /mnt/sda5
```

步骤 3　将分区 sda5 挂载到/mnt/sda5 目录，命令写法如下：

```
[root@whptu mnt]#mount   -t   auto   /dev/sda5   /mnt/sda5
```

可以用 df -lh 命令查看结果，如图 3-15 所示。

```
student@whptu:/mnt
文件(F) 编辑(E) 查看(V) 搜索(S) 终端(T) 帮助(H)
255 heads, 63 sectors/track, 5221 cylinders
Units = cylinders of 16065 * 512 = 8225280 bytes
Sector size (logical/physical): 512 bytes / 512 bytes
I/O size (minimum/optimal): 512 bytes / 512 bytes
Disk identifier: 0x000d2712

   Device Boot      Start         End      Blocks   Id  System
/dev/sda1   *           1        2550    20480000   83  Linux
/dev/sda2            2550        2996     3584000   82  Linux swap / Solaris
/dev/sda3            2996        5222    17878016    f  W95 Ext'd (LBA)
/dev/sda5            2997        5221    17872312+  83  Linux
[root@whptu mnt]# df -lh
文件系统              容量  已用  可用 已用%% 挂载点
/dev/sda1             20G  5.1G   14G  28% /
tmpfs               1012M  420K 1012M   1% /dev/shm
[root@whptu mnt]# mkdir /mnt/sda5/
[root@whptu mnt]# chmod 777 /mnt/sda5/
[root@whptu mnt]# mount -t auto /dev/sda5 /mnt/sda5
[root@whptu mnt]# df -lh
文件系统              容量  已用  可用 已用%% 挂载点
/dev/sda1             20G  5.1G   14G  28% /
tmpfs               1012M  420K 1012M   1% /dev/shm
/dev/sda5             17G  172M   16G   2% /mnt/sda5
[root@whptu mnt]# 
```

图 3-15　用 df 命令查看结果

磁盘实用工具显示 sda5 已经被挂载好了，如图 3-16 所示。

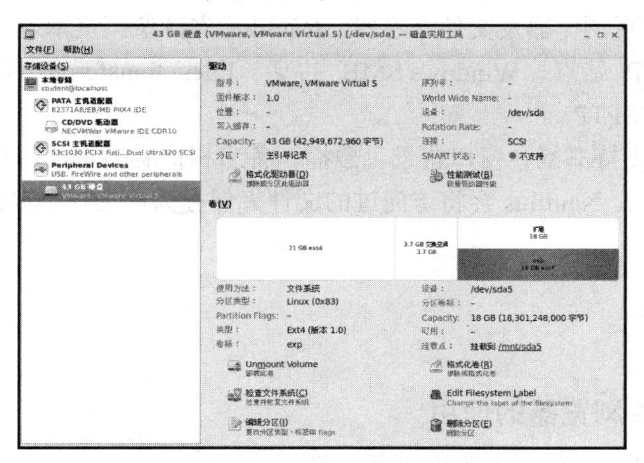

图 3-16　sda5 分区挂载状态

步骤 4 将/dev/sda5 从 sda5 中卸载，命令写法如下：

```
[root@whptu mnt]#umount /dev/sda5
```

卸载后可以用 df -lh 进行查看。

步骤 5 对光驱的挂载。先在 mnt 下创建一个目录 cdrom，然后执行 mount 命令，将 cdrom 挂载到/mnt/cdrom 中。命令写法如下：

```
[root@whptu mnt]#mkdir /mnt/cdrom
[root@whptu mnt]#mount /dev/cdrom /mnt/cdrom
```

步骤 6 卸载光驱，卸载后用命令 mount -s 进行查看，命令写法如下：

```
[root@whptu mnt]#umount /dev/cdrom
[root@whptu mnt]#mount -s
```

任务 3.4 使用 Nautilus 文件浏览器

任务场景

现有一台 Linux 服务器，打开 Nautilus 文件浏览器，快速查找目录；以命令行方式获取文件或者目录的位置。

知识引入

Nautilus 是 GNOME 桌面默认的文件浏览器，使用 Nautilus 可以进行如下工作：

（1）可以对文件夹和文件进行预览、查看、剪切、复制、删除、发送、重命名、根据文件类型使用相应的程序打开等操作。

（2）可作为网页浏览器及文件查看器，Nautilus 支持像浏览本地文件系统一样浏览下面的网络服务：FTP 站点、Windows SMB 共享、Files transferred over Shell protocol、WebDAV 服务器和 SFTP。

（3）Nautilus 支持书签、窗口背景、徽标、备忘和扩展脚本，并且用户可以选择是图标视图还是列表视图。Nautilus 会将访问过的文件夹保存为历史，非常容易再次访问，就像浏览器一样。

任务实施

——Nautilus 文件浏览器的使用

下面介绍 Nautilus 文件浏览器的使用步骤。

步骤 1　在系统桌面选择“应用程序”→“系统工具”→“文件浏览器”命令，打开 Nautilus，如图 3-17 所示。

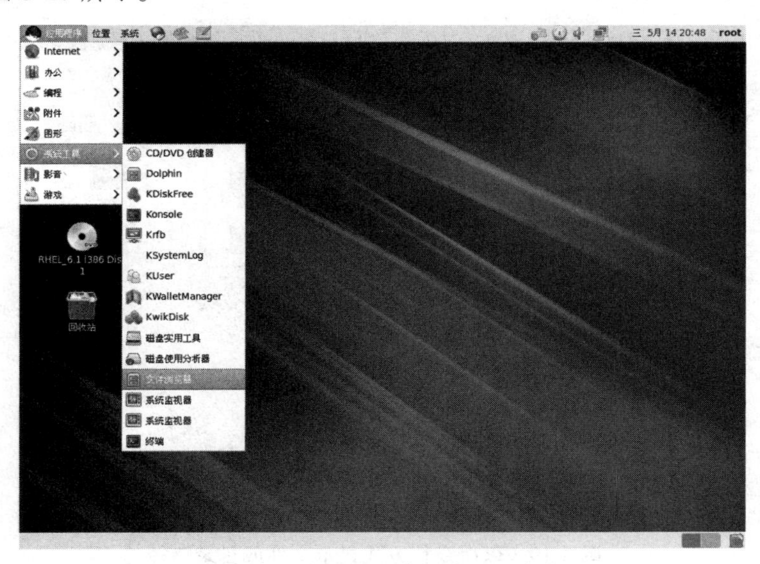

图 3-17　选择“文件浏览器”命令

步骤 2　打开 Nautilus 文件浏览器窗口，窗口左侧栏是树形目录，可以让用户在文件系统中快速查找目标文件。单击目录链接，右侧栏将显示该目录的内容，如图 3-18 所示就是目录 student 中的内容。

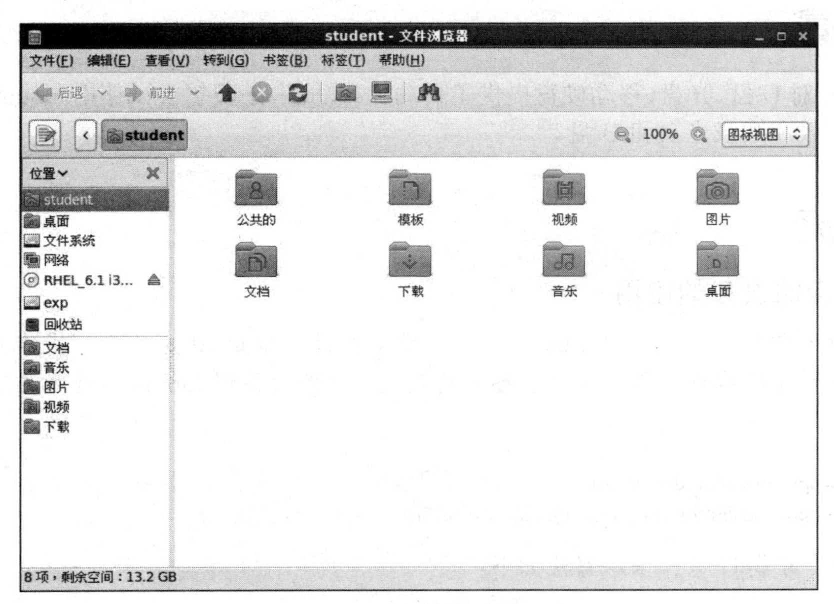

图 3-18　Nautilus 文件浏览器窗口

步骤 3　想要以命令行的方式获取文件或者目录的位置，可以单击按钮，即可在位置地址框中以命令行方式显示出文件或者目录的路径，如图 3-19 所示。

步骤 4　在位置地址框中输入其他目录的地址，也可以打开相应的目录。例如，使用 file:///boot 就可以打开 boot 目录。

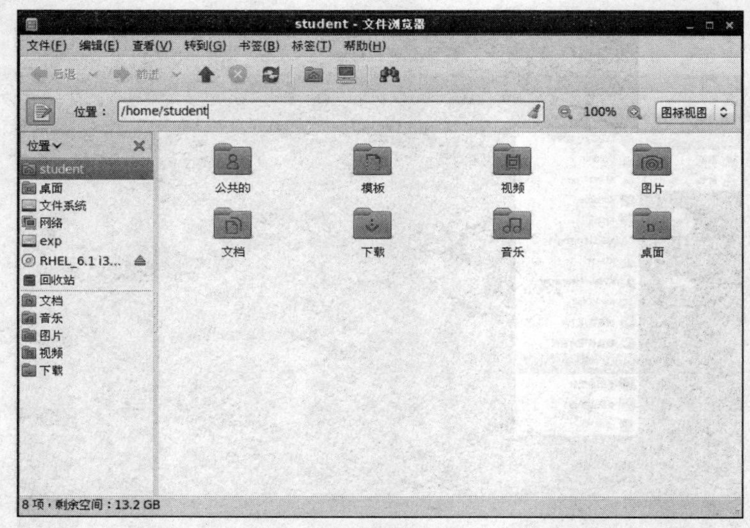

图 3-19　以命令行方式显示文件或目录路径

任务 3.5　使用移动存储设备

任务场景

RHEL6 对 U 盘、光盘、移动硬盘提供了自动加载功能，小王想尝试使用 mount 和 umount 命令手动加载和卸载光盘和 U 盘。

任务实施

——移动存储设备的使用

步骤 1　加载 U 盘，在 Linux 中，U 盘设备的代号也是 sd 为开头。操作步骤为先在 mnt 目录下创建挂载点目录（目录名称自行定义），然后使用 mount 命令加载。命令写法如下：

```
[root@whptu mnt]#mkdir /mnt/usb
[root@whptu mnt]#mount -t -vfat /dev/sda1 /mnt/usb
```

步骤 2　卸载 U 盘，命令写法如下：

```
[root@whptu mnt]#umount /mnt/usb
```

项目实训　文件与设备管理

1. 实训目的

完成本实训后，将能够做到：

- 掌握RHEL6硬盘分区的方法。
- 掌握RHEL6文件系统创建的方法。
- 掌握RHEL6中移动存储设备的挂载和卸载的操作。
- 掌握文件权限的分配。

2. 实训内容

登录到RHEL6，执行以下操作：

① 使用fdisk命令对分区进行查看、添加、修改分区类型、删除分区的操作。
② 用mkfs命令检查文件系统。
③ 挂载、卸载光驱，挂载、卸载U盘。
④ 设置文件的权限：

- 在student家目录下创建目录exp，在目录exp下创建文件stuexp.txt。
- 设置stuexp.txt的权限为其他用户有写权限。
- 取消同group组的读权限。
- 设置stuexp.txt文件的拥有者（用户）有读、写、执行权限。
- 设置其他用户对目录exp拥有写权限。

项 目 小 结

（1）Linux的文件系统是ext2、ext3和ext4，可兼容使用其他文件系统。
（2）硬盘可以用fdisk命令建立分区，用mkfs命令检查文件系统。
（3）文件系统可以用mount命令挂载，用umount命令卸载。
（4）在Linux中使用移动存储设备也需要使用mount命令挂载，使用umount命令卸载。
（5）Nautilus是GNOME桌面默认的文件浏览器。

习　　题

一、选择题

1. 当使用 mount 进行设备或者文件系统挂载时，需要用到的设备名称位于目录________。

A. /dev　　B. /bin　　C. /etc　　D. /home

2. 如果执行了命令 #chmod 744 file.txt，那么该文件的权限是________。

A. rwxr--rw- B. rw-r--r-- C. --xr--rwx D. rwxr--r--

3. 存放了 Linux 系统引导、启动时使用的一些文件和目录的是_______目录。

A. /root B. /bin C. /dev D. /boot

4. 以长格式列目录时，若文件 test 的权限描述为：drwxrw-r--，则文件 test 的类型及文件拥有者的权限是________。

A. 目录文件、读写执行 B. 目录文件、读写

C. 普通文件、读写 D. 普通文件、读

5. 光盘所使用的文件系统类型为________。

A. ext2 B. ext3 C. ISO 9660 D. swap

6. 要给文件 file1 加上其他人可执行属性的命令是________。

A. chmod a+x B. chown a+x C. chmod o+x D. chown o+x

二、简答题

1. 现有一个 Windows 下使用过的 U 盘（U 盘使用/dev/sda1 接口），插入到安装有 RHEL6 系统的计算机上，要求在此 U 盘上新建 myfiles 目录，并在此目录下新建一文本文件 soft，内容任意，再将该文件复制到/root 目录下，最后安全取出 U 盘。要求写出相关的命令行。

2. RHEL6 支持哪些常用的文件系统？

3. RHEL6 中如何加载、卸载光驱？

项目 4　用户与用户组管理

Linux 操作系统中，用户要进入系统，首先应具备一个由系统管理员预先创建的账户。对用户账户进行管理，有助于组织用户文件并控制它们对系统资源的存取与访问权限，而用户组则是具有某种共同属性特征的用户账户的集合。管理和维护用户与用户组成为 Linux 系统工作中最基础也最重要的一部分。

对用户的管理主要包括用户账户的添加、删除和修改，以及对用户账户配置文件的管理。

对用户组的管理包括用户组的添加、删除和修改，以及对用户组配置文件的管理。

在本项目中，将通过完成 3 个任务，规划一个能满足中小型企业需求的用户和用户组管理模型。

任务 4.1　管理用户账号

任务 4.2　管理用户组

任务 4.3　利用 sudo 运行特权命令

任务 4.1　管理用户账号

任务场景

小王就职的公司包括技术部（tech）、市场部（mark）和财务部（fina）3 个部门。其中，技术部有员工 6 名，市场部有员工 8 名，财务部有员工 4 名。老板要求为每个员工创建用户账户。

知识引入

4.1.1　用户及配置文件

1. Linux 下的用户

所谓"用户"，就是实际登录到系统中操作的人或逻辑性对象。每个登录到系统中的用户都被赋予一个用户账户，用户账户由用户名和密码构成，用户登录时使用的就是该用户的用户名。特别要注意的是，Linux 的用户名是区分大小写的。在 Linux 系统中，每个用户还拥有一个唯一的标识符，称为用户 ID（UID），即每个进入系统的用户对应一个用户账户，也对应唯一的一个 UID。root 是 Linux 系统默认的超级用户，不需要新建，它具有系统管理的一切权限，其 UID 为 0。除了 root 用户和管理员新添加的用户外，系统中还有一些用户称为伪用户，如 bin、sys 和 adm 等，它们是不能登录到系统中的，因为其登录 shell 为空，它们的作用主要是方便系统管理、满足相应系统进程对文件属主的需求。还有一类被称为虚拟用户的用户，这些用户一般是为了完成系统任务所要求的，也不能用来登录系统，如 ftp、nobody 和 rpm 等。

2. 用户账户配置文件

（1）用户账户文件

/etc/passwd 文件用于帮助系统识别用户，保存的是用户的账号数据等信息，又被称为密码文件。系统中所有的用户都在此文件中有记录。执行 cat 命令，可以查看到该文件的详细内容，如图 4-1 所示。

```
user-hhz:x:500:500:userhuhaozhi:/home/user-hhz:/bin/bash
user01:x:501:501::/home/user01:/bin/bash
jack:x:502:502::/home/jack:/bin/bash
mike:x:503:503::/home/mike:/bin/bash
```

图 4-1　passwd 文件信息

在/etc/passwd 中，每一行都表示一个用户的信息，一共有 7 个字段，字段之间用冒号“:”分隔开，其格式如下：

```
username:password:UID:GID:comment:home directory:shell
```

各字段的含义如下。

- username：用户名。唯一标识了一个用户账户，用户在登录时使用的就是它。用户名的长度通常不超过 8 个字符，可由大小写字母、下划线、句点、数字等组成，但不能包含冒号“:”，并且最好不要以点字符“.”、连字符“-”和加号“+”开始。用户名区分大小写。
- password：该账号的口令密码。在 passwd 文件中通常口令字段使用一个 x 来代替，而将真正的口令以 MD5 加密的方式保存在/etc/shadow 文件的相应字段中。
- UID：用户标识码。Linux 系统内部使用 UID 来标识用户，而不是用户名本身。UID 是一个整数，且在系统中唯一存在。一般情况下，UID 和用户名是一一对应的。如果几个用户名对应的用户标识号相同，则系统会将把他们视为同一个用户。UID 的取值范围是 0~65535。0 是超级用户 root 的标识号，1~499 是系统预留给系统服务使用的标识号，新创建的用户标识号从 500 开始，以后依次加 1。
- GID：组标识码。具有某些相似属性的多个用户可以被分配到同一个组内，每个组都有自己的组名。不同的用户可以属于同一个用户组，享有该用户组的共同权限。与 UID 类似，GID 唯一标识了一个用户组。新添加的组其 GID 从 500 开始编号，其后依次为 501、502……
- comment：备注信息，一般是用户的真实姓名、电话号码和住址等。许多 Linux 系统中，这个字段存放的是一段任意的注释性描述文字，当然也可以为空。
- home directory：用户主目录。该字段定义了个人用户的主目录，当用户登录后，

Shell 将把该目录作为用户的工作目录。在 Linux 系统中，超级用户 root 的工作目录为/root，其他用户的主目录则被系统放在/home 目录下与自身用户名同名的一个目录中。例如，新建的 jack 用户的主目录默认就是/home/jack 目录。各用户对自己的主目录有读、写和执行权限，其他用户的访问权限则可根据实际情况进行设置。

- shell：用户登录进入系统所使用的命令解释器。shell 是用户和 Linux 系统之间的接口。Linux 的 shell 有许多种，各有不同的特点。RHEL6 中默认登录使用的 shell 为/bin/sh 类型。

（2）用户影子文件

Linux 使用不可逆算法来加密登录密码，因此黑客从密文中是得不到明文的。由于/etc/passwd 文件是任何用户都有权限读取和修改的，所以密码安全性存在隐患。为了解决安全性问题，许多 Linux 发行版引入了影子文件/etc/shadow。影子文件将用户的加密密码从/etc/passwd 中移出，保存在只有超级用户 root 才有权限读取的/etc/shadow 中。

passwd 文件与 shadow 文件是对应互补的。shadow 文件中包括用户、被加密的密码以及其他/etc/passwd 不能包括的信息，如用户的有效期限等。/etc/shadow 文件的每一行也表示一个用户的相关附加信息，包括 9 个字段，如图 4-2 所示。其格式为：

```
username:password:lastchanged: mindays:maxdays:warn:inactive:expire:reserve
```

```
tomcat:!!:15343::::::
user-hhz:$6$3sTOIocyYfHq19U3$1iM7K0mNpV5BVG7b0Ka6mw/lrWs/jj8qPO3wbB8r9tfS0ZDan8s
KbD7XmoxnDQ5z5L1bjBng57OUEkwzryEWC/:15343:0:99999:7:::
user01:$6$Aod/Ua5V$u.vrkPyPdylkFSS8/mqSxvwlVua.3HDGY.agyHZikT.ANWdIMKCrSJPz.W0sX
8x1YqhnHmCj3FqvdQ2h1.TDN1:15343:0:99999:7:::
```

图 4-2　shadow 文件信息

各字段的意义解释如下。

- username：用户名。即登录名，同 passwd 文件中的用户名。
- password：密码。采用了 MD5 不可逆算法加密的密码，所以显示的是很长的乱码。如果有些用户在此字段使用了 x，表示此用户不能登录到系统。
- lastchanged：上次修改密码的时间。这个时间是从 1970 年 1 月 1 日算起到最近一次修改密码的时间间隔（天数）。管理员通过 passwd 命令来修改用户的密码时，此字段值会发生变化。
- mindays：两次修改密码最少间隔的天数。表示用户必须经过多少天数才能再次修改密码。如果配置为 0，表示禁用修改密码功能。其默认值可通过/etc/login.defs 文件的 PASS_MIN_DAYS 字段解释。
- maxdays：两次修改密码最多间隔的天数。表示用户经过了多少天后必须再次修改密码。以此来增加用户密码的时效性。一定程度上增强了系统的安全性。其默认值可通过/etc/login.defs 文件的 PASS_MAX_DAYS 字段解释。
- warn：提前多少天警告用户密码将过期。当用户密码快要到期时，用户登录系统后，系统提醒用户密码将要作废；其默认值由/etc/login.defs 文件的 PASS_WARN_AGE 字段解释。

- inactive：在密码过期后多少天禁用此用户。此字段表示用户密码作废多少天后，系统永久禁用用户。
- expire：用户账户过期日期。此字段指定了用户账户作废的天数（从 1970 年 1 月 1 日开始计算的天数），如果这个字段的值为空，账号长久可用。
- reserve：保留字段。目前为空，以备将来 Linux 开发所用。

4.1.2 用户账户管理命令

用户账户管理主要涉及用户账户的添加、删除、修改等操作。

1. 添加新账户

添加用户账户就是在系统中创建一个新账户，然后为新账户分配用户号、用户组、主目录和登录的 shell 等资源。

添加新的用户账户时可使用 useradd 命令，其语法如下：

```
useradd  [选项]  用户名
```

其中的常用选项如下。

- -d 目录：指定用户主目录。若此目录不存在，则应使用-m 选项创建主目录。
- -M：不创建主目录。
- -g 组名或组 ID：指定用户所属的用户组（该用户组必须已经存在）。
- -G 用户组列表：指定用户所属的附加组，各组之间用逗号隔开。
- -s shell 文件：指定用户登录的 shell。默认为/bin/bash。
- -u 用户号：指定用户的用户号。该值必须唯一，且是大于 499 的整数。
- -p 密码：为新用户指定登录密码。此处设置的密码会被系统进行 MD5 加密。

例如：

```
#useradd  -d  /tmp/sam  -m  jack
```

表示创建了一个用户 jack，并指定其主目录为/tmp/sam。

例如：

```
#useradd  -s  /bin/sh  -g  group  -G  adm, root  mike
```

表示新建一个用户 mike，该用户的登录 shell 是/bin/sh，它属于 group 用户组，同时又属于 adm 和 root 用户组，其中 group 用户组是主组。

增加用户就是在/etc/passwd 文件中为新用户增加一条记录，同时更新一条记录，并更新其他系统文件，如/etc/shadow、/etc/group 等。

2. 删除账户

如果一个用户账户不再使用，就要删除该账户。删除用户账户也就是将/etc/passwd 文件中该用户的记录删除。删除一个已有的账户使用 userdel 命令，格式如下：

```
userdel [选项] 用户名
```

常用选项是-r，作用是删除用户账户的同时把该用户的主目录一起删除。例如：

```
#userdel -r jack
```

执行完该命令后，jack 在相关系统文件（主要是 passwd、shadow 和 group 文件）中的记录将被一起删除，同时用户的主目录也被删除。

3. 修改账户

修改用户账户是指根据实际情况更改用户的相关属性，如用户名、用户主目录、用户组和登录的 shell 等。可以使用 usermod 命令来修改，格式如下：

```
usermod [选项] 用户名
```

其部分常见选项和 useradd 命令相同。例如：

```
#usermod -s /bin/ksh -d /home/T -g market tom
```

表示将用户 tom 的登录 shell 修改为 ksh，主目录改为/home/T，用户组改为 market。

下面列举一些其他常用选项实例。

例如，更改用户账户名，命令如下：

```
#usermod -l jacky jack
```

表示将用户名 jack 改为用户名 jacky。

将用户加入其他组，命令如下：

```
#usermod -G techgroup mike
```

表示将用户 mike 追加到 techgroup 这个组。

4. 显示账户属性、所在组信息

用户可以通过 id 命令显示账户的属性以及所在组的信息。

格式：id [选项] [用户]

例如：#id jack。

运行结果如图 4-3 所示。

```
[root@Rhel6 etc]# id jack
uid=502(jack) gid=502(jack) groups=502(jack),0(root)
[root@Rhel6 etc]# id mike
uid=503(mike) gid=503(mike) groups=503(mike)
```

图 4-3　id 命令用法

例如，要显示 jack 用户的 UID、GID 和所属组的 id 信息，命令如下：

```
#groups jack
```

运行结果如图 4-4 所示。

```
[root@Rhel6 etc]# groups jack
jack : jack root
```

图 4-4　groups 命令用法

由图 4-4 可知，用户 jack 属于本身的 jack 组和附加组 root 组。

5. 用户密码管理

用户刚被创建时是没有密码的，也无法登录使用，必须为其设定密码后该用户才能登录使用。如果是空密码，也无法使用。

设置用户登录密码的格式如下：

```
passwd  [选项]  用户名
```

常见的选项如下所示。

- -l：锁定密码，即禁用账户。
- -u：密码解锁。
- -d：使账户为空密码。
- -f：强迫用户下次登录时修改密码。

如果命令后无用户名，则表示修改当前用户登录密码。超级用户 root 可以修改任意用户的密码，其命令如下：

```
#passwd  jack
New  password：********
Re-enter new password：********
```

普通用户在修改自己的密码时，系统会先询问原密码，验证正确后才能输入新密码（输入两次）。超级用户修改密码时，不必知道原密码。为安全起见，可以将密码位数设置成不少于 8 个字符，其中包含大小写字母、数字以及特殊字符等。

6. 删除账户密码

若要为用户指定空密码，可使用下列命令形式：

```
#passwd  -d  用户名
```

此时，用户密码被设置成空密码，即用户登录进入系统时，登录密码为空。

任务实施

——管理用户账号

步骤 1　建立用户账号。以技术部某员工为例，其账号建立命令如下：

```
#useradd techuser01
```

步骤 2　为用户账号建立初始密码，命令如下：

```
#passwd techuser01
```

步骤 3　按照提示输入 2 次初始密码，即完成操作。

任务 4.2　管理用户组

任务场景

老板要求小王根据员工的所属部门，将其用户账号归并到不同的用户组中。

知识引入

4.2.1　用户组及配置文件

1. Linux 下的用户组

组账户即用户组账户。所谓“组”，是指一种逻辑性的单位，其中集合了具有某种共同特征属性的用户。例如，相同的读取、写入或运行权限，用户账户属于同一部门等。用户组的设置主要是为了方便统一配置、管理文件或目录的访问权限。Linux 系统中的每个组账户也都拥有一个唯一的标识符，称为组 ID（GID）。root 组是 Linux 系统默认生成的超级用户组，其 GID 为 0。

每个用户都必须属于至少一个用户组。默认情况下创建用户时，会同时新建一个与该用户同名的用户组，即该用户的主组。

2. 用户组配置文件

（1）组账户文件

/etc/group 文件是用户组的配置文件，内容包括用户名和用户组名，并且能显示出用户归属哪个用户组或哪几个用户组。对某一用户组设置了权限，则该组中所有用户也具备了相应权限。/etc/group 文件中各字段的含义如下：

```
groupname:password:GID:user_list
```

例如，命令“root:x:0:root”中表示如下：

组名为 root，组密码 x，组 ID 为 0，组成员只有一个用户 root。

（2）组影子文件

与用户影子文件/etc/shadow 一样，考虑到组信息文件中密码的安全性，引入了相应的组密码影子文件/etc/gshadow（即/etc/group 的加密文件）。/etc/group 与/etc/gshadow 也是互补的两个文件。/etc/gshadow 文件各字段的含义如下：

```
groupname:passwd:admin:admin---menmber,member,---
```

例如下面的命令：

```
daemon:::root,bin,daemon
```

其含义如下：组名为 daemon，无密码，无组管理者，组成员是 root、bin 和 daemon。

4.2.2 用户组管理命令

对用户组的管理涉及用户组的添加、删除和修改。组管理命令的使用的实质是对文件 /etc/group 文件的修改。

1. 创建用户组

使用 groupadd 命令可增加一个新用户组，格式如下：

```
groupadd   [选项]   用户组
```

常用选项如下。

- -g GID：指定新用户组的组标识号。
- -o：一般和-g 选项同时使用，表示新用户组的 GID 可和系统已有用户组 ID 相同。

例如：

```
#groupadd   -g 108 group1
```

其含义是：新建一个组 group1，并指定其组 ID 为 108。如果没有指定-g 选项，则新建组的标识号是在当前已有组的最大标识号基础上加 1。

2. 删除用户组

使用 groupdel 命令可删除一个已存在的组。格式如下：

```
groupdel   用户组
```

例如：

```
#groupdel   techgroup
```

3. 修改用户组属性

修改用户组的属性包括修改用户组的组名、组 ID、组成员等。

（1）修改用户组名

格式如下：

```
groupmod   -n   新组名  原组名
```

例如：

```
#groupmod   -n   markgroup   techgroup
```

表示将 techgroup 组名改为 markgroup 名字，其组 ID 号保持不变。

（2）修改用户组 GID 号

例如：

```
#groupmod  -g  888  finagroup
```

表示将 finagroup 组的标识号改为 888。

4. 添加组成员/删除组成员

添加组成员是指将某用户加入到某个组中，删除组成员是指将某用户从某组中删除，这是组管理过程中常见的操作之一。

命令格式：

```
groupmems  [选项]  用户名  组名
```

常用的选项包括如下几种。

- -a：将某用户添加到指定用户组中。
- -d：从指定组中删除用户。
- -p：清除组内的所有用户。
- -l：列出组内所有成员

例如：

```
#groupmems -a  jack  -g  managroup
```

表示把用户 jack 添加到组 managroup 中。

任务实施

——管理用户组

步骤 1　创建用户组。以技术部为例，命令写法如下：

```
#groupadd techgroup
```

步骤 2　将相应用户加入到对应用户组中，命令写法如下：

```
#groupmems  -a  techuser01  -g  techgroup
```

说明：将相应用户加入到对应用户组中时，亦可用 usermod　-g 命令来实现。

任务 4.3　利用 sudo 运行特权命令

任务场景

为方便进行服务器管理，小王需要创建几个二级管理员账号，并需要赋予它们一些根用户的特殊命令操作权限。

知识引入

4.3.1 sudo 简介

sudo 是 Linux 的系统管理指令，通过它可授权普通用户执行一些或者全部的 root 命令。

在 Linux 系统管理中，经常需要以超级用户 root 身份登录到系统中，做一些管理和维护工作，但这样做不但存在系统风险，而且还存在安全隐患。为此，管理员可以先创建一些普通用户，然后根据需要分配相应的管理权限给他们。

sudo 于 1980 年被开发出来之前，用户管理系统的方式是利用 su 指令将自身切换为超级用户。但是使用 su 时必须预先得知超级用户的密码，所以存在较大的安全隐患。

sudo 的出现，使得一般用户不需要知道超级用户的密码即可获得权限。首先，超级用户将普通用户的名字、可以执行的特定命令和按照哪种用户或用户组的身份执行等信息登记在特殊的文件中（通常是/etc/sudoers），即完成对该用户的授权（此时该用户称为 sudoer）；在一般用户需要取得特殊权限时，其可在命令前加上 sudo，此时 sudo 将会询问该用户自己的密码（以确认终端机前的是该用户本人），回答后系统即会将该命令的进程以超级用户的权限运行。之后的一段时间内（默认为 5 分钟，可在/etc/sudoers 中自定义），使用 sudo 不需要再次输入密码。

4.3.2 sudo 的配置

系统管理员要实现对普通用户的特权分配，需要修改 sudo 命令的配置文件/etc/sudoers。编辑 sudo 配置文件可以使用 vi 编辑器，命令如下：

```
#vi /etc/sudoers
```

也可以使用专门的 sudo 配置文件编辑命令 visudo，命令如下：

```
# visudo
```

sudoers 配置文件具有一定的语法格式，直接用 vi 编辑保存时，系统不会检查语法，因此出错时可能会导致无法使用 sudo 工具。最好的方法是使用 visudo 命令去配置 sudo。虽然 visudo 也是调用 vi 去编辑，但它保存时会进行语法检查，当出现错误时会给出提示。

sudoers 文件基本配置命令的语法格式如下：

```
授权用户  主机=[要授权的用户或用户组] [是否需要输入密码登录] 命令 1, [要授权的用户或用户组]
[是否需要输入密码登录] [命令 2], [要授权的用户或用户组] [是否需要输入密码登录] [命令 3], ……
```

例如，要授予用户 mana_liu 在本机上执行重启操作，并且执行时不需输入密码，应打开/etc/sudoers 文件，添加如下命令：

```
mana_liu localhost=NOPASSWD:/sbin/reboot
```

这样，用户 mana_liu 就可以执行命令“#sudu /usr/sbin/reboot”来重启服务器了。

若想要 mike 用户在所有主机中均可转换到 root 下执行/bin/chown 命令而不必输入密码，以及可转换到其他用户执行/bin/chmod 命令，则应在/etc/sudoers 文件中添加如下内容：

```
mike ALL=(root)NOPASSWD:/bin/chown,/bin/chmod
```

如果要对一组用户进行定义，可以在组名前加上%，对其进行设置，如下：

```
%markgroup   ALL=/usr/sbin/* ,/sbin/*
```

这意味着属于 markgroup 组的所有成员都可以使用 sudo 命令来执行特定目录下的命令。

读者可尝试分别编辑如下内容，看一下结果有何不同。

```
mike    ALL=NOPASSWD:ALL
mike    ALL=(ALL)    ALL
```

任务实施

——利用 sudo 运行特权命令

步骤 1　创建二级管理员账户 user_wang。

```
#useradd user_wang
#passwd   user_wang
New password:                              #输入口令
Retry new password:                        #再次输入口令
```

步骤 2　编辑/etc/sudoers 文件，在文件末尾添加如下命令行：

```
user_wang   ALL=(ALL)      NOPASSWD:ALL
```

步骤 3　修改后保存退出，即完成了对用户 user_wang 的特权授权。

项目实训　用户与组管理

1. 实训目的

完成本实训后，将能够做到：

- 掌握 Linux 用户的创建方法。
- 掌握创建 Linux 用户组并加入用户组的方法。
- 掌握 Linux 权限赋予的方法。

2. 实训内容

公司新增财务部（fina）、管理层（mana）两个部门。其中，财务部有员工 4 名，管理层人员有 3 名，要为每个员工创建用户账户。为安全起见，平时维护服务器要求管理员以自己的账户登录。要求合理布局公司的用户与用户组，以达到基本的管理目的。

① 创建用户。

② 创建用户组，加入用户。

③ 创建管理员，赋予权限。

项 目 小 结

1. 用户

Linux 是个多用户、多任务的分时操作系统，所以每一个要使用系统资源的用户都必须先向系统管理员申请一个账号，然后以这个账号的身份进入系统。用户的账号一方面能帮助系统管理员对使用系统的用户进行跟踪，并控制他们对系统资源的访问；另一方面也能帮助用户组织文件，并为用户提供安全性保护。每个用户账号都拥有一个唯一的用户名和用户口令。

2. 用户组

每个用户都隶属于至少一个用户组，系统可对该用户组中的所有用户进行集中管理。不同的操作系统对用户组的规定有所不同，如 Linux 下的用户隶属于和他同名的用户组，该用户组在创建用户时自动被创建。对用户组的管理包括用户组的添加、删除和修改操作，其本质是对/etc/group 文件进行更新。

3. sudo

在 Linux 系统中，管理员往往不止一人，若每位管理员都用 root 身份进行管理工作，则根本无法弄清楚谁该做什么。所以最佳的方式是：管理员创建一些普通用户，分配一部分系统管理工作给他们。通过 sudo 命令，某些终极权限可被有针对性地下放给普通用户，由于普通用户不知道 root 密码，所以 sudo 还是比较安全的。另外，sudo 是需要授权许可的，sudo 执行命令的流程是：当前用户转换到 root（或其他指定转换到的用户），然后以 root（或其他指定的转换到的用户）身份执行命令，执行完成后，直接退回到当前用户。

习 题

一、选择题

1. UNIX/Linux 系统中添加新用户的命令是______。

A. groupadd　　B. usermod　　C. Userdel　　D. useradd

2. 添加用户组使用________命令。

A. groupadd　　B. newgrp　　C. useradd　　D. userdel

3. 添加某用户时，起初指定其账号在 30 天后过期，现在想改变这个过期时间，用________命令最合适。

A. usermod -a　　B. usermod -d　　C. usermod -x　　D. usermod -e

4. 更改组 group2 的 GID 为 103，并更改组名为 grouptest，应使用命令_____。

A. groupmod -g 103 -n grouptest group2

B. chmod -g 103 -n grouptest group2

C. chgrp -g 103 -n grouptest group2

D. groupmod 103 grouptest group2

5. 删除组 grouptest 应使用命令________。

A. groupmod grouptest　　B. groupdel grouptest

C. chgrp grouptest　　D. chmod grouptest

6. 修改用户 user1 的个人说明为 This is a test，应使用命令________。

A. groupmod -c "This is a test" user1

B. chmod -c "This is a test" user1

C. usermod -c "This is a test" user1

D. usermod -e "This is a test" user1

7. 以下命令中，可以将用户身份临时改变为 root 的是________。

A. SU　　B. su　　C. Login　　D. logout

二、简答题

1. “新建一个组 group1，新建一个系统组 group2”，写出其命令。

2. “新建用户 user1，指定 UID 为 777，目录为/home/user1，初始组为 group1，有效组为 root，指定 shell 为/bin/bash”，写出其命令。

3. “查看用户 user1 的组群，切换到 user1，在主目录下新建文件 test1，再切换有效组为 root，再新建文件 test2”，写出其命令。

4. “增加用户 user3、user4，增加组 testgroup，为组 testgroup 设定密码，将组 testgroup 管理权授予 user1，并同时将 root、user1 和 user3 加入到 testgroup，检查结果，切换到 user1，将 user4 加入到 testgroup 组”，写出其命令。

项目 5　服务与进程管理

Linux 作为服务器操作系统，为保证能稳定、可靠运行，需要经常对系统服务和进程进行管理维护。本项目将通过 3 个任务来阐述 Linux 的服务和进程管理。

任务 5.1　认识 Linux 的启动过程与运行级别

任务 5.2　Linux 的服务管理

任务 5.3　Linux 的进程管理

任务 5.1　认识 Linux 的启动过程与运行级别

任务场景

公司的服务器已经购买到位，准备正式投入运营了。可是小王对于各类服务的安装和管理方法还不是很清楚。另外，在之前的 Linux 使用过程中，有时会出现机器运行越来越慢的情况，小王知道这是跟系统的进程管理相关的。可是，Linux 中的进程又该如何管理呢？

要掌握以上问题的解决方法，首先要认识 Linux 的启动过程与运行级别。

知识引入

5.1.1　Linux 的启动过程

系统的引导和初始化是操作系统实现控制的第一步，因此，理解 Linux 系统的启动和初始化过程非常重要。Linux 系统的启动与初始化过程主要包括了以下 4 个阶段：

（1）计算机本身 BIOS 程序开机自检。

（2）Linux 引导程序运行。

（3）Linux 内核部分解压缩，装载运行。

（4）Linux 初始化进程 init 运行。

启动计算机并使其操作系统被加载的过程称为引导。当按下主机的电源开关 Power 键时，主机开始加电，系统开始被启动，处理器将在相应的位置执行代码。在 PC 上，这个位置处于基本输入输出系统中，也就是 BIOS，它是被固化到主板闪存 ROM 中的已知程序。BIOS 程序首先进行 POST（Power On Self Test）自检，检测系统中一些关键设备是否存在和能否正常工作，如内存、显卡及 CPU 类型和频率等。随后，BIOS 还将检测系统中安装的一些标准硬件设备，包括硬盘、CD-ROM、串口、并口和即插即用设备等，并显示这些设备的相关信息。如果系统 BIOS 在进行 POST 的过程中发现了一些致命错误，系统 BIOS 就会直接控制喇叭发声来报告错误。在正常情况下，POST 过程进行得非常快，几乎无法感觉到它的存在。基本测试通过之后，随后系统 BIOS 的启动代码将根据用户指定的启动顺序搜索引导分区上的引导程序。BIOS 将读取并执行引导扇区中的主引导记录，而主引导记录将负责读取并执行一小段叫做 bootstrap loader 的程序。随后，BIOS 程序将计算机的引导权完全交给了 bootstrap loader 程序来执行随后的引导操作系统任务。

通常，主引导扇区位于磁盘的 0 柱面 0 磁头第 1 个扇区。主引导扇区共 512 字节的内容，由 446 字节的主引导记录（MBR）、64 字节的磁盘分区表（DPT），以及 2 个字节的标识位共同组成，如图 5-1 所示。上面提到的 bootstrap loader 程序就被放置在主引导记录中，Linux 系统中的 bootstrap loader 被称为 grub 或者 lilo。

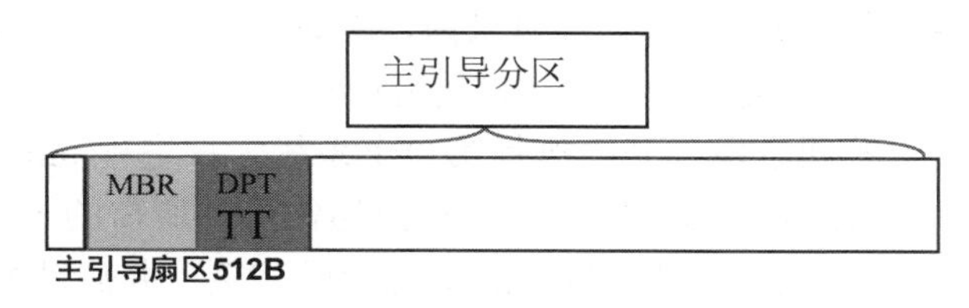

图 5-1　MBR 和 DPT

第二阶段中，bootstrap loader 的引导程序 grub（或 lilo）将接管启动操作系统的任务。它负责从磁盘中读入真正的操作系统内核程序，并执行随后的启动。引导程序主要提供以下功能。

- 提供选项：用户可以选择不同的开机项目，这是多重引导的重要功能。
- 载入内核文件：直接指向可开机的程序区段来开始运行操作系统。
- 转交其他 loader：将开机管理功能转交给其他 loader 负责。

grub 程序一般位于/boot/grub 目录中。如图 5-2 所示是一个标准的 grub 程序。

```
# grub.conf generated by anaconda
#
# Note that you do not have to rerun grub after making changes to this file
# NOTICE:  You have a /boot partition.  This means that
#          all kernel and initrd paths are relative to /boot/, eg.
#          root (hd0,0)
#          kernel /vmlinuz-version ro root=/dev/sda3
#          initrd /initrd-version.img
#boot=/dev/sda
default=0
timeout=10
splashimage=(hd0,0)/grub/splash.xpm.gz
title Red Hat Linux (2.4.20-8)
        root (hd0,0)
        kernel /vmlinuz-2.4.20-8 ro root=LABEL=/
        initrd /initrd-2.4.20-8.img
```

图 5-2　grub 程序

图中，前几行带有#的是注释部分，真正起作用的是后面 7 行：

（1）default=0 定义了默认启动的操作系统。

（2）timeout=0 定义了默认超时时间，也就是超过 10 秒用户不选择，则自动启动默认系统。

（3）splashimage 一行定义了启动时的背景图片。

（4）title 一行定义了启动菜单及相关的根目录位置、内核文件及初始化的文件镜像。

（5）root 一行定义了操作系统内核和引导文件所在的磁盘分区。(hd0,0)表示第一块硬盘的第 1 个分区，(hd0, 2)表示第一块硬盘的第 3 个分区，以此类推。

（6）kernel 一行定义了系统内核及 boot 命令用到的参数。

（7）initrd 一行定义了系统引导程序。

Linux 系统中，由 grub 程序引导而开始读入内核文件后，接下来进入到第三阶段的启动，引导程序将内核解压缩到主存储器中，并且利用内核的功能开始测试与驱动各个周边设备，包括存储设备、CPU、网卡和声卡等。此时，Linux 内核会以自己的功能重新检测一遍硬件，而不是简单地使用 BIOS 检测到的硬件信息。内核文件一般会被放置到/boot 里面，并且取名为/boot/vmlinuz。

Linux 内核通过动态加载内核模块来提供加载驱动程序的功能。这些模块放在/lib/modules/目录内。由于模块放到磁盘根目录内，因此在开机过程中内核必须先挂载根目录。为了避免影响到磁盘内的文件系统，开机过程中根目录是以只读的方式来挂载的。

Linux 系统启动进入第四阶段，开始执行第一个系统守护进程 init。

init 进程是系统中所有进程的父进程，可繁衍出通常操作所需的子进程，如设置计算机名、检查和安装磁盘文件系统、启动系统日志、配置网络接口并启动网络和邮件服务以及启动打印服务等。Linux 中，init 进程的主要任务是按照 inittab 文件所提供的信息创建进程，由于进行系统初始化的那些进程都由 init 创建，所以 init 进程也称为系统初始化进程。

当系统内核加载到内存后，将执行一系列初始化工作，随后执行系统的第一个进程 init，其进程号（PID）为 1。接下来进程继续启动，读取系统初始化配置文件/etc/inittab 中的信息。

5.1.2 系统初始化配置文件/etc/inittab

inittab 中的信息内容大致如图 5-3 所示。

```
#
# Default runlevel. The runlevels used are:
#   0 - halt (Do NOT set initdefault to this)
#   1 - Single user mode
#   2 - Multiuser, without NFS (The same as 3, if you do not have networking)
#   3 - Full multiuser mode
#   4 - unused
#   5 - X11
#   6 - reboot (Do NOT set initdefault to this)
#
id:5:initdefault:
```

图 5-3 inittab 中的信息内容

其中最后一行中的 id:5 指示了系统默认启动的运行级别。Linux 提供了 7 种运行级别，如表 5-1 所示。

表 5-1 Linux 的运行级别

运行级别	功能说明
0	系统停机状态（关机）
1	单用户工作
2	多用户状态（没有 NFS）

续表

运行级别	功能说明
3	多用户状态（具有NFS）
4	系统未用，保留给用户
5	X11控制台（Xdm，Gdm，Kdm）
6	系统正常关闭并重新启动

如需要系统启动后默认进入字符界面，可以修改id后面的运行级别为3。

任务实施

——修改系统运行级别，认识系统启动过程

步骤1　以root身份登录系统，利用vi或gedit文本编辑器修改/etc/inittab配置文件，将“id:5:initdefault:”更改为“id:3:initdefault:”，重启Linux操作系统。

步骤2　观察Linux系统启动过程有何变化，启动后应该出现文本形式界面。

步骤3　再次以root身份登录系统，将“id:3:initdefault:”更改为“id:5:initdefault:”，重启Linux操作系统。

步骤4　观察Linux系统启动过程的变化。

任务5.2　Linux服务管理

任务场景

了解了Linux的启动过程后，小王开始尝试对Linux的服务进行启动、停止操作，并查看服务状态。

知识引入

5.2.1　Linux服务的启动脚本

在Linux中，每个服务都会有相应的服务启动脚本，该脚本主要用于实现启动服务、重启服务、停止服务和查询服务等功能。

用于启动服务应用程序（守护进程）的脚本全部位于/etc/rc.d/init.d目录下，脚本名称与服务名称相对应，每个脚本控制一个特定的守护进程。这些脚本的控制可使用start命令运行，使用stop命令停止。

/etc/rc.d/rc.local文件中可以存放初始化脚本，其内容是被系统自动执行的。系统中的各运行级别有独立的脚本目录，其目录名分别为rc0.d~rc6.d。当系统启动或进入某运行级

别时，对应脚本目录中用于启动服务的脚本将自动运行；当离开该级别时，用于停止服务的脚本也将自动运行，以结束在该级别中运行的这些服务。

各运行级别对应的脚本目录下的脚本，都指向服务脚本目录（/etc/rc.d/init.d）。

5.2.2 使用服务脚本实现服务的管理

Linux 中，启动、停止、重启服务可通过执行相应的服务启动脚本来实现。服务启动脚本所在的目录为/etc/rc.d/init.d/。

其基本格式为：

```
/etc/rc.d/init.d/脚本名    [start|stop|status|restart]
```

例如，要启动 xinetd 服务，可以执行：

```
#/etc/rc.d/init.d/xinetd start
```

要停止 xinetd 服务，可以执行：

```
#/etc/rc.d/init.d/xinetd stop
```

要重启 xinetd 服务，可以执行：

```
#/etc/rc.d/init.d/xinetd restart
```

要查询 xinetd 服务运行状态，可以执行：

```
# /etc/rc.d/init.d/xinetd status
```

5.2.3 使用 service 命令实现服务的管理

利用服务启动脚本来启动或停止服务时，每次都要输入脚本的完整路径，使用起来不够简捷。为此，Linux 专门提供了 service 命令来解决该问题，使用时只要指定要启动或停止的服务名即可，其用法为：

```
service  服务名    [start|stop|status|restart]
```

例如，启动网卡服务，可以使用：

```
service network start
```

如同上例，如要管理 xinetd 服务，可以使用：

```
#service xinetd  [start|stop|status|restart]
```

xinetd 服务的配置文件为/etc/xinetd.conf，其中的代码“includedir /etc/xinetd.d”用于设置 xinetd 服务管理的启动配置文件所在的目录。在/etc/xinetd.d 目录中，xinetd 管理的每个服务都有独立的配置文件，它们对 xinetd 服务将如何启动进行了设置。配置文件的名称与服务名相同。

5.2.4　配置服务的启动状态

在 Linux 的系统管理中，经常需要设置或调整某些服务在某运行级别中自动启动或不启动，这可以通过配置服务的启动状态来实现。为此，Linux 提供了 ntsysv 和 chkconfig 命令来实现该功能。

1. ntsysv 命令

ntsysv 命令是一个基于文本字符界面的实用程序，操作简单直观，但只能设置当前运行级别下各服务的启动状态。若要设置其他运行级别下服务的启动状态，就需要转换到相应的运行级，然后再运行 ntsysv 命令来进行设置。可以使用 ntsysv 来启动或关闭相关服务，也可以使用它来配置运行级别。命令格式为：

```
ntsysv -level  [3/4/5]
```

在命令行状态下输入并执行 ntsysv 命令，将会出现如图 5-4 所示的界面，按键盘上的上、下箭头键，移动到相应服务上，再通过空格键选择该服务启动与否，最后选择 OK 选项，退出即可。当选择相应服务时，按 F1 键会显示该项服务的简短描述。

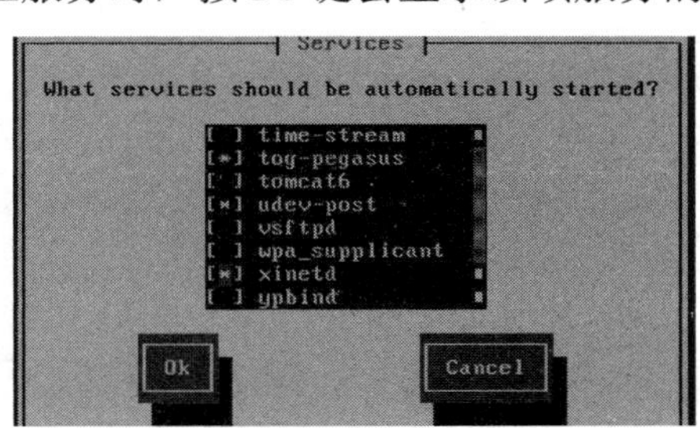

图 5-4　服务启动选择界面

2. chkconfig 命令

chkconfig 命令是 Red Hat 公司遵循 GPL 规则所开发的程序，它可以设置系统中所有服务在各运行级别中的运行状态，其中包括各类常驻服务。chkconfig 不会立即自动禁止或激活一个服务，而是简单地改变了符号连接。

chkconfig 的常用选项及用法如下。

- chkconfig：显示当前运行级别下服务的开启状态。
- chkconfig 服务名 [on/off]：将当前运行级别下的某服务打开或关闭。
- chkconfig --list|more：分屏显示当前运行级别下服务的状态。
- chkconfig --level 234 服务名 on：开启某个运行级别下的相关服务。
- chkconfig --add 服务名：在当前运行级别下添加某个服务。
- chkconfig --del 服务名：在当前运行级别下删除某个服务。

chkconfig 没有参数运行时，显示当前运行级别下服务的开启状态。

任务实施

——管理 ntpd 服务

步骤 1 查看 ntpd 服务状态。

```
# service ntpd status
```

或者

```
# /etc/rc.d/init.d/ ntpd status
```

步骤 2 启动 ntpd 服务。

```
# service ntpd start
```

或者

```
# /etc/rc.d/init.d/ ntpd start
```

步骤 3 再次查看 ntpd 服务状态。

```
# service ntpd status
```

或者

```
# /etc/rc.d/init.d/ ntpd status
```

步骤 4 停止 ntpd 服务。

```
# service ntpd stop
```

或者

```
# /etc/rc.d/init.d/ ntpd stop
```

步骤 5 设置 ntpd 服务在运行级别 3 级和 5 级下时自启动。

```
chkconfig --level 35 ntpd on
```

任务 5.3 Linux 进程管理

任务场景

掌握了 Linux 的服务管理方法后，小王开始练习在 Linux 系统下查看和停止进程的操作。

知识引入

Linux 是一个多用户、多任务的操作系统，这就意味着多个用户可以同时使用一个操作系统，而每个用户又可以运行多个命令。系统中的各种资源（如文件、内存和 CPU 等）的分配和管理都以进程为单位。为了协调多个进程对这些共享资源的访问，操作系统要跟踪所有进程的活动以及它们对系统资源的使用情况，对进程和资源实施动态管理。

5.3.1　进程及进程状态

在多程序工作环境中，各个程序是并发执行的，它们共享系统资源，共同决定这些资源的状态。彼此间相互制约、相互依赖，因而呈现出并发、动态及相互制约等特征。这时，用程序这个静态概念已不能如实反映程序活动的这些特征。为此，人们引进了进程（process）这一概念，来描述程序动态执行的特性。简单地说，进程就是程序的一次动态执行子过程。一个静态的程序可以分解为若干个动态子过程，每个子过程的执行就相当于一个进程的执行。

在 Linux 系统中，进程有以下几个状态。

- 运行态（run）：此时进程正在运行或准备运行。
- 等待态（wait）：此时进程在等待一个事件的发生或某种系统资源。
- 停止态（stop）：进程被停止，通常是通过接收一个信号引起的。正在被调试的进程可能处于停止状态。
- 僵死态（zombie）：由于某些原因终止了一个进程，但是该进程的控制结构仍然保留着。

5.3.2　进程的启动

输入需要运行的程序名，执行一个程序，其实也就是启动了一个进程。在 Linux 系统中，每个进程都具有一个进程号，用于识别和调度进程。启动一个进程有两种方式：手工启动和调度启动，后者是指事先进行设置，根据用户要求自行启动进程。

1. 手工启动

手工启动进程是指由用户输入命令，直接启动一个进程。手工启动进程又可以分为前台启动进程和后台启动进程。其中，前台启动进程是最常用的方式。一般地，用户输入一个 shell 命令后直接按 Enter 键，就会启动一个前台进程；如果在输入的 shell 命令后加上“&”符号再按 Enter 键，就会启动一个后台进程，此时 shell 可继续运行和处理其他程序命令。

直接从后台手工启动一个进程用得比较少，除非是该进程非常耗时，且用户也不急着需要结果的时候。假设用户要启动一个需要长时间运行的格式化文本进程，为了不使整个 shell 在格式化过程中都处于“瘫痪”状态，从后台启动这个进程是比较明智的选择。

2. 调度启动

有时候，需要对系统进行一些比较费事而且占用资源的维护工作，这些工作适合在深夜时进行，这时候用户就可以事先进行调度安排，指定任务运行的时间或者场合，到时候系统会自动完成这一切工作。要使用调度启动进程的功能，就需要掌握以下几个启动命令。

（1）at 命令

用户使用 at 命令在指定时刻执行指定的命令序列。也就是说，该命令至少需要指定一个命令和一个执行时间才可以正常运行。at 命令可以只指定时间，也可以时间和日期一起指定。需要注意的是，指定时间有个系统判别问题，默认为在当前时间之后紧接下来就会执行指定命令。

at 命令的格式如下：

```
#at  [-f  文件名]  [-q  队列]  时间
```

“-f 文件名”选项用于指定计划执行的命令序列应存放在哪一个文件中。若缺省该参数，执行 at 命令后，将出现“at >”提示符，用户可以在该提示符下输入所要执行的命令，输入完一行命令后按 Enter 键，待所有命令序列输入完毕后，按 Ctrl+Z 快捷键结束 at 命令的输入。

at 命令可以使用多种指定时间的方法。它可以使用 hh:mm（小时:分钟）的方式指定时间，如果该时间已经过去，那么就放在第二天的该时间点执行。也可以使用 midnight（深夜）、noon（中午）等比较模糊的词语来指定时间。用户还可以采用 12 小时计时制，即在时间后面加上 AM 或者 PM 来说明是上午还是下午。还可以指定命令执行的具体日期，指定格式 month day 或者 mm/dd/yy 或者 dd.mm.yy 等。指定的日期必须跟在指定时间的后面。另外，还可以使用相对计时法，这在安排不久就要执行的命令时非常方便。下面列出了一些常用时间的表示方法，以供参考。

```
#at   5:30   pm
#at   17:30
#at   17:30   22.5.2014
#at   17:30   5/22/2014
#at   17:30   Feb   24
```

上述的时间表达含义是完全相同的。

要注意的是，超级用户可以使用 at 命令，但普通用户，是否可以使用 at 命令取决于两个文件：/etc/at.allow 和/etc/at.deny。

（2）atq 命令

用 at 命令设定好计划作业序列后，atq 命令将负责守护进程运行。使用 atq 命令可查看已经安排好的作业，例如：

```
#atq
```

命令执行结果如图 5-5 所示。

```
[root@Rhel6 etc]# atq
4       2012-03-01 13:49 = root
6       2012-03-01 13:54 a root
1       2012-03-01 13:26 = root
2       2012-03-01 13:27 = root
3       2012-03-01 13:29 = root
5       2012-03-01 13:53 = root
```

图 5-5　atq 命令用法

这里可以看到已安排的计划作业序列，从左到右分别表示作业号、作业安排的时间日期、作业命令是否已经执行（=表示已执行、a 表示未被执行）和安排该计划作业的用户。如果想知道作业的内容，可以到/var/spool/at 目录中去找。超级用户可以列出全部用户安排的作业，一般用户只能列出自己安排的作业。

（3）atrm 命令

如果要删除作业，可以使用 atrm 命令。命令格式如下：

```
#atrm　作业号
```

5.3.3　查看进程

ps 命令用来查看当前系统中运行的进程信息，其格式为：

```
ps　[选项]
```

常用的选项如下。

- -a：显示终端上的所有进程，包括其他用户的进程。
- -u：显示面向用户的格式信息。
- -x：显示没有控制终端的进程。

以下是 ps -aux 命令的输出内容，如图 5-6 所示。

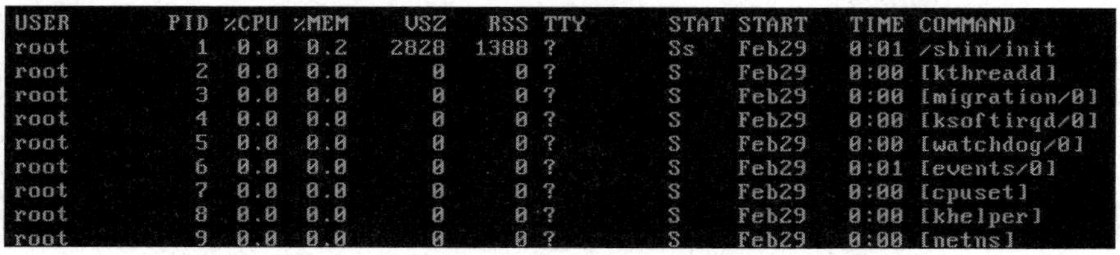

```
USER       PID %CPU %MEM    VSZ   RSS TTY      STAT START   TIME COMMAND
root         1  0.0  0.2   2828  1388 ?        Ss   Feb29   0:01 /sbin/init
root         2  0.0  0.0      0     0 ?        S    Feb29   0:00 [kthreadd]
root         3  0.0  0.0      0     0 ?        S    Feb29   0:00 [migration/0]
root         4  0.0  0.0      0     0 ?        S    Feb29   0:00 [ksoftirqd/0]
root         5  0.0  0.0      0     0 ?        S    Feb29   0:00 [watchdog/0]
root         6  0.0  0.0      0     0 ?        S    Feb29   0:01 [events/0]
root         7  0.0  0.0      0     0 ?        S    Feb29   0:00 [cpuset]
root         8  0.0  0.0      0     0 ?        S    Feb29   0:00 [khelper]
root         9  0.0  0.0      0     0 ?        S    Feb29   0:00 [netns]
```

图 5-6　ps 命令用法

ps 命令中的各字段分别表示用户（USER）、进程号（PID）、CPU 使用率（%CPU）、内存使用率（%MEM）、虚拟内存占用情况（VSZ）、物理内存占用情况（RSS）、登录的终端控制台（TTY，其中“?”表示未知）、当前进程状态（STAT）、进程开始时间（START）、进程运行时间（TIME）和进程名称（COMMAND）。

进程存在的状态 STAT 又有以下几种形态。

- R（TASK_RUNNING）：可执行状态。
- S（TASK_INTERRUPTIBLE）：可中断的睡眠状态。
- D（TASK_UNINTERRUPTIBLE）：不可中断的睡眠状态。
- T（TASK_STOPPED or TASK_TRACED）：暂停状态或跟踪状态。
- Z（TASK_DEAD – EXIT_ZOMBIE）：退出状态，进程成为僵尸进程。
- X（TASK_DEAD – EXIT_DEAD）：退出状态，进程即将被销毁。

5.3.4　结束进程的运行

在 Linux 系统的运行过程中，有时会遇到某个进程由于异常情况，对系统停止了响应，此时就需要停止该进程的运行。另外，当发现一些不安全的异常进程时，也需要强行终止该进程的运行，为此，Linux 提供了 kill 和 killall 命令来结束进程的运行。

1. kill 命令

kill 命令使用进程号来结束指定进程的运行。其用法为：

```
kill [-9]  进程号
```

kill 命令向指定的进程发送终止运行的信号，进程在收到信号后，会自动结束本进程，并处理好结束前的相关事务。使用 kill 命令可安全结束进程，不会导致 Linux 系统的崩溃或不稳定。

选项“-9”用于强行结束指定进程的运行，适合于结束已经“死掉”而没有能力自动结束的非正常进程。

为了查看指定进程的进程号，可使用管道操作和 grep 命令相结合的方式来实现。比如，若要查看 xinetd 进程对应的进程号，可使用命令：

```
# ps -e|grep xinetd
```

例如，输出为：

```
1665    ?      00:00:00 xinetd
```

从其输出信息中，可知该进程的进程号为 1665。若要结束该进程，则应执行命令：

```
# kill 1665
```

2. killall 命令

killall 命令使用进程名来结束指定进程的运行。若系统存在同名的多个进程，则这些进程将全部结束运行。其用法为：

```
killall [-9]  进程名
```

选项“-9”用于强行结束指定进程的运行，属于非正常结束。

例如，若要结束 xinetd 进程的运行，则实现命令为：

```
# killall xinetd
```

任务实施

——Linux 进程管理

步骤 1　启动 ntpd 进程。

```
# service ntpd start
```

步骤 2 查看 ntpd 进程信息。

```
# ps auxf | grep ntpd
4021   ?      00:00:00 ntpd
```

步骤 3 强制停止 ntpd 进程。

```
# kill -9 4021
```

知识拓展

- 要终止一个前台运行的进程，应使用 Ctrl+C 快捷键。
- 将前台运行的进程放到后台挂起（暂停），应使用 Ctrl+Z 快捷键。
- 显示后台存在哪些进程，应使用 jobs 命令查看。
- 将后台暂停的进程转到前台运行，应使用“fg+编号”命令。

项目实训　服务与进程管理

1. 实训目的

- 了解 Linux 的启动过程，掌握 init 进程配置文件的功能和修改方法。
- 掌握 Linux 服务的启动与停止方法。
- 掌握查看进程与结束进程的方法。

2. 实训内容

（1）利用 vi 或 gedit 文本编辑器修改/etc/inittab 配置文件，将“id:5:initdefault:”更改为“id:3:initdefault:”，重启 Linux 操作系统，观察有何变化；然后将“id:3:initdefault:”再次更改为“id:5:initdefault:”，重启 Linux 操作系统。

（2）查看/etc/rc.d/init.d 目录的内容，观察当前系统有哪些服务启动脚本。选择一个服务，使用执行脚本和 service 命令两种方法练习查看服务状态以及启动、停止和重启服务的方法。

（3）使用 ps -e|less 命令查看当前系统的所有进程。

（4）输入 ping 127.0.0.1 命令，然后按 Ctrl+Z 快捷键离开。使用 ps 命令查看 ping 进程对应的进程号，用 kill 命令结束该进程。

（5）重复步骤（4），练习使用 killall 命令结束进程。

项 目 小 结

1. Linux 启动

Linux 系统在刚刚启动时，运行于内核方式，此时只有一个初始化进程在运行。该进程首先对系统进行初始化，然后执行初始化程序（即/sbin/init）。初始化进程是系统的第一个进程，以后的所有进程都是初始化进程的子进程。

2. Linux 服务管理

Linux 的服务分为独立运行的服务和受 xinetd 服务管理的服务两类。xinetd 本身也是一个独立运行的服务，它负责管理系统中不频繁使用的服务，当这些服务被请求时，由 xinetd 服务负责启动运行，完成服务请求后，再结束该服务的运行，以减少对系统资源的占用。

在 Linux 中，每个服务都会有相应的服务器启动脚本，该脚本可用于实现启动服务、重启服务、停止服务和查询服务等功能。也可以使用 service 命令管理服务。

3. Linux 进程管理

Linux 是一个多用户、多任务操作系统，这就意味着多个用户可以同时使用一个操作系统，而每个用户又可以运行多个命令。系统中的各种资源（如文件、内存、CPU 等）的分配和管理都以进程为单位。为了协调多个进程对这些共享资源的访问，操作系统要跟踪所有进程的活动以及它们对系统资源的使用情况，对进程和资源实施动态管理。

习　题

一、选择题

1. 系统引导过程一般包括如下几步：a. MBR 中的引导装载程序启动；b. 用户登录；c. Linux 内核运行；d. BIOS 自检。正确的顺序是________。

A. d，b，c，a　　B. d，a，c，b

C. b，d，c，a　　D. a，d，c，b

2. init 进程对应的配置文件名为________，该进程是 Linux 系统的第一个进程，其进程号 PID 始终为 1。

A. /etc/fstab　　B. /etc/init.conf

C. /etc/inittab.conf　　D. /etc/inittab

3. 下列命令能启动 DNS 服务的是________。

A. service named start　　B. /etc/init.d/named start

C. service dns start　　D. /etc/init.d/dns restart

4. 下列不是 Linux 系统进程类型的是________。

A. 就绪进程　　B. 批处理进程　　C. 守护进程　　D. 交互进程

5. 若要使用进程名来结束进程，应使用________命令。

A. kill　　B. ps　　C. pss　　D. pstree

6. 使用 ps 获取当前运行进程的信息时，输出内容 PPID 的含义为________。

A. 进程的用户 ID　　B. 进程调度的级别

C. 进程 ID　　D. 父进程 ID

7. top 命令作用是________。

A. 显示系统中使用磁盘空间最多的用户

B. 持续地显示系统耗用资源最多的进程状态

C. 显示系统当前用户

D. 显示系统的目录结构

二、简答题

1. 简述 RHEL6 的启动过程。
2. Linux 系统中进程有哪几种主要状态？
3. Linux 系统中进程可以使用哪两种方式启动？
4. 如何修改 Linux 系统中进程的优先级？

项目 6　软件包管理

RHEL6 提供系列软件维护工具，包括 RPM、YUM、TAR 等。在维护单个 RPM 软件包方面，rpm 命令比较方便和灵活，可以安装或删除单独下载的任何软件包。yum 工具会按照用户的意图，安装或删除指定的软件包及其依赖的软件。而 tar 工具的实质是一种打包类命令，可以将离散的文件进行打包归档。本项目通过 3 个任务学习 Linux 的软件包管理方法。

任务 6.1　RPM 软件包管理

任务 6.2　用 YUM 管理软件包

任务 6.3　TAR 软件包管理

任务 6.1　RPM 软件包管理

任务场景

通过前几天的摸索，小王已经初步掌握了服务和进程的管理方法。现在的小王已经对自己学习新知识的能力和应变能力有相当的把握了，并迫不及待地想在服务器上大显身手。不过，小王现在首先要了解的是如何在 Linux 下通过软件包来安装和管理软件。

知识引入

6.1.1　RPM 软件包

1. RPM 简介

在 Red Hat Linux 下，标准的软件包是通过 RPM 来进行管理的。RPM 的全名是 Red Hat Package Manager，是由 Red Hat 公司开发的软件包管理系统。

使用 RPM 软件包管理系统具有如下优点：

（1）安装、升级与删除软件包非常容易。

（2）查询非常简单。

（3）能够进行软件包的验证。

（4）支持源代码形式的软件包。

2. 软件包的相互依赖关系

软件包是一个相对独立的功能单元，但许多软件包都需要有一定的底层支持，如函数库或网络协议等。当一个软件包需要某个特定的函数库或网络协议时，包含该函数库或网络协议的软件包就是当前软件包依赖的软件包。软件包的依赖关系信息存储在 RPM 文件中。

3. RPM 软件包的命名规则

在 Red Hat Enterprise Linux 6 系统发行的软件包中，每个 RPM 软件包文件都有一个较长的名字。其命名格式如下：

```
文件名-版本号-修订号.产品类型.硬件平台.rpm
```

例如，openoffice.org-zh-CN-2.0.3-4.i586.rpm，其中，软件包的名字为 openoffice.org-zh-CN，版本号为 2.0.3，修订号为 4，硬件平台为 intel 芯片平台，rpm 表示该文件属于 rpm 包文件。

6.1.2　rpm 命令

rpm 命令有 5 种基本操作模式：安装、删除、升级、查询和校验。想了解完整的选项和细节，可以使用 rpm-help 命令查询帮助。

rpm 的命令格式如下：

```
rpm  [选项]   软件包文件名
```

常用的命令选项及含义如下。

- -i：安装新软件包。
- -U：升级已有的软件包。若不存在，则不安装该软件包。
- -e：卸载安装的软件包。
- -v：显示详细的安装过程。
- -h：使用“####”显示安装进度条。
- -q：查询安装的软件包的数据库。

常见用法示例：

```
安装 #rpm   -ivh     文件包名
卸载 #rpm   -evh     文件包名
```

注意：使用 rpm 管理安装软件包时，需要手动解决软件依赖性问题，也就是说，需要先安装对应的依赖性软件包，方可继续下面的安装。

任务实施

——RPM 软件包管理

用 rpm 命令安装 vsftpd 软件包并进行验证。

步骤 1　在终端命令窗口输入以下命令，查看 vsftpd 软件包的安装情况。

```
# rpm –qa | grep vsftpd
```

如果显示结果包含“vsftpd-2.2.2-6.el6.i686”，则说明系统已经安装了 vsftpd 软件包。

步骤 2　如果系统没有安装 vsftpd 软件包，可进入安装光盘的 Pachages 目录，输入下面的命令进行安装。

```
# rpm -ivh vsftpd-2.2.2-6.el6.i686.rpm
```

步骤 3　vsftpd 软件包验证。

```
# rpm -V vsftpd
```

任务 6.2　YUM 管理软件包

任务场景

使用 YUM 管理软件包，安装软件 wm，并升级，然后卸载。

知识引入

6.2.1　YUM 概述

YUM（Yellow Dog Updater Modified）最初是由杜克大学的 Linux 开发小组开发的。YUM 是一个功能完善、易于使用的软件维护工具，可用于检索、安装、删除、更新软件包以及升级 Linux 系统。

yum 命令的语法格式简写如下：

```
yum    [选项]    软件包名
```

其常用选项有以下几种。

- Install：用于安装指定的软件包，同时安装依赖的底层软件包，自动解决依赖关系。
- Update：更新系统中已安装的软件包，没有指定软件包名时将更新整个系统中所有的软件包。
- check-update：检查软件包是否有更新。

- remove：删除指定的软件包，同时删除依赖于指定软件包的其他软件包。
- info：查询软件包的描述与概要信息。
- deplist：查询与指定软件包存在依赖关系的软件包，包括依赖于指定软件包，以及指定软件包依赖的底层支持软件包。
- groupinstall：安装指定的软件组。
- groupupdate：更新指定的软件组。
- grouplist：查询软件组。
- groupremove：删除指定的软件组。

6.2.2 yum 的配置

yum 命令使用/etc/yum.conf 等配置文件规范其处理动作。在安装了 Red Hat Enterprise Linux 系统之后，会创建一个默认的配置文件，使 yum 能够根据 yum.conf 配置文件的设置，利用 Red Hat 提供的软件仓库执行软件包的更新。

yum.conf 配置文件由两部分组成。第一部分以[main]为起始标识，其中包含全局配置信息，第二部分以[repositoryid]为起始标识，用于定义提供软件包的服务器。如图 6-1 所示为系统安装好后默认生成的/etc/yum.conf 配置文件。

```
[root@Rhel6 /]# cat /etc/yum.conf
[main]
cachedir=/var/cache/yum/$basearch/$releasever
keepcache=0
debuglevel=2
logfile=/var/log/yum.log
exactarch=1
obsoletes=1
gpgcheck=1
plugins=1
installonly_limit=3

#  This is the default, if you make this bigger yum won't see if the metadata
# is newer on the remote and so you'll "gain" the bandwidth of not having to
# download the new metadata and "pay" for it by yum not having correct
# information.
```

图 6-1　yum.conf 配置文件

[main]代码下，各行代码的含义如下。

第 1 行：cachedir 用于指定存储下载的软件包及相关信息文件的目录位置，默认为/var/cache/yum。

第 2 行：keepcache 变量值可以是 1 或 0，表示在安装完软件包后是否将下载的软件包及相关信息存储在缓存目录中。默认值为 0，表示不保存下载的软件包及信息文件。

第 3 行：debuglevel 用于定义输出调试信息的详细程度。有效值为 0~10。值越大，表示越详细。

第 4 行：logfile 用于指定 yum 使用的日志文件。此处应给出完整的绝对路径。

第 5 行：exactarch 变量值可以是 1 或 0，默认为 1，表示只能更新与已安装软件包具有相同机器类型的软件包。例如，不能使用机器类型为 i686 的软件包更新机器类型为 i386 的同名软件包。

第 6 行：obsoletes 用于将发行版跨版本升级到其他版本。

第 7 行：gpgcheck 变量可以是 1 或 0，默认为 1，表示需要检测软件包的 GPG 检验签名。如果为 0，表示无需检测。

第 8 行：表示是否启用插件，默认为 1，表示允许；0 表示不允许。

第 9 行：允许保留的内核包数量。

6.2.3 使用 YUM 安装软件包

安装软件包时，可以选用 YUM 的 install 功能选项。如下面为安装 mysql-server 数据库服务器软件包的代码行。

```
#yum    install    mysql-server
=====================================================================
Package            Arch        version            Repository        Size
=====================================================================
Installing:
  mysql-server         i686        5.1.47-4.e16          InstDVD              8.3M
Installing for    dependencies:
  mysql                i686        5.1.47-4.e16          InstDVD              893K
  perl-DBD-MySQL   i686        4.013-3.e16           InstDVD              134K
  Transaction Summary
=====================================================================
Install              3    Package(s)
Upgrade              0    Package(s)
Total download    size:9.3M
Installed    size:26M
Is      this    ok [y/n]:y
```

从以上信息可以看出，安装 mysql-server 时还需要额外安装 mysql 和 per-DBD-MySql 等相关软件包。如果没有异议，输入 y 确认之后，即可开始下载并安装软件包。有些软件比较庞大，涉及一系列软件包（如 Eclipse 开发工具拥有上百个软件包等），需要同时安装多个软件包。但究竟需要安装哪些软件包，用户可能不一定很清楚。因此，Red Hat 提供了若干软件组，以便于用户能够完整地安装选定的软件。例如，想要安装 Eclipse 开发工具，最好选用 yum 命令中的 groupinstall 功能选项，指定 Eclipse 软件组，以软件组的方式安装其中所有的软件包，代码如下：

```
#yum    groupinstall    "Eclipse"
```

如果不知道软件仓库中存在哪些软件组，可以使用下列 yum 命令，查询 Red Hat 提供的所有软件组，yum 将会显示当前系统已经安装的软件组以及其他可用的软件组。

```
#yum    grouplist
Setting up Groups:
Installed Group:
-------------------------------
Chinese Support
Console internet tools
```

```
Debugging tools
Desktop
Desktop    Debugging    and    Performance Tools
Desktop    Platform
--------------------------------
Available Group:
--------------------------------
CIFS file server
--------------------------------
Eclipse
--------------------------------
MySQL Database client
MySQL Database server
--------------------------------
```

当安装的软件包中包括后台进程时，yum 通常不会马上启动。若想立即启动新装的系统进程，或希望其在系统引导过程中能够自动启动，可以使用 service yum start 命令。

更新升级软件包的命令行如下：

```
#yum    update    mysql-server
```

删除软件包的命令行如下：

```
#yum remove    mysql-server
```

6.2.4　yum 命令的检索功能

yum 命令的 list 选项提供了检索功能，使用该选项可以从软件仓库中检索可用的软件包，或检索系统中已安装的软件包。其格式如下：

```
#yum    list    软件包名
```

例如：

```
#yum    list    iptables
……
Installed Packages
iptables.i686 1.4.7-3.el6 $anaconda-RedHat…-201009231734.i386/6.0
```

上述命令检索出了系统所安装的 iptables 软件包情况。

任务实施

——用 YUM 管理软件包

步骤 1　查找安装包。

```
#yum search wm
```

步骤 2 安装软件包。

```
#yum install wm
```

步骤 3 升级软件包。

```
#yum update wm
```

步骤 4 移除软件包。

```
#yum remove wm
```

任务 6.3 TAR 软件包管理

任务场景

掌握了用 rpm 和 yum 命令管理软件包的方法后，小王进一步设想：对于一般的文件或目录，该如何对其进行打包和压缩呢？

知识引入

6.3.1 tar 命令

tar 命令用于将一系列数据打包、归档。主要用于备份数据，如把指定的文件、目录或文件系统及其中的所有文件组合后生成一个新的存档文件。生成的存档文件可以存储到磁盘文件系统中。用户可以检索存档文件以及把存档文件恢复到系统中。在 Linux 系统中，tar 命令还具有压缩功能，可以生成压缩的存档文件。

tar 命令的常用选项如下。

- -c：创建一个新的存档文件。
- -r：追加到原存档文件的后部。
- -t：显示档案文件中的文件列表。
- -x：解开或抽出存档文件中的文件。
- -v：显示打包存档的过程信息。
- -f：指定新建的存档文件名。
- -z：处理经 gzip 或 gunzip 命令压缩或解压缩的文件。

tar 命令的基本格式如下：

```
#tar    [选项]    文件名 1     文件名 2
```

6.3.2　打包存档

如果需要对/home/backup/src 目录中的所有文件进行打包存档，并将生成后的存档文件 atmsrc.tar 存放在/share 目录中，可以使用以下 tar 命令：

```
#cd   /home/backup
#tar   -cvf   /share/atmsrc.tar     /home/backup/src
atmsrc/
atmsrc/atmcom.c
atmsrc/handler.c
atmsrc/Makefile
atmsrc/modules.c
atmsrc/listener.c
```

6.3.3　打包并压缩存档

如果生成的 atmsrc.tar 存档文件过大，可以使用-z 选项调用 gzip/gunzip 工具，使用-j 选项调用 bzip2 工具进行压缩，最终生成一个压缩的存档文件。例如：

```
#tar   -zcvf   /share/atmsrc.tar.gz   /home/backup/src
src/
src/atmcom.c
src/handler.c
src/Makefile
src/modules.c
src/listener.c
```

6.3.4　解压缩并解包

如果需要对压缩的存档文件进行解压缩并解包，可以使用-zxvf 选项，将存档文件还原到原有文件目录下。

```
#tar   -zxvf   /share/atmsrc.tar.gz     /opt/atmsrc/
```

将/share/atmsrc.tar.gz 文件解压缩并解包，产生的文件放在/opt/atmsrc 目录中。

任务实施

——TAR 软件包管理

步骤 1　将整个/etc 目录打包并压缩。

```
#tar -zcvf etc.tar.gz /etc
```

步骤 2　查询 TAR 包内容。

```
#tar -tjvf test.tar.bz2
```

```
#tar -ztvf etc.tar.gz
```

步骤 3 释放 TAR 包至/tmp 目录。

```
#tar -zxvf etc.tar.gz -C /tmp
```

项目实训　软件包管理

1. 实训目的

完成本实训后，将能够做到：

- 掌握 Linux 中安装 RPM、YUM 和 TAR 等管理软件包的方法。
- 掌握 Linux 中使用 RPM、YUM 和 TAR 等管理软件包对软件包进行安装、删除、更新、打包的方法。

2. 实训内容

下载 OpenOffice 软件包并设置目录名为 openoffice2.0，其中包含：

- openoffice_060526_LinuxIntel_install.tar.gz 主安装包。
- openoffice_060526_LinuxIntel_langpack_zh-CN.tar.gz 语言补丁包。

项目小结

RPM 的全称为 Redhat Package Manager，主要用于管理 Linux 下的软件包。Linux 安装时，除了几个核心模块以外，其余几乎所有的模块均需通过 RPM 完成安装。RPM 可以完成安装、卸载、升级、查询和验证 5 种软件包管理操作。

YUM 的全称为 Yellow Dog Updater Modified，是一个 Shell 前端软件包管理器。它基于 RPM 包管理，能够从指定的服务器自动下载 RPM 包并进行安装，可以自动处理依赖性关系，并且一次安装所有依赖的软件包，无需多次反复下载、安装。

TAR 是一款 Linux 平台下用于文件打包归档的工具。

习　　题

一、选择题

1. 安装软件包时，为了解决软件包的相关性问题，最好选择______。

   A. 安装独立的软件包　　B. 安装支持的软件包

   C. 安装套件　　D. 全部安装方式

2. 欲安装 bind 套件，应使用指令________。

   A. rpm -ivh bind*.rpm　　B. rpm -ql bind*.rpm

   C. rpm -V bind*.rpm　　D. rpm -ql bind

3. 要卸载一个软件包，应使用________命令。

A. rpm -I　　B. rpm -e　　C. rpm -q　　D. rpm -V

4. 查询已安装软件包 dhcp 内所含文件信息的命令是________。

A. rpm -qa dhcp　　B. rpm -ql dhcp

C. rpm -qp dhcp　　D. rpm -qf dhcp

5. 将当前目录中的 myfile.txt 文件压缩成 myfile.txt.tar.gz 的命令为________。

A. tar -cvf myfile.txt　myfile.txt.tar.gz

B. tar -zcvf myfile.txt　myfile.txt.tar.gz

C. tar -zcvf myfile.txt.tar.gz　myfile.txt

D. tar -cvf myfile.txt.tar.gz　myfile.txt

6. 在建立一个 tar 归档文件的时候，可列出详细列表的命令是________。

A. tar -t　　B. tar -cv　　C. tar -cvf　　D. tar -r

二、简答题

1. 在 foo-1.0-1.i386.rpm 已安装的情况下再次安装该软件包，需要如何做？

2. 如要刷新 foo-2.0-1.i386.rpm 软件包，需要注意哪些事项？

3. 将/home/stud1/wang 目录做归档压缩，压缩后生成 wang.tar.gz 文件，并将此文件保存到/home 目录下。

4. 在/dev/fd0 设备的软盘中创建一个备份文件，并将/home 目录中所有的文件都复制到备份文件中。

项目 7　配置网络连接

本项目通过4个任务来学习如何在Linux中配置网络连接以及如何诊断网络故障等内容。

任务 7.1　用图形化工具配置网络连接

任务 7.2　用命令配置网络连接

任务 7.3　安装和配置 ADSL 拨号连接

任务 7.4　网络调试命令的使用

任务 7.1　用图形化工具配置网络连接

任务场景

掌握了软件包的管理方法之后，小王已经可以轻松自如地在 Linux 系统中安装和删除软件了。接下来，小王决定把服务器也搭建起来，让它派上用场。

第一步，先把网络连接起来吧！

知识引入

RHEL6 在桌面环境下有两种配置网络连接的方式：一是通过图形化网络连接配置工具，二是通过相关的网络配置命令。这两种方式的操作界面和配置项目各不相同，但却都可以配置网络接口，实现对网络配置文件的修改。本节介绍 RHEL6 的图形化网络连接配置工具。

在 RHEL6 中提供了一个图形界面的网络配置工具，使用该配置工具可以轻松地配置各种网络连接。

在菜单中选择“系统”→“首选项”→“网络连接”命令，可打开“网络连接”对话框，其中包含了“有线”、“无线”、“移动宽带”、VPN、DSL 共 5 个选项卡。首先配置有线模式下的网络参数，如图 7-1 所示。

如果计算机已经正确地安装了网卡，则在“有线”选项卡的“名称”列表框中会出现一个系统命名的配置，这里 eth0 就是第一块网卡的接口名。若选择 System eth0，右侧的“编辑”、“删除”按钮将被激活。单击“编辑”按钮，将弹出“正在编辑 System eth0”对话框，其中包含了“有线”、“802.1x 安全性”、“IPv4 设置”、“IPv6 设置”4 个选项卡，如图 7-2 所示。

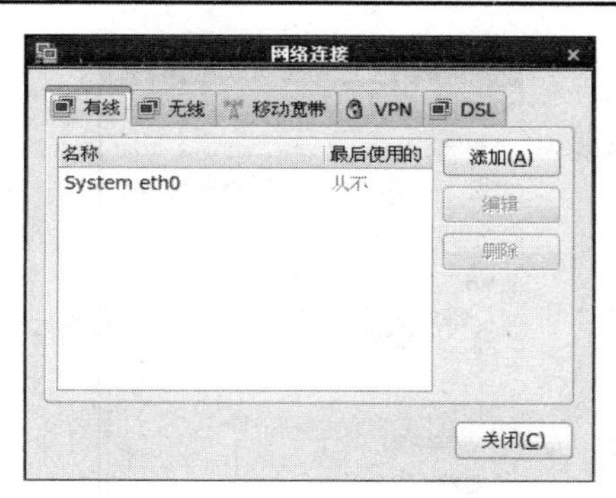

图 7-1 “网络连接”对话框

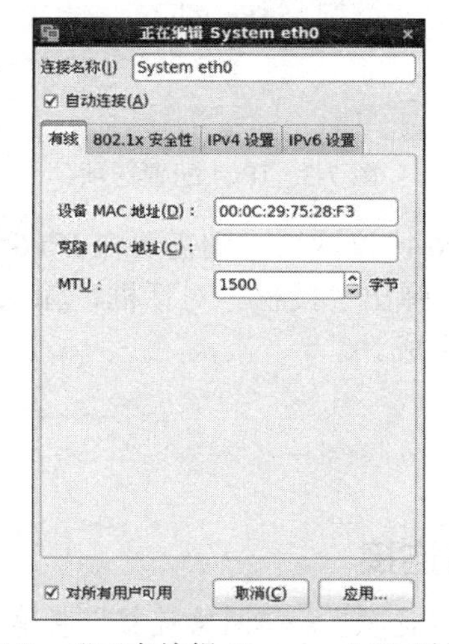

图 7-2 “正在编辑 System eth0”对话框

在“有线”选项卡中可对有线网卡进行设置，其中“设备 MAC 地址”文本框用于设置网卡的物理地址；“克隆 MAC 地址”文本框用于克隆其他网卡的物理地址，如果不需要克隆，则不需要修改；MTU 数值框用于网卡的最大传输单元，保持默认值即可。

选择“802.1x 安全性”选项卡，可进行安全连接的设置。802.1x 协议是基于 Client/Server 的访问控制和认证协议。它可以限制未经授权的用户/设备通过接入端口（access port）访问 LAN/WLAN。在获得交换机或 LAN 提供的各种业务之前，802.1x 对连接到交换机端口上的用户/设备进行认证。在认证通过之前，802.1x 只允许 EAPoL（基于局域网的扩展认证协议）数据通过设备连接的交换机端口；认证通过以后，正常的数据可以顺利地通过以太网端口。

选择“IPv4 设置”选项卡，在“方法”下拉列表框中手动激活地址配置，然后单击“添加”按钮，此时在“地址”栏中将出现编辑框，可分别输入地址、子网掩码和网关。选填“DNS 服务器”和“搜索域”文本框，选中“需要 IPv4 地址完成这个连接”复选框，如图 7-3 所示。如果需要，还可以单击 Routes 按钮，打开“路由”对话框，添加路由表。

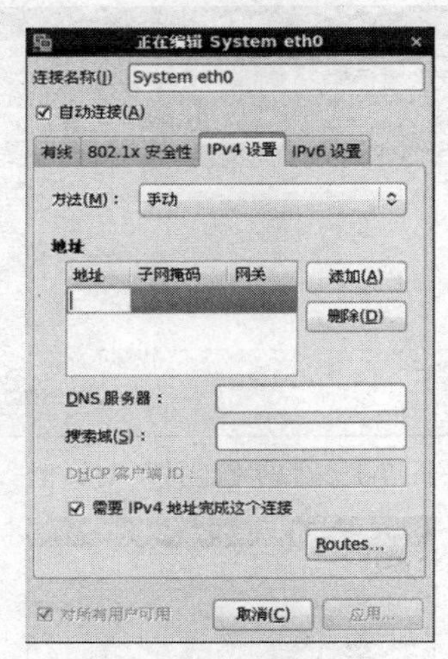

图 7-3　IPv4 配置选项

如果当前网络使用的是 IPv6 协议网络，则需要在 IPv6 选项卡中进行设置。

最后，单击“应用”按钮，弹出“授权”对话框，输入 root 密码，进行授权操作，再次确定后，IPv4 有线网络配置完成。

任务实施

——用图形化工具配置网络连接

步骤 1　选择“系统”→“首选项”→“网络连接”菜单命令，弹出如图 7-4 所示的“网络连接”对话框。

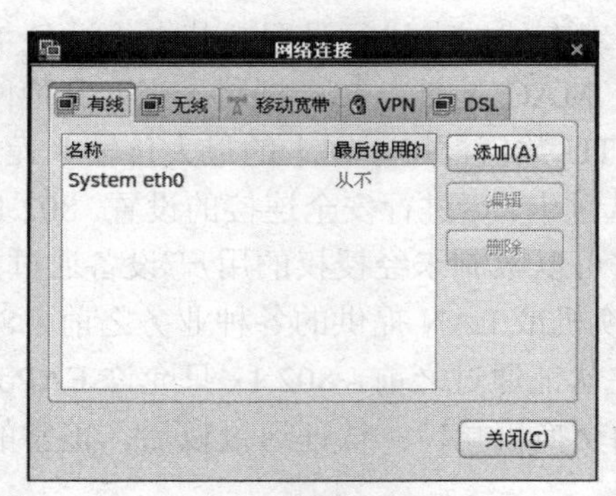

图 7-4　“网络连接”对话框

步骤 2　选择“有线”选项卡，在“名称”列表框中选择 System eth0，右侧的“编辑”、“删除”按钮被激活，单击“编辑”按钮，弹出如图 7-5 所示的“正在编辑 System eth0”对话框。

步骤 3　选择“IPv4”选项卡，在“方法”下拉列表框中选择“手动”方式，单击“添加”按钮，并在“地址”栏出现的编辑框中分别输入地址、子网掩码和网关，如图 7-6 所示。完成设置后，单击“应用”按钮，完成有线连接的 IPv4 配置。

图 7-5　“正在编辑 System eth0”对话框

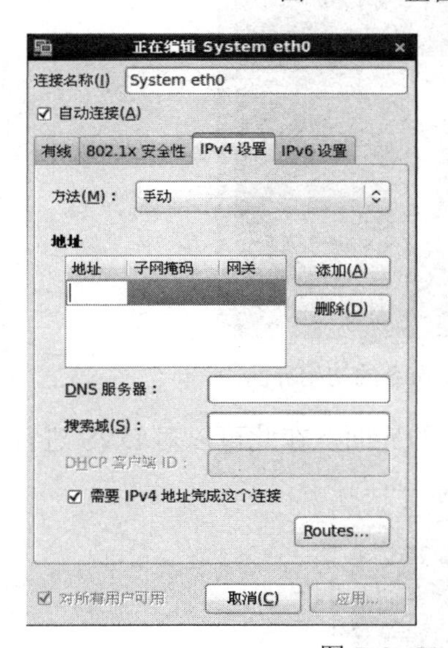

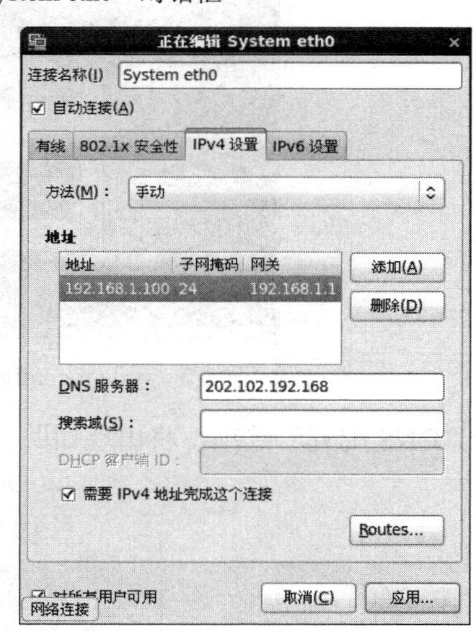

图 7-6　IPv4 配置对话框配置前后

任务 7.2　用命令配置网络连接

任务场景

很多时候，服务器并不会启动图形化的桌面，并且有些发行版本的 Linux 中不包含图形化的网络配置工具，此时就需要通过命令来配置网络连接。

知识引入

7.2.1 system-config-network 工具

system-config-network 网络配置工具采用基于字符的窗口界面来完成对网络接口的各项配置，如 IP 地址、子网掩码、网关和 DNS 域名服务器的配置等。该命令运行于 RHEL 的终端窗口，只需在终端中输入 system-config-network 命令，即可启动如图 7-7 所示的初始界面。初始界面中，可以选择 DNS 配置或设备配置。其中，DNS 配置又包含主机名配置和 DNS 服务器配置。设备配置又包含名称、设备、使用 DHCP、静态 IP、子网掩码、默认网关 IP、主 DNS 服务器和第二 DNS 服务器配置。在图 7-7 所示的界面中，通过键盘的左、右箭头键，可以在“保存并退出”和“退出”选项中进行选择，通过上、下箭头键，可以在“DNS 配置”和“设备配置”选项中选择。

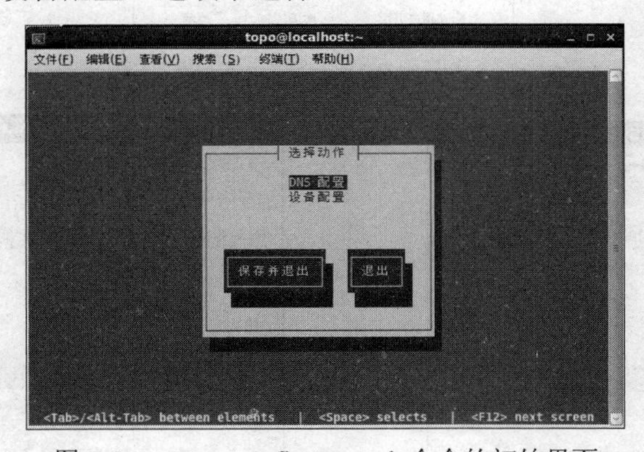

图 7-7 system-config-network 命令的初始界面

选择“DNS 配置”选项，将出现如图 7-8 所示的界面，在此可以对 DNS 进行配置。

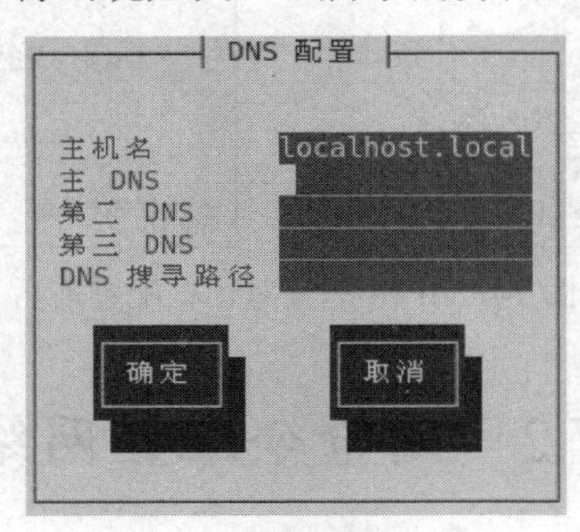

图 7-8 DNS 配置界面

如果选择“设备配置”选项，则会出现如图 7-9 所示的“选择设备”界面，这里可以对已有设备的配置参数进行更改或者配置新设备。

选择“新设备”选项，将弹出如图 7-10 所示的设备选择菜单，可以添加以太网、调制解调器、ISDN 设备。

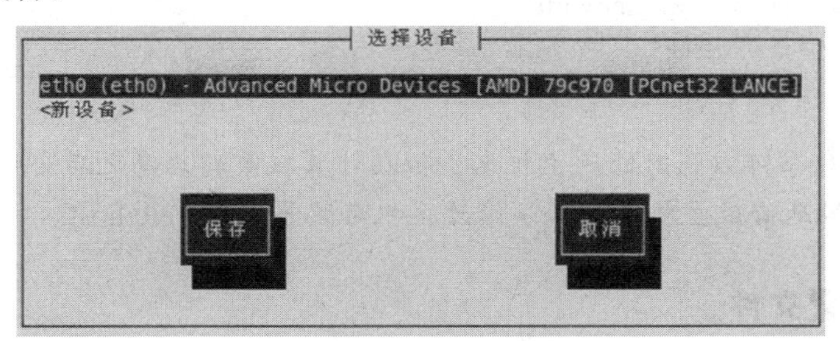

图 7-9　选择设备界面

选择“以太网”选项，将出现如图 7-11 所示“网络配置”界面。一台计算机可以含有多个网卡，因此这里可以为多个网卡配置参数，且网络设备名均以 ethN 命名。

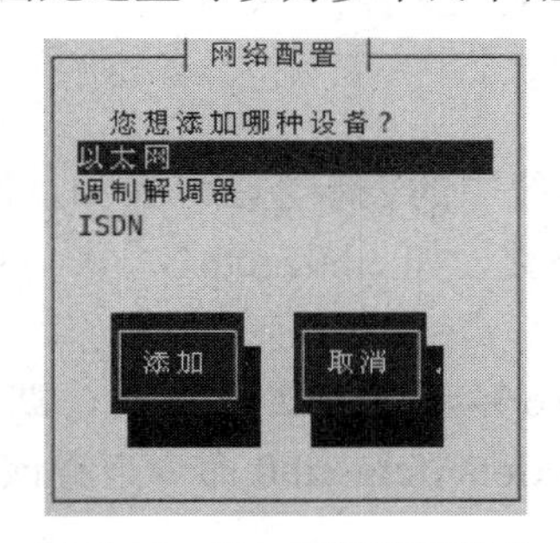

图 7-10　添加网络连接设备

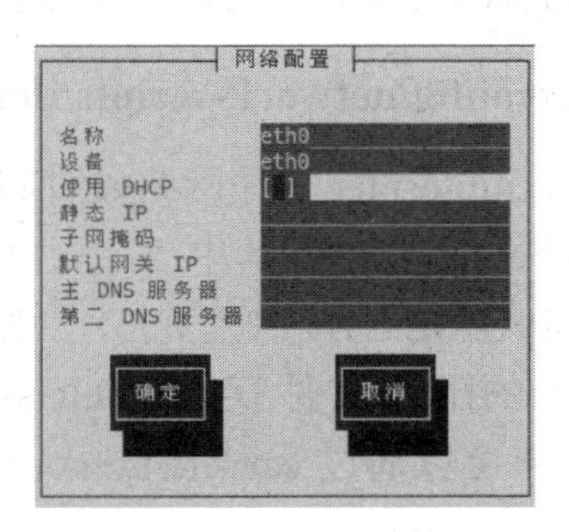

图 7-11　网络设备配置界面

使用 system-config-network 网络配置工具仅仅完成了对网络配置文件的修改，要使修改后的文件生效，还需要执行以下的命令来重启网络服务。

[root@localhost ~]#service network restart

7.2.2　配置主机名

局域网中，每台计算机都拥有一个主机名，用于相互之间的区分。与主机名相关的配置文件为/etc/hosts。

要修改主机名，可以通过 hostname 命令来实现，其用法如下。

（1）显示主机名

显示主机名的命令行参数为：

```
[root@linuxsir01 ~]# hostname
linuxsir01
```

表示此主机的主机名是 linuxsir01。命令后未加参数，表示显示当前操作的主机的主机名。

（2）临时设置主机名

可以在 hostname 命令后接主机名，这样就可以设置当前主机的主机名。例如，下列命令用于将主机名设置为 linuxsir02：

```
[root@linuxsir01 ~]# hostname linuxsir02
[root@linuxsir01 ~]# hostname            #显示主机名
linuxsir02
```

说明：hostname 命令可以临时修改主机名，但在计算机重新启动之后会恢复原来的值。如果想永久性地修改主机名，必须修改主机名配置文件 /etc/hosts。

7.2.3 网络配置文件

在 Linux 操作系统中，配置网络接口一般是通过网络配置工具来实现的，其实质是修改了相关配置文件。因此，配置网络连接也可以采取直接修改配置文件的方式来实现。

下面介绍 RHEL6 中与配置网络连接相关的几个配置文件。

1. /etc/sysconfig/network-scripts/ifcfg-ethX

网络接口（interface）是网络硬件设备在操作系统中的表示方法。例如，网卡在 Linux 操作系统中用 ethX 表示，其中 X 是由 0 开始的正整数，如 eth0，eth1，…，ethX；而普通调制解调器和 ADSL 的接口是 pppX，如 ppp0 等。

以太网卡的配置文件存在于/etc/sysconfig/network-scripts 文件夹中，默认文件名为 ifcfg-eth0，用户可以通过 cat /etc/sysconfig/network-scripts/ifcfg-eth0 命令查看该文件。例如：

```
[root@localhost ~]#cat /etc/sysconfig/network-scripts/ifcfg-eth0
DEVICE="eth0"                           # 网络接口设备的名字
BOOTPROTO=none                          # 表示是否采用 DHCP 或 BOOTP 协议
NM_CONTROLLED="yes"                     # 允许 NetworkManager 控制当前的网络接口
ONBOOT="yes"                            # 表示是否应在系统启动过程中激活相应的接口
HWADDR=00:0C:29:75:28:F3                # 网络接口的 MAC 地址
MTU=1500
TYPE=Ethernet                           # 网络类型
IPADDR=192.168.1.100                    # 地址
PREFIX=24                               # 子网掩码
GATEWAY=192.168.1.1                     # 网关
DNS1=202.102.192.168                    # DNS 域名服务器的 IP 地址
DEFROUTE=yes                            # 当前网络接口用做默认的路由
IPV4_FAILURE_FATAL=yes
IPV6INIT=no                             # 禁用 IPv6 协议
NAME="System eth0"                      # 供 NetworkManager 使用的网络接口名
UUID=5fb06bd0-0bb0-7ffb-45f1-d6edd65f3e03
```

新建的配置文件及文件名可能有所不同，但其文件名往往都是 ifcfg-ethX。如果/etc/sysconfig/network-scripts 目录内不存在这样的文件，redhat 就不会激活相应的网络接口。无论是 GNOME 还是命令行配置，做好的配置如果需要立即使用，就需要启动加载命令。

2. /etc/sysconfig/network

网络配置文件/etc/sysconfig/network 主要用于对网络服务进行总体配置，例如，是否启用网络服务功能、是否开启 IP 数据包转发服务等。即使没用配置或安装网卡，也需要配置这个文件，以便本地回环设备（lo）能正常工作。回环设备是 Linux 内部通信的基础。

该文件用来指定服务器上的网络配置信息，包含了控制和网络有关的文件和守护程序的行为的参数。下面是一个例子文件：

```
[topo@localhost ~]$ cat /etc/sysconfig/network
NETWORKING=yes
HOSTNAME=localhost.localdomain
GATEWAY=210.34.6.2
FORWARD_IPV4=yes
GATEWAYDEV= gw-dev gw-dw
```

其中，“NETWORK=yes/no”表示网络是否被配置；“HOSTNAME=hostname hostname”表示服务器的主机名；“GATEWAY=gw-ip gw-ip”表示网络网关的 IP 地址；“FORWARD_IPV4=yes/no”表示是否开启 IP 转发功能；“GAREWAYDEV=gw-dev gw-dw”表示网关的设备名，如 eth0 等。

修改了/etc/sysconfig/network 配置文件后，应重启网络服务器，以使配置文件生效。

3. /etc/hosts

有时，客户端想远程登录一台 Linux 主机，但每次登录输入密码后都要等很长一段时间才能进入，这是因为 Linux 主机在返回信息时需要解析 IP。如果在 Linux 主机的 hosts 文件中事先加入客户端的 IP 地址，则再从客户端远程登录 Linux 时会变得很快。

/etc/hosts 是配置 IP 地址和其对应主机名的文件，可以记录本机或其他主机的 IP 及对应主机名。不同的 Linux 版本中，该配置文件也有所不同。例如，Debian 的对应文件是/etc/hostname。

/etc/hosts 文件对于服务器类型的 Linux 系统非常重要。在局域网或是 Internet 上，每台主机都有一个 IP 地址，并可以根据 IP 进行通信。但 IP 地址不方便记忆，所以又有了域名。在一个局域网中，每台机器都有一个主机名，以区分彼此，便于相互访问。

Linux 主机名的相关配置文件就是/etc/hosts，这个文件告诉主机哪些域名对应哪些 IP，哪些主机名对应哪些 IP。

例如，文件中有这样的定义：192.168.1.100 linmu100 test100。假设 192.168.1.100 是一台网站服务器，则在网页中输入“http://linmu100”或“http://test100”就会打开 192.168.1.100 的网页。

通常情况下，/etc/hosts 文件首先记录了本机的 IP 和主机名，例如：

127.0.0.1 localhost.localdomain localhost

/etc/hosts 的内容具有如下类似内容：

```
[topo@localhost ~]$ cat /etc/hosts
127.0.0.1   localhost.localdomain  localhost
192.168.1.100 linmu100.com linmu100
192.168.1.120 ftpserver ftp120
::1    localhost6.localdomain6      localhost6
```

一般情况下，hosts 文件的每行为一个主机，每行由 3 部分组成，每个部分由空格隔开。其中，以#号开头的行为说明行，不被系统解释。

第一部分：网络 IP 地址。

第二部分：主机名或域名。

第三部分：主机名别名。

当然，每行也可以是两部分，即主机 IP 地址和主机名。例如，192.168.1.100 linmu100。

主机名（hostname）和域名（Domain）的区别如下：主机名通常在局域网内使用，通过 hosts 文件，主机名就被解析到对应 IP 地址；域名通常在 Internet 上使用，如果本机不想使用 Internet 上的域名解析，这时就可以更改 hosts 文件，加入自己的域名解析。

4. /etc/resolv.conf

该文件是 DNS 域名解析的配置文件。它的格式很简单，每行以一个关键字开头，后接配置参数。resolv.conf 的关键字主要有 4 个，分别是：

```
nameserver          #定义 DNS 服务器的 IP 地址
domain              #定义本地域名
search              #定义域名的搜索列表
sortlist            #对返回的域名进行排序
```

下面是/etc/resolv.conf 的一个示例：

```
[topo@localhost ~]$ cat /etc/resolv.conf
# Generated by NetworkManager
domain et5.cn
search www.ringkee.com ringkee.com
nameserver 202.96.192.186
nameserver 202.96.128.166
```

其中，最重要的是 nameserver 关键字，如果没指定 nameserver，就无法找到 DNS 服务器。其他关键字是可选的。

5. /etc/host.conf

当系统中同时存在 DNS 域名解析和/etc/hosts 主机表机制时，由/etc/host.conf 确定主机名解析顺序。例如：

```
order hosts, bind       #名称解析顺序
multi on                #允许主机拥有多个 IP 地址
nospoof on              #禁止 IP 地址欺骗
```

- order bind, hosts：指定主机名查询顺序。这里规定先使用 DNS 来解析域名，然后再查询/etc/hosts 文件（也可以相反）。
- multi on：指定/etc/hosts 文件中指定的主机是否可以有多个地址。拥有多个 IP 地址的主机一般称为多穴主机。

- nospoof on：指定不允许对该服务器进行 IP 地址欺骗。IP 欺骗是一种攻击系统安全的手段，通过把 IP 地址伪装成别的计算机，来取得其他计算机的信任。

order 是关键字，定义先用本机 hosts 主机表进行名称解释，如果不能解释，再搜索 bind 名称服务器（DNS）。例如：

```
[topo@localhost ~]$ cat /etc/host.conf
multi on
order hosts,bind
```

7.2.4　ifconfig 配置网络接口工具

Linux 存在很多的发行版本，且大多发行版本都有自己的专用配置工具。这主要是为了方便用户配置网络。Linux 中也有一些通用的配置工具，如 ifconfig、ifup、ifdown 等。

ifconfig 是一个用来查看、配置、启用或禁用网络接口的工具，可用于临时性配置网卡的 IP 地址、掩码、广播地址、网关等。若把 ifconfig 写入一个文件中（如/etc/rc.d/rc.local），系统引导后，会读取这个文件，为网卡设置 IP 地址。此方法目前没必要使用，因为各 Linux 版本中都包含了配置工具，均能把主机加入到网络中。

1. 用 ifconfig 查看网络接口状态

如果 ifconfig 后不接任何参数，就会输出当前网络的接口情况。例如：

```
[root@localhost ~]# ifconfig
eth0      Link encap:Ethernet   HWaddr 00:C0:9F:94:78:0E
          inet addr:192.168.1.88   Bcast:192.168.1.255   Mask:255.255.255.0
          inet6 addr: fe80::2c0:9fff:fe94:780e/64 Scope:Link
          UP BROADCAST RUNNING MULTICAST   MTU:1500   Metric:1
          RX packets:850 errors:0 dropped:0 overruns:0 frame:0
          TX packets:628 errors:0 dropped:0 overruns:0 carrier:0
          collisions:0 txqueuelen:1000
          RX bytes:369135 (360.4 KiB)   TX bytes:75945 (74.1 KiB)
          Interrupt:10 Base address:0x3000

lo        Link encap:Local Loopback
          inet addr:127.0.0.1   Mask:255.0.0.0
          inet6 addr: ::1/128 Scope:Host
          UP LOOPBACK RUNNING   MTU:16436   Metric:1
          RX packets:57 errors:0 dropped:0 overruns:0 frame:0
          TX packets:57 errors:0 dropped:0 overruns:0 carrier:0
          collisions:0 txqueuelen:0
          RX bytes:8121 (7.9 KiB)   TX bytes:8121 (7.9 KiB)
```

eth0 表示第一块网卡，其中，HWaddr 表示网卡的物理地址（MAC 地址），这里是 00:C0:9F:94:78:0E；inet addr 表示网卡的 IP 地址，这里是 192.168.1.88；广播地址是 192.168.1.255，掩码地址是 255.255.255.0。

lo 表示主机的回环地址，一般用在需测试一个网络程序但又不想让局域网或外网的用户看到的情况下，此时只能在此台主机上运行和查看所用的网络接口。例如，把 HTTPD 服务器的指定到回环地址，在浏览器中输入 127.0.0.1，就能看到 Web 网站了，但只是能看到，局域网的其他主机或用户无从知道。

如果想知道主机所有网络的接口情况，可以使用下面的命令：

```
[root@localhost ~]# ifconfig -a
```

如果想查看某个端口，比如 eth0 的状态，可以用下面的方法：

```
[root@localhost ~]# ifconfig eth0
```

2. 用 ifconfig 配置网络接口

使用 ifconfig 命令可以配置网络接口的 IP 地址、掩码、网关、物理地址等。应注意的是，用 ifconfig 为网卡指定 IP 地址，只是为了调试网络，并不会更改系统中关于网卡的配置文件。如果用户想把网络接口的 IP 地址固定下来，有以下 3 种方法：

（1）通过各个发行版本专用的工具来修改 IP 地址。

（2）直接修改网络接口的配置文件。

（3）修改特定的文件，加入 ifconfig 指令来指定网卡的 IP 地址，例如在 redhat 中，把 ifconfig 的域名写入/etc/rc.d/rc.local 文件中。

ifconfig 工具配置网络接口是通过指定参数来实现的，这里只介绍几个最常用的参数。

```
ifconfig 网络端口 IP 地址 hw <HW> MAC 地址 netmask 掩码地址 broadcast 广播地址 [up/down]
```

例如，用 ifconfig 来调试 eth0 网卡的地址：

```
[root@localhost ~]# ifconfig eth0 down
[root@localhost ~]# ifconfig eth0 192.168.1.99 broadcast 192.168.1.255 netmask 255.255.255.0
[root@localhost ~]# ifconfig eth0 up
[root@localhost ~]# ifconfig eth0
eth0 Link encap:Ethernet HWaddr 00:11:00:00:11:11
inet addr:192.168.1.99 Bcast:192.168.1.255 Mask:255.255.255.0
UP BROADCAST MULTICAST MTU:1500 Metric:1
RX packets:0 errors:0 dropped:0 overruns:0 frame:0
TX packets:0 errors:0 dropped:0 overruns:0 carrier:0
collisions:0 txqueuelen:1000
RX bytes:0 (0.0 b) TX bytes:0 (0.0 b)
Interrupt:11 Base address:0x3400
```

第 1 行：ifconfig eth0 down 表示如果 eth0 是激活的，就把它 DOWN 掉。此命令等同于 ifdown eth0。

第 2 行：用 ifconfig 来配置 eth0 的 IP 地址、广播地址和网络掩码。

第 3 行：用 ifconfig eth0 up 来激活 eth0。此命令等同于 ifup eth0。

第 4 行：用 ifconfig eth0 来查看 eth0 的状态。

当然，也可以在指定 IP 地址、网络掩码、广播地址的同时激活网卡。这时，需要添加

up 参数：

```
[root@localhost ~]# ifconfig eth0 192.168.1.99 broadcast 192.168.1.255 netmask 255.255.255.0 up
```

下面设置网卡 eth1 的 IP 地址、网络掩码、广播地址和物理地址，并且激活它，代码如下：

```
[root@localhost ~]# ifconfig eth1 192.168.1.252 hw ether 00:11:00:00:11:11 netmask 255.255.255.0 broadcast 192.168.1.255 up
```

或

```
[root@localhost ~]# ifconfig eth1 hw ether 00:11:00:00:11:22
[root@localhost ~]# ifconfig eth1 192.168.1.252 netmask 255.255.255.0 broadcast 192.168.1.255 up
```

其中，hw 后面所接的是网络接口类型，ether 表示以太网。当然，这里也可以是 ax25、ARCnet、netrom 等，详情查看 man ifconfig。

3. 用 ifconfig 来激活和终止网络接口的连接

激活和终止网络接口需要使用 ifconfig 命令，后面接网络接口，然后加上 down 或 up 参数。当然也可以用专用工具 ifup 和 ifdown。

```
[root@localhost ~]# ifconfig eth0 down
[root@localhost ~]# ifconfig eth0 up
[root@localhost ~]# ifup eth0
[root@localhost ~]# ifdown eth0
```

激活其他类型的网络接口，比如 ppp0，wlan0 等，也是如此，但仅对指定 IP 的网卡有效。

注意：由 DHCP 自动分配的 IP，需使用各发行版自带的网络工具来激活。当然，首先得安装 dhcp 客户端。例如：

```
[root@localhost ~]# /etc/init.d/network start
```

4. ifconfig 命令参数

下面介绍 ifconfig 的命令行参数。

- up：激活指定的接口。
- down：关闭指定接口。该参数可以有效阻止通过指定接口的 IP 信息流。如果想永久地关闭一个接口，还需要从核心路由表中将该接口的路由信息全部删除。
- netmask：为接口设置 IP 网络掩码。掩码可以是有前缀“0x”的 32 位十六进制数，也可以是用点分开的 4 个十进制数。如果不打算将网络分成子网，可以不管这一选项；如果要使用子网，则网络中的每一个系统都必须有相同的子网掩码。
- pointpoint：打开指定接口的点对点模式。它告诉系统该接口是对另一台机器的直接连接。当包含了一个地址时，这个地址被分配给列表另一端的机器。如果没有给出地址，就打开这个指定接口的 POINTPOINT 选项。前面加一个负号，表示关闭 pointpoint 选项。

- broadcast address：当使用了一个地址时，设置这个接口的广播地址。如果没有给出地址，就打开这个指定接口的 IFF_BROADCAST 选项。前面加上一个负号，表示关闭这个选项。
- metric number：用于为接口创建的路由表分配度量值。路由信息协议（RIP）利用度量值来构建网络路由表。ifconfig 所用的默认度量值是 0。如果不运行 RIP 程序，就没必要采用这个选项。如果要运行 RIP 程序，就尽量不要改变这个默认的度量值。
- mtu bytes：将接口在一次传输中可以处理的最大字节数设置为整数 bytes。目前，核心网络代码不处理 IP 分段，因此一定要把 MTU（最大数据传输单元）值设置得足够大。
- arp：打开或关闭指定接口上使用的 ARP 协议。前面加上一个负号，表示关闭该选项。
- allmuti：打开指定接口的无区别模式。该模式允许接口把网络上的所有信息流都送到核心中，而不仅仅是把用户机器的信息发送给核心。前面加上一个负号，表示关闭该选项。
- hw：为指定接口设置硬件地址。硬件类型名和此硬件地址对应的 ASCII 字符必须跟在这个关键字后面。目前仅支持在以太网（ether）、AMPR、AX.25 和 PPP traliers 中打开以太网帧上的跟踪器，还未在 Linux 网络中实现，所以不需要进行所有的配置。

ifconfig 可以仅通过接口名、网络掩码和分配 IP 地址来设置所需的一切。当 ifconfig 疏漏了或者面对的是一个复杂的网络时，只能重新设置大多数参数。

7.2.5 route、ip route 修改默认网关和静态路由

route 命令用于显示和操作 IP 路由表。要实现两个不同的子网之间的通信，需要一台连接两个网络的路由器，或者同时位于两个网络中的网关来实现。在 Linux 系统中，设置路由通常是为了解决以下问题：该 Linux 系统在一个局域网中，局域网中有一个网关，能够让机器访问 Internet，那么就需要将这台机器的 IP 地址设置为 Linux 机器的默认路由。

要注意的是，直接在命令行下执行 route 命令来添加路由，不会永久保存，当网卡重启或者机器重启之后，该路由就失效了。可以在/etc/rc.local 中添加 route 命令，来保证该路由设置永久有效。

- 添加路由

```
[root@localhost ~]#route add -net 192.168.0.0/24 gw 192.168.0.1
[root@localhost ~]#route add -host 192.168.1.1 dev 192.168.0.1
```

- 删除路由

```
route del -net 192.168.0.0/24 gw 192.168.0.1
```

其中，add 为增加路由，del 为删除路由，-net 为设置到某个网段的路由，-host 为设置

到某台主机的路由，gw 为出口网关 IP 地址，dev 为出口网关或物理设备名。

- 增加默认路由

```
[root@localhost ~]#route add default gw 192.168.0.1
[root@localhost ~]#route -n    #查看路由表
```

也可以使用 ip route 命令：

- 添加路由

```
[root@localhost ~]#ip route add 192.168.0.0/24 via 192.168.0.1
[root@localhost ~]#ip route add 192.168.1.1 dev 192.168.0.1
```

- 删除路由

```
[root@localhost ~]#ip route del 192.168.0.0/24 via 192.168.0.1
```

其中，add 为增加路由，del 为删除路由，via 为网关出口 IP 地址，dev 为网关出口或物理设备名。

- 增加默认路由

```
[root@localhost ~]#ip route add default via 192.168.0.1 dev eth0
```

- 查看路由信息

```
[root@localhost ~]#ip route
```

- 修改到网络 10.0.0/24 的直接路由，使其经过设备 dummy

```
[root@localhost ~]#ip route change 10.0.0/24 dev dummy
```

- 实现数据包级负载平衡，允许把数据包随机从多个路由发出，weight 可以设置权重

```
[root@localhost ~]#ip route replace default equalize nexthop via 211.139.218.145 dev eth0 weight 1 nexthop via 211.139.218.145 dev eth1 weight 1
```

ip route 以上命令中可以使用缩写：add、a；change、chg；replace、repl；delete、del、d。

任务实施

7.2.6 用 system-config-network 命令配置网络连接

下面使用 system-config-network 命令配置网络接口，具体步骤如下。

步骤 1 在任务栏选择“应用程序”→“系统工具”→“终端”命令，在打开的终端窗口中输入 system-config-network 命令，出现图 7-12 所示的网络配置窗口，在此可以进行 DNS 和设备配置。

步骤 2 用键盘选择“DNS 配置”选项，确认后，打开 DNS 配置界面，输入主机名和主 DNS 并确认，如图 7-13 所示。

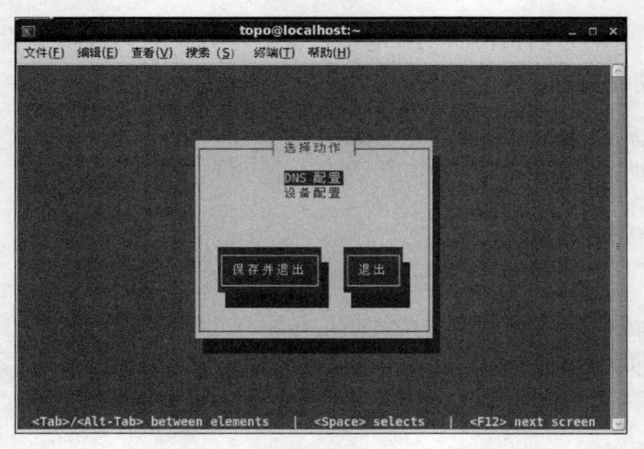

图 7-12 system-config-network 命令的网络配置

步骤 3 选择“设备配置”选项，在图 7-14 所示的界面中输入各项网络配置参数，确认并保存退出。

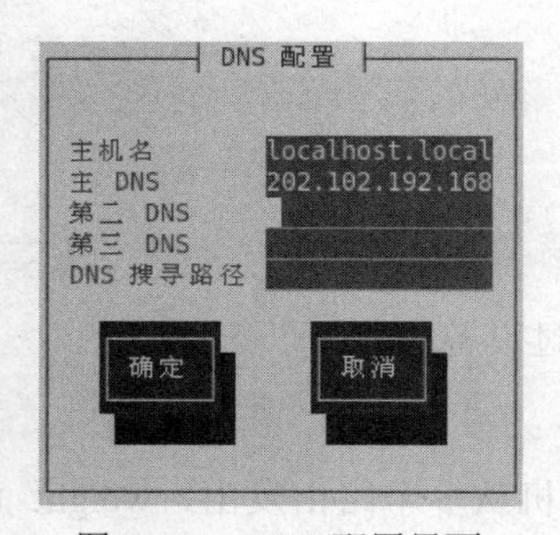

图 7-13 DNS 配置界面

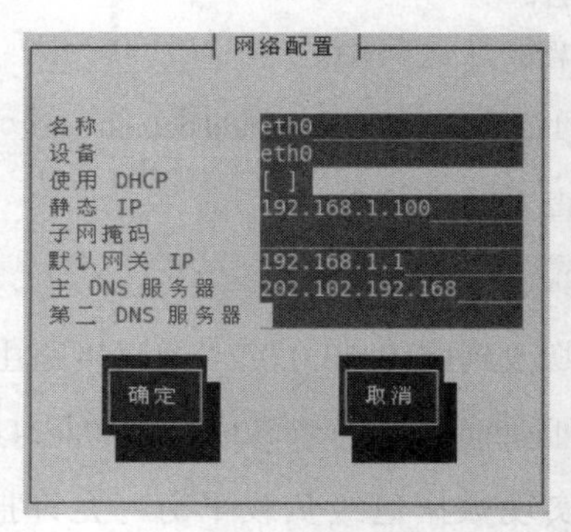

图 7-14 网络配置界面

7.2.7 用 ifconfig 命令配置网络连接

也可以使用 ifconfig 命令配置网络接口，具体步骤如下。

步骤 1 选择菜单“应用程序”→“系统工具”→“终端”命令，打开一个命令终端，如图 7-15 所示。

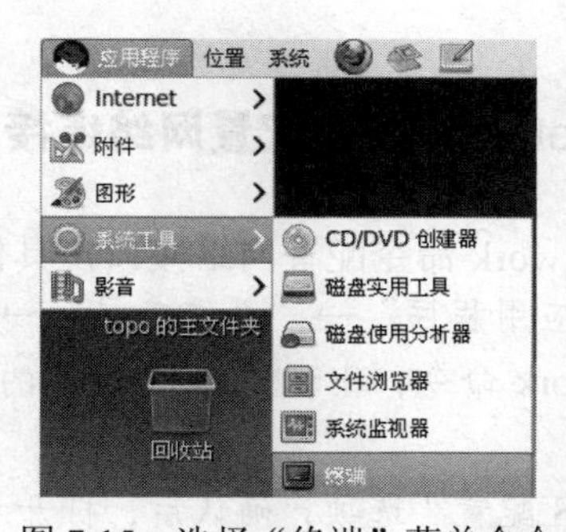

图 7-15 选择“终端”菜单命令

步骤 2　在终端中输入 cat /etc/sysconfig/network-scripts/ifcfg-eth0 命令，查看网络接口配置，如图 7-16 所示。

图 7-16　终端命令输入

步骤 3　在终端中输入并运行如下命令，以配置网络接口。

```
[root@localhost ~]# ifconfig eth0 down
[root@localhost ~]# ifconfig eth0 192.168.1.99 broadcast 192.168.1.255 netmask 255.255.255.0
[root@localhost ~]# ifconfig eth0 up
```

步骤 4　查看配置后的文件和状态。

```
[root@localhost ~]# ifconfig eth0
[root@localhost ~]# cat /etc/sysconfig/network-scripts/ifcfg-eth0
```

任务 7.3　安装和配置 ADSL 拨号连接

任务场景

小王所在公司的网络是通过 ADSL 方式连入互联网的，因此，小王还需要对作为网关的计算机配置 ADSL 拨号连接。

知识引入

在 RHEL6 中使用 ADSL 上网并使用拨号软件，默认情况下是没有安装 PPPoE 客户端软件的。本节就来讲述如何在 RHEL6 中安装软件，并配置参数，以便能拨号上网。

RHEL 默认包含了图形界面的 ADSL 配置，但是要想使用 ADSL，还必须要安装 PPPoE 客户端软件。同样，配置也可以使用命令行的方式进行。

7.3.1　安装 PPPoE 客户端

可以使用 rpm 命令检查当前的 RHEL 是否已经安装有 PPPoE 客户端：

```
[root@localhost /]# rpm -qa |grep pppoe
[root@localhost /]#
```

什么内容都没返回，表示没有安装。这时，需要通过以下命令安装 PPPoE：

```
[root@localhost ~]# rpm -i rp-pppoe-3.10-8.el6.i686.rpm
warning: rp-pppoe-3.10-8.el6.i686.rpm: Header V3 RSA/SHA256 Signature, key ID c105b9de: NOKEY
[root@localhost ~]# rpm -qa |grep pppoe
rp-pppoe-3.10-8.el6.i686
```

通过查看发现，rp-pppoe 已经安装完成。

7.3.2 配置 PPPoE 客户端软件

软件安装完成后，必须进行配置才能使用。配置过程如下：

```
[root@localhost /]#pppoe-setup

Welcome to the PPPoE client setup.   First, I will run some checks on
your system to make sure the PPPoE client is installed properly...



LOGIN NAME

Enter your Login Name (default root): root //输入用户 ADSL 连接的用户名（有 ISP 提供）

INTERFACE

Enter the Ethernet interface connected to the PPPoE modem
For Solaris, this is likely to be something like /dev/hme0.
For Linux, it will be ethX, where 'X' is a number.
(default eth0): eth0              //输入用于和 ADSL-Modem 连接时网卡的接口，默认为 eth0

Do you want the link to come up on demand, or stay up continuously?
If you want it to come up on demand, enter the idle time in seconds
after which the link should be dropped.   If you want the link to
stay up permanently, enter 'no' (two letters, lower-case.)
NOTE: Demand-activated links do not interact well with dynamic IP
addresses.   You may have some problems with demand-activated links.
Enter the demand value (default no): no      //设置是否需要拨号，断线后不自动拨号

DNS

Please enter the IP address of your ISP's primary DNS server.
If your ISP claims that 'the server will provide dynamic DNS addresses',
enter 'server' (all lower-case) here.
If you just press enter, I will assume you know what you are
doing and not modify your DNS setup.
Enter the DNS information here: 202.102.192.68 //主 DNS 地址设置，根据具体情况替换
Please enter the IP address of your ISP's secondary DNS server.
If you just press enter, I will assume there is only one DNS server.
Enter the secondary DNS server address here: 202.102.199.68      //第二 DNS 地址设置

PASSWORD
```

```
Please enter your Password:          //设置密码，和 UNIX 一样，密码并不回显
Please re-enter your Password:    //确认密码

USERCTRL

Please enter 'yes' (three letters, lower-case.) if you want to allow
normal user to start or stop DSL connection (default yes): yes    //是否允许普通用户共享 ADSL

FIREWALLING

Please choose the firewall rules to use.  Note that these rules are
very basic.  You are strongly encouraged to use a more sophisticated
firewall setup; however, these will provide basic security.  If you
are running any servers on your machine, you must choose 'NONE' and
set up firewalling yourself.  Otherwise, the firewall rules will deny
access to all standard servers like Web, e-mail, ftp, etc.  If you
are using SSH, the rules will block outgoing SSH connections which
allocate a privileged source port.

The firewall choices are:
0 - NONE: This script will not set any firewall rules.  You are responsible
          for ensuring the security of your machine.  You are STRONGLY
          recommended to use some kind of firewall rules.
1 - STANDALONE: Appropriate for a basic stand-alone web-surfing workstation
2 - MASQUERADE: Appropriate for a machine acting as an Internet gateway
                for a LAN
Choose a type of firewall (0-2):   0            //配置防火墙等级，根据需要选择

Start this connection at boot time

Do you want to start this connection at boot time?
Please enter no or yes (default no):no   //是否允许开机自动加载，这里选择 no，否则系统启动速度太慢

** Summary of what you entered **

Ethernet Interface: eth0
User name:          topo
Activate-on-demand: No
Primary DNS:        202.102.192.68
Secondary DNS:      202.102.199.68
Firewalling:        NONE
User Control:       yes
Accept these settings and adjust configuration files (y/n)? y
Adjusting /etc/sysconfig/network-scripts/ifcfg-ppp0
Adjusting /etc/resolv.conf
  (But first backing it up to /etc/resolv.conf.bak)
Adjusting /etc/ppp/chap-secrets and /etc/ppp/pap-secrets
  (But first backing it up to /etc/ppp/chap-secrets.bak)
```

```
(But first backing it up to /etc/ppp/pap-secrets.bak)

Congratulations, it should be all set up!

Type '/sbin/ifup ppp0' to bring up your xDSL link and '/sbin/ifdown ppp0'
to bring it down.
Type '/sbin/pppoe-status /etc/sysconfig/network-scripts/ifcfg-ppp0'
to see the link status.
```

配置完成后，可以用 pppoe-start 命令启动，也可用 pppoe-stop 命令停止：

```
[root@localhost /]# /usr/sbin/pppoe-start
```

再次启动 PPPoE 客户端软件，进行连接，如果连接成功，将显示 Connected；如果不成功，则应检查网线、ADSL Modem 等物理设备，并查看/var/log/messages 中的信息是否正确。

```
[root@localhost /]# /usr/sbin/pppoe-stop        #关闭和 ISP 的连接
[root@localhost /]# /usr/sbin/pppoe-status      #查看当前连接的状态
```

若要在 Linux 系统启动时自动启动 ADSL 连接，可以输入以下命令：

```
[root@localhost /]#chkconfig -add adsl
```

任务实施

——安装和配置 ADSL 拨号连接

下面开始安装和配置 PPPoE，具体步骤如下。

步骤 1 查看是否安装有 PPPoE 客户端。

```
[root@localhost /]# rpm -qa |grep pppoe
[root@localhost /]#
```

显示返回为空，说明该计算机中未安装 PPPoE 客户端。此时可以打开 Firefox 浏览器，输入“http://rpmfind.net/linux/rpm2html/search.php?query=rp-pppoe”，或者直接在地址栏中输入“ftp://rpmfind.net/linux/centos/6.1/os/i386/Packages/rp-pppoe-3.10-8.el6.i686.rpm”，进行 PPPoE 客户端下载。下载完毕后，可以通过 ls 命令查看文件：

```
[root@localhost ~]# ls
rp-pppoe-3.10-8.el6.i686.rpm
```

步骤 2 安装 PPPoE 客户端。

```
[root@localhost ~]# rpm -i rp-pppoe-3.10-8.el6.i686.rpm
warning: rp-pppoe-3.10-8.el6.i686.rpm: Header V3 RSA/SHA256 Signature, key ID c105b9de: NOKEY
[root@localhost ~]# rpm -qa |grep pppoe
rp-pppoe-3.10-8.el6.i686
```

步骤 3　配置 PPPoE 客户端，配置过程见 7.3.2 节。

```
[root@localhost /]#pppoe-setup
```

步骤 4　启动 PPPoE 客户端。

```
[root@localhost /]#pppoe-start
```

步骤 5　查看并了解配置文件。

```
[root@localhost topo]#pppoe-status
[root@localhost topo]# cat /etc/sysconfig/network-scripts/ifcfg-ppp0
USERCTL=yes
BOOTPROTO=dialup
NAME=DSLppp0
DEVICE=ppp0
TYPE=xDSL
ONBOOT=no
PIDFILE=/var/run/pppoe-adsl.pid
FIREWALL=NONE
PING=.
PPPOE_TIMEOUT=80
LCP_FAILURE=3
LCP_INTERVAL=20
CLAMPMSS=1412
CONNECT_POLL=6
CONNECT_TIMEOUT=60
DEFROUTE=yes
SYNCHRONOUS=no
ETH=eth0
PROVIDER=DSLppp0
USER=root
PEERDNS=no
DEMAND=no
```

步骤 6　停止 PPPoE 客户端。

```
[root@localhost /]#pppoe-stop
```

知识拓展

非对称数字用户线（Asymmetric Digital Subscriber Line，ADSL）是一种通过现有普通电话线为家庭、办公室提供宽带数据传输服务的技术。ADSL 能够在现有的铜双绞线即普通电话线上提供高达 8Mbit/s 的高速下行速率（ADSL 对距离和线路情况十分敏感，随着距离的增加和线路的恶化，速率会受到影响），远高于 ISDN 速率；而上行速率有 1Mbit/s，传输距离达 3~5km。ADSL 技术的主要特点是可以充分利用现有的铜缆网络（电话线网络），在线路两端加装 ADSL 设备即可为用户提供高宽带服务。ADSL 的另外一个优点在于它可以与普通电话共存于一条电话线上，接听、拨打电话的同时进行 ADSL 传输而又互不影响。

用户通过 ADSL 接入宽带多媒体信息网与因特网，同时可以收看影视节目，举行一个视频会议，还可以很高的速率下载数据文件，这还不是全部，用户还可以在这同一条电话线上使用电话而又不影响以上所说的其他活动。安装 ADSL 也极其方便、快捷。在现有的电话线上安装 ADSL 时，除了需要在用户端安装 ADSL 通信终端外，不用对现有线路作任何改动。ADSL 使得用户可以通过一条电话线，以比普通 Modem 快一百倍的速度浏览因特网，通过网络学习、娱乐、购物，享受先进的数据服务，如视频会议、视频点播、网上音乐、网上电视、网上 MTV 等。

ADSL 是一种异步传输模式（ATM）。在电信服务提供商端，需要将每条开通 ADSL 业务的电话线路连接在数字用户线路访问多路复用器（DSLAM）上。而在用户端，用户需要使用一个 ADSL 终端（因为和传统的调制解调器类似，所以也被称为“猫”）来连接电话线路。由于 ADSL 使用高频信号，所以在两端都要使用 ADSL 信号分离器，将 ADSL 数据信号和普通音频电话信号分离出来，避免打电话的时候出现噪音干扰。

通常的 ADSL 终端有一个电话 Line-In，一个以太网口，有些终端集成了 ADSL 信号分离器，还提供有一个连接的 Phone 接口。某些 ADSL 调制解调器使用 USB 接口与计算机相连，需要在计算机上安装指定的软件并添加虚拟网卡来进行通信。

由于受到传输高频信号的限制，ADSL 需要电信服务提供商端接入设备和用户终端之间的距离不能超过 5 千米，也就是用户的电话线连到电话局的距离不能超过 5 千米。

ADSL 是一种非对称的 DSL 技术。所谓“非对称”，是指用户网络的上行速率与下行速率不同，上行速率低，下行速率高，特别适合传输多媒体信息业务，如视频点播（VOD）、多媒体信息检索和其他交互式业务。

ADSL 通常提供 3 种网络登录方式：

（1）桥接；

（2）基于 ATM 的端对端协议（PPPoverATM，PPPoA）；

（3）基于以太网的端对端协议（PPPoverEthernet，PPPoE）。

桥接是直接提供静态 IP，而后两种则不提供静态 IP，而是动态地给用户分配网络地址。

任务 7.4　网络调试命令的使用

任务场景

在网络的使用过程中，由于某些原因经常会出现网络无法正常连通的情况。为了检查网络故障，小王需要通过一些常用的网络调试命令来查找故障原因并进行解决。

知识引入

下面介绍一些常用网络调试命令的使用方法。

7.4.1 ping 命令

ping 命令主要用来检查要到达的目标 IP 地址并记录结果，显示目标是否响应以及接收答复所需的时间。如果在传递的过程中出现错误，ping 命令将显示错误消息。

在 host a 可以使用一个 icmp echo request packet（回送请求）数据包来探测主机地址 host b 是否存活。其过程如下：host a 发送一个 icmp echo(type 8)数据包到目标主机，如果能接收到 icmp echo reply(icmp type 0)（回送答复）数据包，说明主机是存活状态；如果不能，则可以初步判断主机没有在线或者使用某些过滤设备过滤了 icmp 的 reply。

ping 命令和其他工具（如 traceroute 等）配合使用，可进行许多基本的网络测试。

该命令的一般格式如下所示。

语法：ping [-dfnqrRv][-c<完成次数>][-i<间隔秒数>][-I<网络界面>][-l<前置载入>][-p<范本样式>][-s<数据包大小>][-t<存活数值>][主机名称或 IP 地址]

补充说明：ping 指令使用 ICMP 传输协议，发出的是一条要求回应的信息。若远端主机的网络功能没有问题，就会回应该信息，因而可以得知该主机运作正常。

参数：

- -d：使用 Socket 的 SO_DEBUG 功能。
- -c<完成次数>：设置完成要求回应的次数。
- -f：极限检测。
- -i<间隔秒数>：指定收发信息的间隔时间。
- -I<网络界面>：使用指定的网络界面送出数据包。
- -l<前置载入>：设置在送出要求信息之前先行发出数据包。
- -n：只输出数值。
- -p<范本样式>：设置填满数据包的范本样式。
- -q：不显示指令执行过程，开头和结尾的相关信息除外。
- -r：忽略普通的 Routing Table，直接将数据包发送到远端主机上。
- -R：记录路由过程。
- -s<数据包大小>：设置数据包的大小。
- -t<存活数值>：设置存活数值 TTL 的大小。
- -v：详细显示指令的执行过程。

检测是否与主机连通，命令行如下：

```
[root@localhost home]# ping www.baidu.cn
PING www.a.shifen.com (119.75.218.77) 56(84) bytes of data.
64 bytes from 119.75.218.77: icmp_seq=1 ttl=52 time=37.4 ms
64 bytes from 119.75.218.77: icmp_seq=2 ttl=52 time=36.6 ms
64 bytes from 119.75.218.77: icmp_seq=3 ttl=52 time=34.2 ms
64 bytes from 119.75.218.77: icmp_seq=4 ttl=52 time=126 ms
64 bytes from 119.75.218.77: icmp_seq=5 ttl=52 time=35.4 ms
64 bytes from 119.75.218.77: icmp_seq=6 ttl=52 time=234 ms
64 bytes from 119.75.218.77: icmp_seq=7 ttl=52 time=260 ms
```

```
^C
--- www.a.shifen.com ping statistics ---
7 packets transmitted, 7 received, 0% packet loss, time 6394ms
rtt min/avg/max/mdev = 34.211/109.308/260.809/92.904 ms
```

该命令需要手动终止，即按 Ctrl+C 快捷键进行终止。

指定接收包次数的命令行如下：

```
[root@localhost home]# ping -c 2 baidu.cn
PING baidu.cn (220.181.111.86) 56(84) bytes of data.
64 bytes from 220.181.111.86: icmp_seq=1 ttl=51 time=34.6 ms
64 bytes from 220.181.111.86: icmp_seq=2 ttl=51 time=29.2 ms

--- baidu.cn ping statistics ---
2 packets transmitted, 2 received, 0% packet loss, time 1030ms
rtt min/avg/max/mdev = 29.210/31.945/34.681/2.741 ms
```

收到两次包后，自动退出。

7.4.2 netstat 命令

语法：netstat [-acCeFghilMnNoprstuvVwx][-A<网络类型>][--ip]

补充说明：利用 netstat 指令可以得知整个 Linux 系统的网络情况。

参数：

- -a 或--all：显示所有连线中的 Socket。
- -A<网络类型>或--<网络类型>：列出该网络类型连线中的相关地址。
- -c 或--continuous：持续列出网络状态。
- -C 或--cache：显示路由器配置的快取信息。
- -e 或--extend：显示网络其他相关信息。
- -F 或--fib：显示 FIB。
- -g 或--groups：显示多重广播功能群组组员名单。
- -h 或--help：在线帮助。
- -i 或--interfaces：显示网络界面信息表单。
- -l 或--listening：显示监控中的服务器 Socket。
- -M 或--masquerade：显示伪装的网络连线。
- -n 或--numeric：直接使用 IP 地址，而不通过域名服务器。
- -N 或--netlink 或--symbolic：显示网络硬件外围设备的符号连接名称。
- -o 或--timers：显示计时器。
- -p 或--programs：显示正在使用 Socket 的程序识别码和程序名称。
- -r 或--route：显示 Routing Table。
- -s 或--statistice：显示网络工作信息统计表。
- -t 或--tcp：显示 TCP 传输协议的连线状况。

- -u 或--udp：显示 UDP 传输协议的连线状况。
- -v 或--verbose：显示指令执行过程。
- -V 或--version：显示版本信息。
- -w 或--raw：显示 RAW 传输协议的连线状况。
- -x 或--unix：此参数的效果和-A unix 参数相同。
- --ip 或--inet：此参数的效果和-A inet 参数相同。

例如，使用下面命令可以查看正在连接的网络信息：

```
[root@localhost home]# netstat -ntulpa
Active Internet connections (servers and established)
Proto Recv-Q Send-Q Local Address   Foreign Address   State    PID/Program name
tcp       0      0  0.0.0.0:22          0.0.0.0:*     LISTEN   1796/sshd
tcp       0      0  127.0.0.1:25        0.0.0.0:*     LISTEN   1872/master
tcp       0      0  :::22               :::*          LISTEN   1796/sshd
udp       0      0  0.0.0.0:52104       0.0.0.0:*              1656/avahi-daemon:
udp       0      0  0.0.0.0:5353        0.0.0.0:*              1656/avahi-daemon:
```

下面是 netstat 的一些常用选项。

- netstat -s

本选项能够按照各协议分别显示其统计数据。如果应用程序（如 Web 浏览器）的运行速度比较慢，或者不能显示 Web 页之类的数据，那么就可以用本选项来查看一下显示的信息。需要仔细查看统计数据的各行，找到出错的关键字，进而确定问题所在。

- netstat -e

本选项用于显示与以太网相关的统计数据，包括传送的数据报的总字节数、错误数、删除数、数据报的数量和广播的数量。这些统计数据既有发送的数据报数量，也有接收的数据报数量。另外，可以使用该选项统计基本的网络流量。

- netstat -r

本选项可以显示与路由表相关的信息，类似于使用 route print 命令时看到的信息。除了可显示有效路由外，还可显示当前有效的连接。

- netstat -a

本选项显示一个所有的有效连接信息列表，包括已建立的连接（ESTABLISHED），也包括监听连接请求（LISTENING）的那些连接。

- netstat -n

显示所有已建立的有效连接。

7.4.3　traceroute 命令

功能说明：显示数据包到主机间的路径。

语法：traceroute [-dFlnrvx][-f<存活数值>][-g<网关>...][-i<网络界面>][-m<存活数值>][-p<通信端口>][-s<来源地址>][-t<服务类型>][-w<超时秒数>][主机名称或 IP 地址][数据包大小]

补充说明：traceroute 指令用于追踪网络数据包的路由途径，预设的数据包大小是 40Bytes，用户也可另行设置。

参数：

- -d：使用 Socket 层级的排错功能。
- -f <存活数值>：设置第一个检测数据包的存活数值 TTL 的大小。
- -F：设置“不要分段”位。通知各个转发路由器不要将该包分段。
- -g <网关>：设置来源路由网关，最多可设置 8 个。
- -i<网络界面>：使用指定的网络界面送出数据包。
- -I：使用 ICMP 回应取代 UDP 资料信息。
- -m <存活数值>：设置检测数据包最大存活数值 TTL 的大小。
- -n：直接使用 IP 地址而非主机名称。
- -p <通信端口>：设置 UDP 传输协议的通信端口。
- -r：忽略普通的 Routing Table，直接将数据包发送到远端主机上。
- -s <来源地址>：设置本地主机送出数据包的 IP 地址。
- -t <服务类型>：设置检测数据包的 TOS 数值。
- -v：详细显示指令的执行过程。
- -w <超时秒数>：设置等待远端主机回报的时间。
- -x：开启或关闭数据包的正确性检验。

例如，下面的代码可用于侦测本机到 yahoo 的各节点的连线状态。

```
[root@host ~]# traceroute -n tw.yahoo.com
traceroute to tw.yahoo.com (119.160.246.241), 30 hops max, 40 byte packets
 1   192.168.1.254   0.279 ms   0.156 ms   0.169 ms
 2   172.20.168.254   0.430 ms   0.513 ms   0.409 ms
 3   10.40.1.1   0.996 ms   0.890 ms   1.042 ms
 4   203.72.191.85   0.942 ms   0.969 ms   0.951 ms
 5   211.20.206.58   1.360 ms   1.379 ms   1.355 ms
 6   203.75.72.90   1.123 ms   0.988 ms   1.086 ms
 7   220.128.24.22   11.238 ms   11.179 ms   11.128 ms
 8   220.128.1.82   12.456 ms   12.327 ms   12.221 ms
 9   220.128.3.149   8.062 ms   8.058 ms   7.990 ms
10   * * *
11   119.160.240.1   10.688 ms   10.590 ms 119.160.240.3   10.047 ms
12   * * * <==可能有防火墙装置等情况发生所致
```

7.4.4 arp 命令

本地机在向“某个 IP 地址 -- 目标机 IP 地址”发送数据时，会先查找本地的 ARP 表，如果在 ARP 表中找到“目标机 IP 地址”的 ARP 表项，（网络协议）则会把“目标机 IP 地址”对应的“MAC 地址”放到 MAC 包的“目的 MAC 地址字段”直接发送出去。

如果在 ARP 表没有找到“目标机 IP 地址”的 ARP 表项，则向局域网发送广播 ARP

包（“目的 MAC 地址字段”== FF:FF:FF:FF:FF:FF），此时目标机会向本地机回复 ARP 包（包含目标机的 MAC 地址）。

arp 命令用于显示和修改地址解析协议 ARP 中的“IP 到物理”地址转换表。

```
ARP -s inet_addr eth_addr [if_addr]
ARP -d inet_addr [if_addr]
ARP -a [inet_addr] [-N if_addr] [-v]
```

其中各参数的含义如下。

- -a：通过询问当前协议数据，显示当前 ARP 项。如果指定 inet_addr，则只显示指定计算机的 IP 地址和物理地址。如果不止一个网络接口使用 ARP，则显示每个 ARP 表的项。
- -g：与-a 相同。
- -v：在详细模式下显示当前 ARP 项。所有无效项和回环接口上的项都将显示。
- inet_addr：指定 Internet 地址（IP 地址）。
- -N if_addr：显示 if_addr 指定的网络接口的 ARP 项。
- -d：删除 inet_addr 指定的主机。inet_addr 可以是通配符*，以删除所有主机。
- -s：添加主机并将 Internet 地址 inet_addr 与物理地址 eth_addr 相关联。物理地址是用连字符分隔的 6 个十六进制字节。该项是永久的。
- eth_addr：指定物理地址。
- if_addr：如果存在，此项指定地址转换表应修改的接口的 Internet 地址。如果不存在，则使用第一个适用的接口。

例如，添加静态项的命令行代码如下。这个很有用，特别是局域网中中了 arp 病毒以后。

```
[root@localhost home]# arp -s 123.253.68.209 00:19:56:6F:87:D2
[root@localhost home]# arp -a
```

任务实施

——用网络调试命令检查网络状态

步骤 1 用 ping 命令检测与网关和远程服务器的连通性。

```
[root@localhost ~]# ping 192.168.1.1            //Ctrl+C 终止命令
[root@localhost ~]# ping -c 4 google.cn.hk
PING google.cn.hk (61.191.206.4) 56(84) bytes of data.
64 bytes from 61.191.206.4: icmp_seq=1 ttl=57 time=9.08 ms
64 bytes from 61.191.206.4: icmp_seq=2 ttl=57 time=9.24 ms
64 bytes from 61.191.206.4: icmp_seq=3 ttl=57 time=9.39 ms
64 bytes from 61.191.206.4: icmp_seq=4 ttl=57 time=9.61 ms

--- google.cn.hk ping statistics ---
4 packets transmitted, 4 received, 0% packet loss, time 3015ms
```

```
rtt min/avg/max/mdev = 9.086/9.336/9.618/0.195 ms
```

步骤 2 用 netstat 命令显示网络连接状况。

```
[root@localhost ~]# netstat -r
[root@localhost ~]# netstat -s
[root@localhost ~]# netstat -a
[root@localhost ~]# netstat -I
```

步骤 3 用 traceroute 命令追踪网络数据包的路由途径。

```
traceroute -n google.cn.hk
```

步骤 4 用 arp 命令显示和修改地址解析协议。

```
[root@localhost ~]# arp -a
[root@localhost ~]# arp -v
[root@localhost ~]# arp -s 123.253.68.209 00:19:56:6F:87:D2
[root@localhost ~]# arp -a
```

项目实训 配置网络接口卡

1. 实训目的

- 了解网卡的驱动模块配置文件。
- 掌握网卡 IP 地址、网关和域名服务器的配置方法。

2. 实训内容

（1）以 root 身份登录，启动 RHEL6 的图形化网络管理工具，查看并记录 eth0 网卡的原网络参数设置。

（2）对网卡 eth0 按下列网络参数进行配置。

- IP 地址：192.168.175.x。
- 子网掩码：255.255.252.0。
- 默认网关：192.168.175.254。
- DNS 服务器依次为：172.16.1.1 和 202.102.192.68。

说明： x=宿主机 IP 地址尾字节+100。例如，宿主机的 IP 地址为 192.168.172.45，则需将 eth0 的 IP 地址设置为 192.168.175.145。

（3）用 ifconfig 命令查看当前活动的网络连接。

（4）用 ifconfig eth0 down 或 ifdown eth0 命令禁用 eth0 网卡，然后再用 ifconfig 命令查看当前活动的网卡，此时 eth0 网卡的信息应不会显示。用 ifconfig -a 命令查看所有网卡信息，注意查看 eth0 网卡被禁用时输出的状态信息。

（5）用 ifconfig eth0 up 或 ifup eth0 命令启用 eth0 网卡，然后再用 ifconfig 命令查看。

（6）用 ping 命令测试与本机、邻机、校园网内主机以及 Internet 上主机的联通性。

（7）分别使用 ifconfig 命令、system-config-network 命令修改 eth0 网卡的 IP 地址，并在使用 service network restart 命令重启网络服务后查看网卡信息，测试网络连通性。

说明： 为保证所设置 IP 地址的可用性和唯一性，在修改 IP 地址时，只能将第 3 字段的值在 174 和 175 之间修改。例如，宿主机 IP 地址为 192.168.172.45，则 eth0 的 IP 地址只能在 192.168.174.145 和 192.168.175.145 两个 IP 地址之间来回修改。

（8）查看以下文件并分析其内容的意义。

- /etc/sysconfig/network
- /etc/sysconfig/network-scripts/ifcfg-eth0
- /etc/hosts
- /etc/resolv.conf

项 目 小 结

本项目主要介绍 Linux 主机连接局域网及 Internet 时需要设置的网络参数，介绍了使用图形界面和命令行参数设置网络连接的两种方法，并且介绍了常用的 ADSL 连接 Internet 的设置方法和步骤，最后介绍了常见网络测试命令的使用方法。

习　　题

一、选择题

1. Linux 系统的第一块网卡的配置文件应该是________。

   A. /etc/sysconfig/network/ifcfg-eth1

   B. /etc/sysconfig/network/ifcfg-eth0

   C. /etc/sysconfig/network-scripts/ifcfg-eth1

   D. /etc/sysconfig/network-scripts/ifcfg-eth0

2. 暂时将 eth1 这块网卡的 IP 地址设置为 192.168.1.2 的方法是________。

   A. ifconfig eth0 192.168.1.2

   B. ifconfig eth0 192.168.1.2 netmask 255.255.255.0

   C. ifconfig eth1 192.168.1.2

   D. ifconfig eth1 192.168.1.2 netmask 255.255.255.0

3. 如果要暂时禁用 eth0 网卡，应该使用命令________。

   A. ifconfig eth0　　　　B. ifup eth0

   C. ifconfig eth0 up　　　　D. ifconfig eth0 down

4. 在 Linux 系统中，主机名保存在________配置文件中。

   A. /etc/hosts　　　　B. /etc/hostname

C. /etc/sysconfig/network　　　　D. /etc/network

5. Linux 系统中显示数据包在 IP 网络中经过的路由器 IP 地址命令是________。

A. ifconfig　　　　B. tracert　　　　C. netstat　　　　D. traceroute

二、简答题

1. 简单说明子网掩码的作用。
2. Linux 系统中与网络配置有关的配置文件有哪些？
3. 如何切断 Linux 主机中的某个非法连接？
4. 如何查询 www.baidu.com 主机的 IP 地址？

项目 8　安装和配置 Samba 服务器

Samba 是 SMB 协议的一个实现。服务信息块（Server Message Block，SMB）协议是局域网上共享文件/打印机的一种协议，可以为网络内部的其他 Windows 和 Linux 机器提供文件系统、打印服务或其他一些信息。通过该协议，Windows 和 Linux 系统之间可以实现局域网共享等服务。

本项目通过 6 个任务来学习 Samba 服务器的安装、启动、配置以及访问方法。

任务 8.1　安装 Samba 服务

任务 8.2　启动、停止与重启 Samba 服务

任务 8.3　配置 Samba 服务

任务 8.4　通过 Windows 客户端访问 Samba 共享资源

任务 8.5　通过 Linux 客户端访问 Samba 共享资源

任务 8.6　通过 Linux 客户端访问 Windows 共享资源

任务 8.1　安装 Samba 服务

任务场景

小王所在的天成公司员工迫切地需要在公司网络中进行文件共享，并希望打印机也能够实现共享，还希望……共享！小王有活儿干了，赶紧安装 Samba 服务器吧！

知识引入

8.1.1　Samba 简介

Samba 是实现 SMB 协议的一种软件。微软的“网上邻居”就是 Windows 上利用 SMB 通信协议实现资源共享的一个范例，它使在网上共享资源变得简单。在 Linux 主机上实现 SMB 通信协议的软件称为 Samba，它使得在 Windows 主机和 Linux 主机之间实现资源共享成为现实。

SMB 通信协议是微软公司（Microsoft）和英特尔公司（Intel）于 1987 年制定的协议，主要是作为 Microsoft 网络的通信协议。SMB 是会话层（session layer）、表示层（presentation layer）以及小部分应用层（application layer）的协议，使用的是 NetBIOS 的应用程序接口

（Application Program Interface，API）。SMB 协议是基于 TCP-NETBIOS 的，端口一般使用 139，445。

在 NetBIOS 出现之后，Microsoft 推出了一个网络文件/打印服务系统，该系统基于 NetBIOS 设定了一套文件共享协议，Microsoft 称之为 SMB（Server Message Block）协议。该协议起初被 Microsoft 广泛用于 Lan Manager 和 Windows NT 服务器系统中，在局域网系统中影响很大。随着 Internet 的流行，Microsoft 希望将这个协议扩展到 Internet 上，成为 Internet 上计算机之间相互共享数据的一种标准。因此，Microsoft 将原有的几乎没有多少技术文档的 SMB 协议进行整理，重新命名为 CIFS（Common Internet File System），并与 NetBIOS 相脱离，成为 Internet 上的一个标准协议。要让 Windows 和 UNIX 计算机相集成，最好的办法就是在 UNIX 中安装支持 SMB/CIFS 协议的软件，这样，Windows 客户不需要更改设置就能像使用 Windows NT 服务器一样使用 UNIX 计算机上的资源了。

与标准的 TCP/IP 协议不同，SMB 协议比较复杂。这是因为随着 Windows 计算机的开发，越来越多的功能被加入到协议中去，因此很难区分清楚哪些概念和功能属于 Windows 操作系统本身，哪些概念属于 SMB 协议。而其他网络协议由于是先有协议，后实现相关的软件，因此结构上要清晰简洁一些。SMB 协议一直是与 Microsoft 的操作系统混在一起进行开发的，因此协议中包含了大量 Windows 系统中的概念。

8.1.2 Samba 软件的功能

由于 SMB 通信协议采用的是 Client/Server 架构，所以 Samba 软件可以分为客户端和服务器端两部分。通过执行 Samba 客户端程序，Linux 主机可以使用网络上 Windows 主机所共享的资源；而在 Linux 主机上安装 Samba 服务器，则可以使 Windows 主机访问 Samba 服务器共享的资源。

Samba 提供了以下功能：

（1）共享 Linux 的文件系统。

（2）共享安装在 Samba 服务器上的打印机。

（3）使用 Windows 系统共享文件和打印机。

（4）支持 Windows 域控制器和 Windows 成员服务器对使用 Samba 资源的用户进行认证。

（5）支持 WINS 名字服务器解析及浏览。

（6）支持 SSL 安全套接层协议。

Samba 服务主要由 nmbd 和 smdb 两个进程组成。

- nmbd 进行 NetBIOS 名称解析，并提供浏览服务，显示网络上的共享资源列表。
- smdb 管理 Samba 服务器上的共享目录、打印机等。当用户访问服务器时，如要查找共享文件，就要靠 smdb 这个进程来管理数据传输。

8.1.3 Samba 服务与 Samba 客户端的工作流程

下面是 Samba 服务与 Samba 客户端的工作流程。

（1）协议协商。

客户端在访问 Samba 服务器时，发送 negprot 命令包，告知目标计算机自身支持的 SMB 类型。Samba 服务器根据客户端情况，选择最优的 SMB 类型，并作出回应。

（2）建立连接。

当 SMB 类型确认后，客户端会发送 session setup 命令数据包，提交账号、密码，请求与 Samba 服务器建立连接。如果客户端通过身份验证，Samba 服务器会对 session setup 报文作出回应，并为用户分配唯一的 UID，在客户端与自己通信。

（3）访问共享资源。

客户端访问 Samba 共享资源时，发送 tree connect 命令数据包，通知服务器需要访问的共享资源名，如果设置允许，Samba 服务器会为每个客户与共享资源的连接分配 TID，客户端即可以访问需要的共享资源。

（4）断开连接。

共享完毕，客户端向服务器发送 tree disconnect 报文，关闭共享。

8.1.4　Samba 服务的组成与使用

组成 Samba 运行的有两个服务，一个是 SMB，另一个是 NMB。SMB 是 Samba 的核心启动服务，只有 SMB 服务启动，才能实现文件的共享，而 NMB 服务是负责解析用的，类似于 DNS 的功能，它可以把 Linux 系统共享的工作组名称与其 IP 对应起来，如果 NMB 服务没有启动，就只能通过 IP 来访问共享文件。

例如，某台 Samba 服务器的 IP 地址为 192.168.60.231，对应的工作组名称为 ixdba，则在 Windows 的 IE 浏览器中输入下面两条指令都可以访问共享文件（这两条指令其实就是 Windows 下查看 Linux Samba 服务器共享文件的方法）。

```
<a href="file://\\192.168.60.231\">\\192.168.60.231\</a>共享目录名称
<a href="file://\\topo\">\\topo\</a>共享目录名称
```

可以通过/etc/init.d/smb start/stop/restart 来启动、关闭、重启 Samba 服务。启动 SMB 服务的代码如下所示：

```
[root@localhost ~]# /etc/init.d/smb start
Starting SMB services:                                    [ OK ]
Starting NMB services:                                    [ OK ]
```

从启动的输出中可以看出，SMB 的启动包含了 SMB 和 NMB 两个服务。

RHEL6 在启动 SMB 时可能并未启动 NMB 服务，所以需要人工启动这两个服务。

8.1.5　Samba 软件的安装

如果不确定是否已经安装了 Samba，可使用下面的命令来确认：

```
[root@localhost ~]# rpm -qa |grep samba
```

```
samba-winbind-clients-3.5.4-68.el6.i686
```

如果没有安装，可进入安装光盘的 Pachages 目录，输入下面的命令来安装：

```
[root@localhost ~]# rpm -ivh samba-3.5.4-68.el6.i686.rpm
```

或用 yum 命令来安装：

```
[root@localhost ~]# yum install samba
```

除此之外，还可以使用“添加/删除软件”工具进行安装。

安装后，查看 samba，其应该包含以下组件：

```
[root@localhost ~]# rpm -qa |grep samba
samba-3.5.4-68.el6.i686
samba-client-3.5.4-68.el6.i686
samba-common-3.5.4-68.el6.i686
samba-winbind-clients-3.5.4-68.el6.i686
```

任务实施

——安装 Samba 服务

步骤 1　查看是否已安装 Samba 相关软件。

```
[root@localhost ~]# rpm -qa | grep samba
```

步骤 2　如果没有安装，则进入安装光盘的 Pachages 目录，输入下面的命令进行安装：

```
[root@localhost ~]# rpm -ivh samba-3.5.4-68.el6.i686.rpm
```

任务 8.2　启动、停止与重启 Samba 服务

任务场景

安装了 Samba 服务之后，小王首先要熟悉的就是如何对 Samba 的服务进行启动、停止和重启等操作。

知识引入

8.2.1　Samba 的启动和终止

通常可以通过以下两种命令来启动或停止 Samba 服务。

1. 启动

要启动 Samba 服务，可使用如下命令：

```
[root@localhost ~]#service smb start
[root@localhost ~]#service nmb start
```

或者

```
[root@localhost ~]#/etc/init.d/smb start
[root@localhost ~]#/etc/init.d/nmb start
```

2. 终止

要终止 Samba 服务，可使用如下命令：

```
[root@localhost ~]#service smb stop
[root@localhost ~]#service nmb stop
```

或者

```
[root@localhost ~]#/etc/init.d/smb stop
[root@localhost ~]#/etc/init.d/nmb stop
```

8.2.2　Samba 的重启

要重启 Samba 服务，则可以输入如下命令：

```
[root@localhost ~]#service smb restart
[root@localhost ~]#service nmb restart
```

或者

```
[root@localhost ~]#/etc/init.d/smb restart
[root@localhost ~]#/etc/init.d/nmb restart
```

任务实施

——启动、停止与重启 Samba 服务

下面练习启动、停止与重启 Samba 服务的操作。

步骤 1　查看 Samba 服务的状态。

```
[root@localhost ~]# service smb status
```

步骤 2　启动 Samba 服务。

```
[root@localhost ~]service smb start
```

步骤 3　停止 Samba 服务。

```
[root@localhost ~]# service smb stop
```

步骤 4　重新启动 Samba 服务。

```
[root@localhost ~]# service smb restart
```

步骤 5　要在引导时启动 smb 服务，可使用以下命令。

```
# chkconfig --level 35 smb on
```

任务 8.3　配置 Samba 服务

任务场景

小王希望对安装的 Samba 服务器按如下设想进行配置：

（1）允许以用户名 student 登录并进行访问；（2）Samba 用户 student 可以访问自己的主目录，但不具备写的权限；（3）开放共享目录/var/samba/shared，并且使 Samba 用户在此目录下拥有写的权限。

知识引入

8.3.1　Samba 的配置步骤

基本的 Samba 服务器的搭建流程主要分为以下 4 个步骤：

（1）编辑主配置文件 smb.conf，指定需要共享的目录，并为共享目录设置共享权限。

（2）在 smb.conf 文件中指定日志文件名称和存放路径。

（3）设置共享目录的本地系统权限。

（4）重新加载配置文件或重新启动 smb 服务，使用配置生效。

8.3.2　Samba 的配置文件

Samba 服务的配置文件是/etc/samba/smb.conf。用户可使用 vi 编辑器打开 smb.conf 文件，对 Samba 进行配置。

smb.conf 文件中由若干个节所组成，其中默认有 3 个节，即 global、homes 和 printers 节。global 节用于定义全局参数和默认值，homes 节用于用户的主目录共享，printers 节用于定义打印机共享。用户还可以参照相应格式自定义其他的节。

文件中，以“#”开头的行为注释行，不执行。以“;”开头的行为样例行，也不执行。如果要使样例行可执行，只要去掉开始的“;”即可。

Samba 服务配置语句的通用格式为：

字段=设定值

各节主要配置语句及其说明如下。

1. Global 节设置

（1）workgroup = WORKGROUP

设置工作组或域名称。工作组是网络中地位平等的一组计算机，可以通过设置 workgroup 字段来对 Samba 服务器所在工作组或域名进行设置。

（2）server string = Samba Server Version %v

服务器描述。服务器描述实际上类似于备注信息，在一个工作组中，可能存在多台服务器，为了方便用户浏览，可以在 server string 配置相应描述信息，这样用户就可以通过描述信息知道自己要登录哪台服务器了。

（3）netbios name = MYSERVER

在“网上邻居”中显示的主机名。

（4）security = user

设置 Samba 服务器安全模式。Samba 服务器有 share、user、server、domain 和 ads 五种安全模式，用来适应不同的企业服务器需求。

① share 安全级别模式

客户端登录 Samba 服务器，不需要输入用户名和密码就可以浏览 Samba 服务器的资源，适用于公共的共享资源，安全性差，需要配合其他权限设置，保证 Samba 服务器的安全性。

② user 安全级别模式

客户端登录 Samba 服务器，需要提交合法账号和密码，经过服务器验证才可以访问共享资源，服务器默认为此级别模式。

③ server 安全级别模式

客户端需要将用户名和密码，提交到指定的一台 Samba 服务器上进行验证，如果验证出现错误，客户端会用 user 级别访问。

④ domain 安全级别模式

如果 Samba 服务器加入 Windows 域环境中，验证工作服将由 Windows 域控制器负责，domain 级别的 Samba 服务器只是成为域的成员客户端，并不具备服务器的特性，Samba 早期的版本就是使用此级别登录 Windows 域。

⑤ ads 安全级别模式

当 Samba 服务器使用 ads 安全级别加入到 Windows 域环境中，其就具备了 domain 安全级别模式中所有的功能并可以具备域控制器的功能。

（5）hosts allow = 192.168.1.　192.168.3.

设置可以访问 Samba 服务器的 IP 地址。

（6）load printers = no

是否加载所有打印机以供浏览。

（7）username map = /etc/samber/smbusers

使用用户名映射文件。

2. homes 节、printers 节和其他用户自定义节共享服务的设置

除了 global 节之外，其他的节设置对象为共享目录和打印机，其设置的形式也很相似。下面对最常用的一些字段进行介绍。

（1）[共享名]

设置共享名。共享资源发布后，必须为每个共享目录或打印机设置不同的共享名，以供网络用户访问时使用。共享名可以与原目录名不相同。

例如，定义某共享目录的共享名为 public：

```
[public]
```

（2）comment = Public Stuff

共享资源描述。网络中存在各种共享资源，为了方便用户识别，可以为其添加备注信息，以方便用户查看时知道共享资源的内容是什么。

（3）path = /home/samba

共享路径。共享资源的原始完整路径，可以使用 path 字段进行发布，务必正确指定。

（4）public = yes

设置匿名访问。共享资源如果对匿名访问进行设置，可以更改 public 字段。

（5）valid users = 用户名　　或　　valid users = @组名

设置访问用户。如果共享资源存在重要数据的话，需要对访问用户审核，可以使用 valid users 字段进行设置。

（6）readonly = yes

设置目录只读。共享目录如果限制用户的读写操作，可以通过 readonly 实现。

（7）writable = yes

设置目录可写。控制允许通过验证的用户对目录有写入的权限。

（8）browseable = yes

设置目录可浏览。即共享目录是否出现在“网上邻居”中。

3. Samba 服务日志文件

日志文件对于 Samba 服务器非常重要，它存储着客户端访问 Samba 服务器的信息，以及 Samba 服务的错误提示信息等可通过分析日志，解决客户端访问和服务器维护等问题。

在/etc/samba/smb.conf 文件中，log file 为设置 Samba 日志的字段。

Samba 服务的日志文件默认存放在/var/log/samba/中，系统会为每个连接到 Samba 服务器的计算机分别建立日志文件。

任务实施

——配置 Samba 服务

步骤 1　进行全局配置，即修改/etc/samba/smb.conf 的 global 节。

```
[global]
workgroup = WORKGROUP
server string = Samba Server Version %v
netbios name = MYSERVER
security = user
passdb backend = tdbsam
encrypt passord = yes
username map = /etc/samber/smbusers
```

步骤 2　Samba 用户配置。

（1）编辑/etc/samber/smbusers 文件，如：

```
student = administrator admin
```

（2）用 smbpasswd 命令增加或修改 Samba 服务器用户。

```
# smbpasswd -a student
New SMB password:
Retype new SMB password:
#
```

步骤 3　共享用户主目录，即修改/etc/samba/smb.conf 的 homes 节。

```
[homes]
comment = Home Directories
browseable = yes
read only = yes
valid users = %S
```

步骤 4　共享其他目录。

```
# mkdir /var/samba/shared -p
# chmod 777 /var/samba/shared
```

在/etc/samba/smb.conf 中增加以下节：

```
[shared]
comment = Public Stuff
browseable = yes
path = /var/samba/shared
public = yes
writable = yes
```

步骤 5　共享打印机，即修改/etc/samba/smb.conf 的 printers 节。

```
[printers]
comment = All Printers
path = /var/spool/samba
browseable = no
guest ok = no
writable = no
printable = yes
```

步骤 6 设置防火墙，如图 8-1 所示。

步骤 7 配置 SELinux 安全设置。

（1）通过 Samba 服务器共享用户主目录。

```
# setsebool -P samba_enable_home_dirs on
```

（2）开放 Samba 服务器读写新建目录权利。

```
# chcon -t samba_share_t /var/samba/shared
```

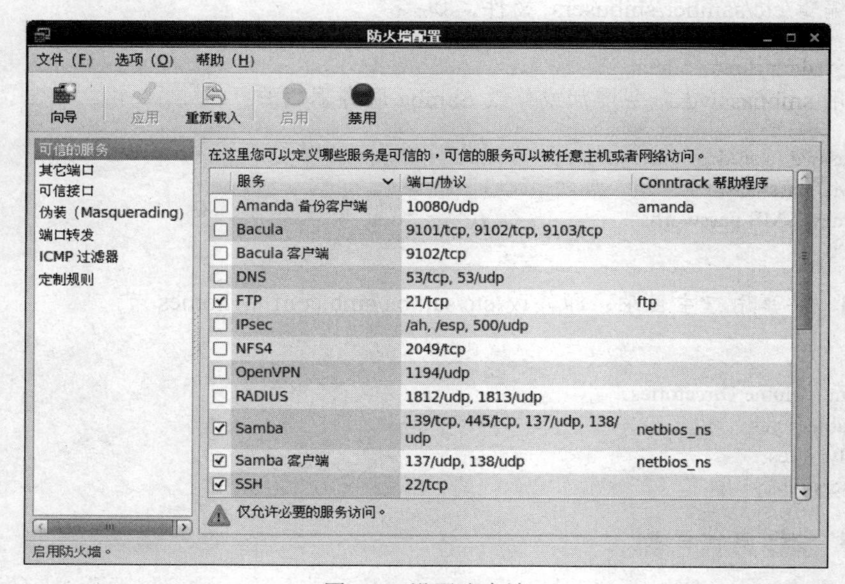

图 8-1 设置防火墙

任务 8.4 通过 Windows 客户端访问 Samba 共享资源

任务场景

终于完成了 Samba 服务器的配置，不过，上面的配置是否正确呢？小王找了一台安装了 Windows 操作系统的计算机，准备用“网上邻居”工具来访问和验证刚刚配置好的 Samba 服务器。

知识引入

Windows 计算机需要安装 TCP/IP 协议和 NetBIOS 协议，才能访问 Samba 服务器提供的共享资源。除此之外，还需要做一些配置工作。

任务实施

——通过 Windows 客户端访问 Samba 共享资源

步骤 1　在 Windows 桌面上双击“网上邻居”图标，打开“网上邻居”窗口，如图 8-2 所示。

步骤 2　双击进入某个工作组，再双击图中的计算机图标，如图 8-3 所示。

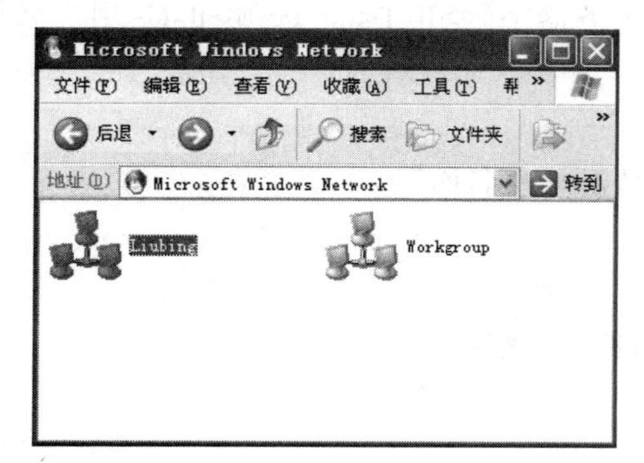

图 8-2　“网上邻居”窗口

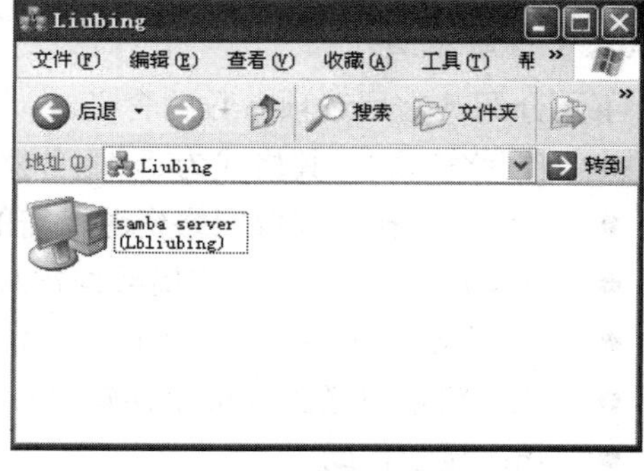

图 8-3　登录 Samba 服务器

步骤 3　会弹出提示对话框，输入 Samba 服务器的用户名和密码，如图 8-4 所示。

步骤 4　单击“确定”按钮，此时就能看到 Samba 服务器中提供的共享资源，如图 8-5 所示。

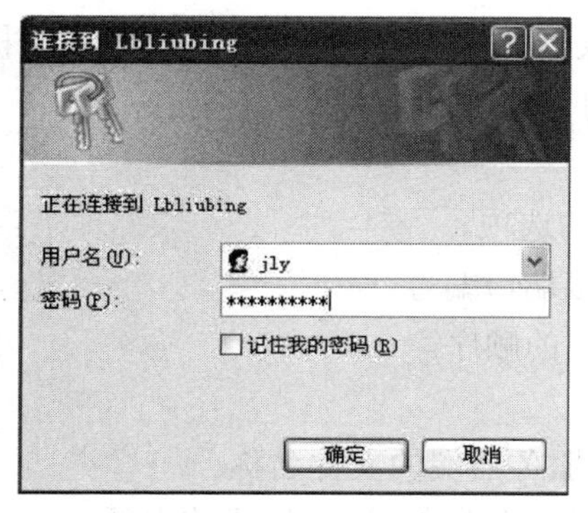

图 8-4　输入账号和密码

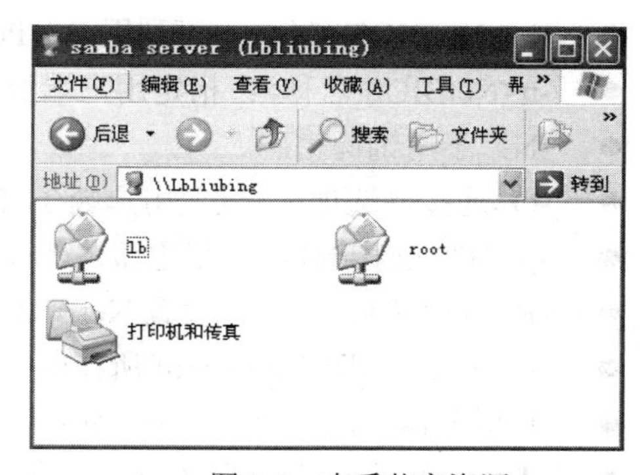

图 8-5　查看共享资源

任务 8.5　通过 Linux 客户端访问 Samba 共享资源

任务场景

小王通过 Windows 客户端终于成功地访问了 Samba 服务器，不过，在 Linux 客户端下是否也能顺利访问呢？

知识引入

smbclient 是访问 Samba 服务器的客户端程序，可以通过终端运行该命令，其运行方式类似 ftp 命令。smbclient 命令的语法格式为：

smbclient [网络资源][密码][-EhLN][-B<IP 地址>][-d<排错层级>][-i<范围>][-I<IP 地址>][-l<记录文件>][-M<NetBIOS 名称>][-n<NetBIOS 名称>][-O<连接槽选项>][-p<TCP 连接端口>][-R<名称解析顺序>][-s<目录>][-t<服务器字码>][-T<tar 选项>][-U<用户名称>][-W<工作群组>]

下面介绍其常用选项参数的含义。

- [网络资源]：其格式为“//服务器名称/资源分享名称”。
- [密码]：输入存取网络资源所需的密码。
- -B<IP 地址>：传送广播数据包时所用的 IP 地址。
- -d<排错层级>：指定记录文件所记载事件的详细程度。
- -E：将信息送到标准错误输出设备。
- -h：显示帮助。
- -i<范围>：设置 NetBIOS 名称范围。
- -I<IP 地址>：指定服务器的 IP 地址。
- -l<记录文件>：指定记录文件的名称。
- -L：显示服务器端所分享出来的所有资源。
- -M<NetBIOS 名称>：可利用 WinPopup 协议，将信息送给选项中所指定的主机。
- -n<NetBIOS 名称>：指定用户端所要使用的 NetBIOS 名称。
- -N：不用询问密码。
- -O<连接槽选项>：设置用户端 TCP 连接槽的选项。
- -p<TCP 连接端口>：指定服务器端 TCP 连接端口编号。
- -R<名称解析顺序>：设置 NetBIOS 名称解析的顺序。
- -s<目录>：指定 smb.conf 所在的目录。
- -t<服务器字码>：设置用何种字符码来解析服务器端的文件名称。
- -T<tar 选项>：备份服务器端分享的全部文件，并打包成 tar 格式的文件。
- -U<用户名称>：指定用户名称。
- -W<工作群组>：指定工作群组名称。

任务实施

8.5.1 在 Linux 客户端用图形用户界面访问 Samba 共享资源

步骤 1 在 Linux 系统中选择菜单“位置”→“网络”命令，打开“网络”窗口，如

图 8-5 所示。

步骤 2　查看网络中的主机，然后双击 MYSERVER 图标，进入 Samba 服务器共享目录，此时可像在 Windows 的资源管理器中一样进行浏览，如图 8-6 所示。

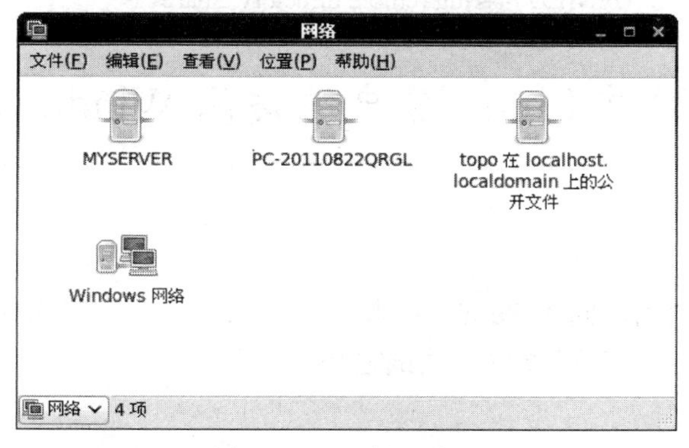

图 8-5　“网络”窗口

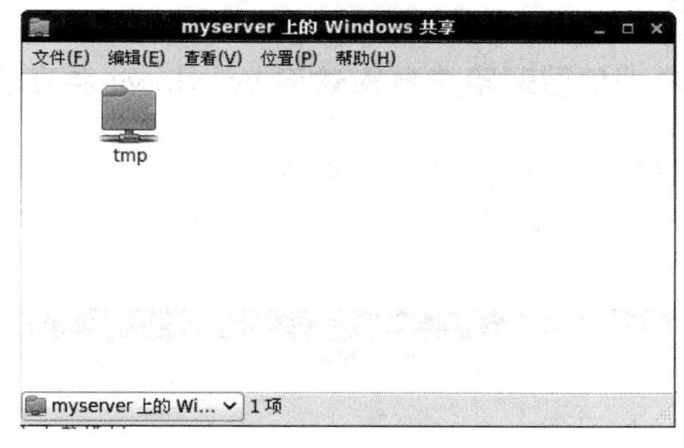

图 8-6　共享资源

8.5.2　用 smbclient 命令访问 Samba 共享资源

下面使用 smbclient 命令来访问 Samba 共享资源。

步骤 1　列出某个 IP 地址所提供的共享文件夹。

```
[root@localhost ~]#smbclient -L 198.168.0.1 -U username%password
```

步骤 2　使用 smbclient 命令访问 Samba 共享资源。

```
[root@localhost ~]#smbclient //192.168.0.1/tmp -U username%password
```

执行 smbclient 命令后，将进入 smbclient 环境，出现提示符 smb:\>。

提示： 这里有许多命令和 ftp 命令相似，如 cd、lcd、get、megt、put、mput 等。通过这些命令，可以访问远程主机上的共享资源。

步骤 3　在 Samba 服务器创建一个共享文件夹。

```
[root@localhost ~]#smbclient -c "mkdir share1" //192.168.0.1/tmp -U username%password
```

如果用户共享//192.168.0.1/tmp 的方式是只读的，系统会提示如下信息：

```
NT_STATUS_ACCESS_DENIED making remote directory \share1
```

任务 8.6　通过 Linux 客户端访问 Windows 共享资源

任务场景

从 Linux 客户端顺利访问了 Samba 的共享资源后，小王突发奇想：能不能从 Linux 的客户端访问 Windows 的共享资源呢？试试吧！

任务实施

8.6.1　在 Linux 客户端用图形用户界面访问 Windows 共享资源

在 Linux 中也可以利用 SMB 访问 Windows 共享资源，具体步骤如下。

步骤 1　在 Linux 系统选择菜单“位置”→“网络”命令，打开“网络”窗口，如图 8-7 所示。

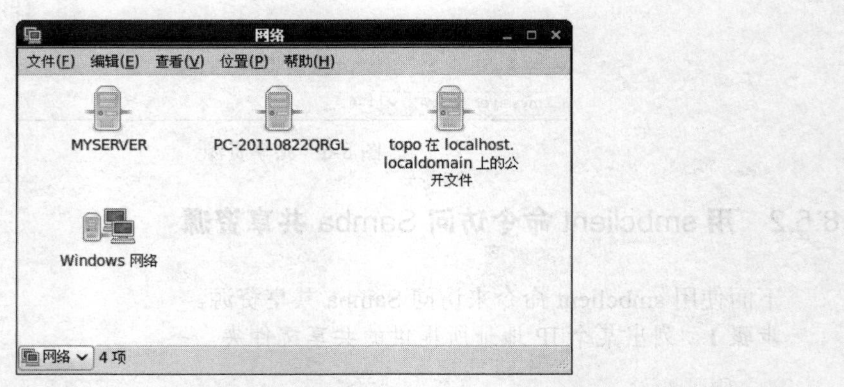

图 8-7　“网络”窗口

步骤 2　找到网络中的主机，双击 Windows 主机图标进入其共享目录，就可以访问其中的各种资源了。

8.6.2　用 smbclient 命令访问 Windows 共享资源

下面使用 smbclient 命令来访问 Windows 共享资源。

步骤 1　用 smbclient 命令登录。代码如下：

```
[root@localhost ~]# smbclient -L //192.168.1.100 -U topo
```

```
Password:
Domain=[WANGHAIFENG-PC] OS=[Windows 7 Ultimate 7600] Server=[Windows 7 Ultimate 6.1]
        Sharename          Type         Comment
        -------            ----         -------
        ADMIN$       Disk         远程管理
        C$                 Disk         默认共享
        D$                 Disk         默认共享
        E$           Disk         默认共享
        IPC$         IPC          远程 IPC
        print$       Disk         打印机驱动程序
        samba_test   Disk
        Users              Disk
Domain=[WANGHAIFENG-PC] OS=[Windows 7 Ultimate 7600] Server=[Windows 7 Ultimate 6.1]
        Server       Comment
        -------      ------
        Workgroup    Master
        -------      ------
```

步骤 2　对 Windows 共享资源进行各种操作，如文件收发等。

项目实训　安装和配置 Samba 服务器

1. 实训目的

- 熟悉并掌握 Linux 平台上 Samba 服务器的配置方法与步骤。
- 掌握在 Windows 系统中使用网上邻居以及在 Linux 系统中使用 Samba 客户端软件访问 Samba 共享资源的方法。

2. 实训内容

（1）以 root 身份登录，查看 Samba 软件包的安装情况。如 Samba 服务器未安装，用 rpm 命令或“添加/删除软件”工具安装 Samba 服务器。

（2）Samba 服务配置前的准备工作：

- 正确设置 IP 参数，并将主机名修改为自己姓名的拼音缩写。
- 在/var 目录下建立 shared 目录，并在该目录下再建立 download 和 upload 两个目录，调整 upload 的权限为 777。
- 打开 Red Hat Linux 的安全级别（防火墙）配置工具，定制安全规则，使 Samba 请求允许进入。
- 正确配置 SELinux 安全设置，开放 Samba 服务器/var/ shared 目录的读写权利。

（3）启动 Red Hat Linux 的“Samba 服务器”配置工具，按下列要求配置 Samba 服务：

- 工作组名称与宿主机（Windows）所属工作组相同，并给出对计算机的描述。
- 添加 student 用户为 Samba 用户。
- 添加/var/ shared 目录为共享目录，设置基本权限为“读/写”，允许所有 Samba 用户访问。

（4）启动或重新启动 Samba 服务。

（5）在宿主机（Windows）使用网上邻居中访问 Samba 共享，检查该 Samba 服务器是否工作正常。

（6）在宿主机（Windows）设置共享资源。在 Linux 系统中使用 Samba 客户端命令 smbclient 访问宿主机共享资源及其他主机的 Samba 共享。

项 目 小 结

Samba 是实现 SMB 协议的一种软件。微软的“网上邻居”就是 Windows 上利用 SMB 通信协议实现资源共享一个范例，它使得在网上共享资源变得简单。在 Linux 主机上实现 SMB 通信协议的软件称为 Samba，它使得 Windows 主机和 Linux 主机之间实现了资源共享。

习 题

操作题

1. 建立 Samba 服务器，并根据以下要求配置 Samba 服务器。

（1）设置 Samba 服务器所述的群组名称为 student。

（2）设置可访问 Samba 服务器的子网为 192.168.0.0/24。

（3）设置 Samba 服务器监听的网卡为 eth0。

2. 在 Linux 的用户 root 与 Windows 的用户 teacher 和 monitor 之间建立映射。

3. 使用 smbclient 客户端程序登录 Samba 服务器，并尝试下载服务器中的某个共享资源文件。

项目 9　安装和配置 DHCP 服务器

DHCP 服务器用于自动向网络上的客户机提供所需的 TCP/IP 配置信息。DHCP 基于客户/服务器模式，当 DHCP 客户端启动时，它会自动与 DHCP 服务器通信，由 DHCP 服务器为 DHCP 客户端提供自动分配 IP 地址的服务。安装了 DHCP 服务软件的服务器称为 DHCP 服务器，而启用了 DHCP 功能的客户机称为 DHCP 客户端。DHCP 服务器是以地址租约的方式为 DHCP 客户端提供服务的。

本项目将通过 4 个任务学习 DHCP 服务器的安装、配置以及 DHCP 客户端的设置与验证方法。

任务 9.1　安装与启动 DHCP 服务
任务 9.2　配置 DHCP 服务器
任务 9.3　配置 Windows 的 DHCP 客户端
任务 9.4　配置 Linux 的 DHCP 客户端

任务 9.1　安装与启动 DHCP 服务

任务场景

小王所在的天成公司签了几笔大订单，公司现有的生产能力已经不能满足需求。在招兵买马的同时，为了提高管理效率，公司为每位管理人员配备了一台计算机。可是小王的这些同事大多不会配置计算机，于是，作为网管员的小王就成了抢手的香饽饽……

知识引入

9.1.1　DHCP 服务器的功能

DHCP 的前身是 BOOTP，工作在 OSI 的应用层，是一种帮助计算机从指定的 DHCP 服务器获取配置信息的自举协议。DHCP 使用客户端/服务器模式，请求配置信息的计算机叫做“DHCP 客户端”，而提供信息的叫做“DHCP 服务器”。DHCP 为客户端分配地址的方法有 3 种，即手工配置、自动配置和动态配置。DHCP 最重要的功能就是动态分配，除了 IP 地址，DHCP 还为客户端提供其他的配置信息，如子网掩码，从而使得客户端无须用户动手即可自动配置并连接网络。

DHCP 在快速发送客户网络配置方面很有用，当配置客户端系统时，若管理员选择 DHCP，则不必输入 IP 地址、子网掩码、网关或 DNS 服务器，客户端从 DHCP 服务器中检索这些信息。DHCP 在网络管理员要改变大量系统的 IP 地址时也有用，与其重新配置所有系统，不如编辑服务器中的一个用于新 IP 地址集合的 DHCP 配置文件。如果某机构的 DNS 服务器改变，这种改变只需在 DHCP 服务器中，而不必在 DHCP 客户端上进行。一旦客户端的网络被重新启动（或客户端重新引导系统），改变就会生效。除此之外，如果便携电脑或任何类型的可移动计算机被配置使用 DHCP，只要每个办公室都有一个允许其联网的 DHCP 服务器，就可以不必重新配置而在办公室间自由移动。

9.1.2 DHCP 的工作流程

DHCP 服务器的工作流程分为如下几个阶段。

1. 发现阶段

即 DHCP 客户端查找 DHCP 服务器的阶段。客户机以广播方式（因为 DHCP 服务器的 IP 地址对于客户端来说是未知的）发送 DHCP discover 信息来查找 DHCP 服务器，即向地址 255.255.255.255 发送特定的广播信息。网络上每一台安装了 TCP/IP 的主机都会接收到这种广播信息，但只有 DHCP 服务器才会作出响应。

2. 提供阶段

即 DHCP 服务器提供 IP 地址的阶段，在网络中接收到 DHCP discover 信息的 DHCP 服务器都会作出响应。从尚未出租的 IP 地址中挑选一个分配给 DHCP 客户端，向其发送一个包含出租的 IP 地址和其他设置的 DHCP offer 信息。

3. 选择阶段

即 DHCP 客户端选择某台 DHCP 服务器提供的 IP 地址的阶段。如果有多台 DHCP 服务器向 DHCP 客户端发送 DHCP offer 信息，则 DHCP 客户端只接受第 1 个收到的 DHCP offer 信息。然后就以广播的方式回答一个 DHCP request 信息，该信息中包含客户端向选定的 DHCP 服务器请求 IP 地址的内容。之所以要以广播的方式回答，是为了通知所有 DHCP 服务器，该客户端将选择某台 DHCP 服务器所提供的 IP 地址。

4. 确认阶段

即 DHCP 服务器确认所提供的 IP 地址的阶段。当 DHCP 服务器收到 DHCP 客户端回答的 DHCP request 信息之后，向 DHCP 客户端发送一个包含其所提供的 IP 地址和其他设置的 DHCP ACK 信息，告诉 DHCP 客户端可以使用该 IP 地址，然后 DHCP 客户端便将其 TCP/IP 与网卡绑定。另外，除 DHCP 客户端选中的服务器外，其他的 DHCP 服务器都将收回曾提供的 IP 地址。

5. 重新登录

以后 DHCP 客户端每次重新登录网络时，不需要发送 DHCP discover 信息，而是直接发送包含前一次所分配的 IP 地址的 DHCP request 信息。当 DHCP 服务器收到这一信息后，会尝试让 DHCP 客户端继续使用原来的 IP 地址，并回答一个 DHCP ACK 信息。如果此 IP 地址已无法再分配给原来的 DHCP 客户端使用（例如，此 IP 地址已分配给其他 DHCP 客户端使用），则 DHCP 服务器给 DHCP 客户端回答一个 DHCP NACK 信息。当原来的 DHCP 客户端收到此信息后，必须重新发送 DHCP discover 信息来请求新的 IP 地址。

6. 更新租约

DHCP 服务器向 DHCP 客户端出租的 IP 地址一般都有一个租借期限，期满后 DHCP 服务器便会收回该 IP 地址。如果 DHCP 客户端要延长其 IP 租约，则必须更新其 IP 租约。DHCP 客户端启动时和 IP 租约期限过一半时，DHCP 客户端都会自动向 DHCP 服务器发送更新其 IP 租约的信息。

任务实施

——DHCP 服务的安装与启动

下面就来安装并启动 DHCP 服务。

步骤 1 查看是否已安装 DHCP 相关软件。

```
[root@localhost ~]# rpm –qa | grep dhcp;
```

步骤 2 如果没有安装，则需安装 DHCP 服务器软件，命令如下：

```
[root@localhost ~]# rpm -ivh dhcp-4.1.1-12.P1.el6.i686.rpm
warning: dhcp-4.1.1-12.P1.el6.i686.rpm: Header V4 DSA/SHA1 Signature, key ID 192a7d7d: NOKEY
Preparing...        ########################################### [100%]
   1:dhcp           ########################################### [100%]
```

步骤 3 安装完成 DHCP 服务器后，可以通过如下命令启动 DHCP 服务器。

```
[root@localhost ~]# service dhcpd start
Starting dhcpd:                                                  [ OK ]
```

也可以这样启动 DHCP 服务器：

```
[root@localhost ~]# /etc/init.d/dhcpd start
正在启动 dhcpd：                                                 [确定]
```

修改 dhcpd.conf 后需要重新加载：

```
[root@localhost ~]# service dhcpd restart
Starting dhcpd:                                                  [ OK ]
```

或者通过以下方式加载：

```
[root@localhost ~]# /etc/init.d/dhcpd restart
关闭 dhcpd:                                                    [确定]
正在启动 dhcpd:                                                [确定]
```

要停止 dhcp 服务器可以通过以下命令：

```
[root@localhost ~]# service dhcpd stop
Shutting down dhcpd:                                           [ OK ]
```

或者

```
[root@localhost ~]# /etc/init.d/dhcpd stop
关闭 dhcpd:                                                    [确定]
```

任务 9.2　配置 DHCP 服务器

任务场景

完成了 DHCP 服务的安装后，小王计划按以下参数配置 DHCP 服务器：

- IP 地址范围：192.168.1.110～192.168.1.130
- 子网掩码：255.255.255.0
- 网关：192.168.1.254
- DNS 服务器：172.16.1.1,202.102.199.68

同时，小王需要为物理地址为 00:0c:24:36:1A:2E 的网卡分配固定的 IP 地址，地址为 192.168.1.201；为物理地址为 00:0c:24:36:1A:6C 的网卡分配固定的 IP 地址，地址为 192.168.1.202，这两台主机的网关均为 192.168.1.200。

知识引入

9.2.1　DHCP 服务的配置文件

dhcpd.conf 是 DHCP 服务的配置文件，DHCP 服务所有参数都是通过修改 /etc/dhcp/dhcpd.conf 文件来实现。该文件通常包括 3 个部分，即 parameters（参数）、declarations（声明）和 option（选项）。

1. DHCP 配置文件中的 parameters（参数）

参数表明如何执行任务，是否要执行任务或将哪些网络配置选项发送给客户端。表 9-1 列出了 DHCP 配置文件中的主要参数。

表 9-1　DHCP 配置文件中的主要参数

参　　数	解　　释
ddns-update-style	配置 DHCP-DNS 互动更新模式
default-lease-time	指定默认租赁时间的长度，单位是秒
max-lease-time	指定最大租赁时间长度，单位是秒
hardware	指定网卡接口类型和 MAC 地址
server-name	通知 DHCP 客户端服务器名称
get-lease-hostnames flag	检查客户端使用的 IP 地址
fixed-address ip	分配给客户端一个固定的地址
authoritative	拒绝不正确的 IP 地址的要求

2. DHCP 配置文件中的 declarations（声明）

declarations 用来描述网络布局及提供客户的 IP 地址等。表 9-2 列出了 DHCP 配置文件中的主要声明。

表 9-2　DHCP 配置文件中的主要声明

声　　明	解　　释
shared-network	用来告知是否一些子网络共享相同网络
subnet	描述一个 IP 地址是否属于该子网
range 起始 IP 终止 IP	提供动态分配 IP 的范围
host 主机名称	参考特别的主机
group	为一组参数提供声明
allow unknown-clients; deny unknown-client	是否动态分配 IP 给未知的使用者
allow bootp;deny bootp	是否响应激活查询
allow booting；deny booting	是否响应使用者查询
filename	开始启动文件的名称，应用于无盘工作站
next-server	设置服务器从引导文件中装入主机名，应用于无盘工作站

3. DHCP 配置文件中的 option（选项）

option 用来配置 DHCP 可选参数，全部用 option 关键字作为开始。表 9-3 列出了 DHCP 配置文件中的主要选项。

表 9-3　DHCP 配置文件中的主要选项

选　　项	解　　释
subnet-mask	为客户端设定子网掩码
domain-name	为客户端指明 DNS 名字
domain-name-servers	为客户端指明 DNS 服务器的 IP 地址

续表

选　项	解　释
host-name	为客户端指定主机名称
routers	为客户端设定默认网关
broadcast-address	为客户端设定广播地址
ntp-server	为客户端设定网络时间服务器的 IP 地址
time-offset	为客户端设定格林威治时间的偏移时间，单位是秒
nis-server	为客户端设定 nis 域名

可使用#cat dhcpd.conf 命令来查看文件内容：

```
[root@localhost ~]# cat dhcpd.conf
#
# DHCP Server Configuration file.
#    see /usr/share/doc/dhcp*/dhcpd.conf.sample
#    see 'man 5 dhcpd.conf'
#
```

表明这个文件是一个 dhcp 服务器的配置文件，要参考 dhcpd.conf.sample 来配置。

紧接着就将/usr/share/doc/dhcp-4.1.1/dhcpd.conf.sample 复制为 dhcpd.conf 文件，并进行配置：

```
[root@localhost ~]#   cp /usr/share/doc/dhcp-4.1.1/dhcpd.conf.sample /etc/dhcp/dhcpd.conf
```

cp 表示复制 dhcpd.conf.sample 文件，以覆盖/etc/dhcp/dhcpd.conf 文件。

复制好后，显示模板的内容：

```
#cat dhcpd.conf
```

内容里可以发现模板里就是有几个子网的模板信息，指示怎样定义要分配的 IP 地址。内容里很多都是用到的域名，其实在实际使用过程都是使用 IP 地址的。“#”号后面的内容是注释，都是可以删除的。

9.2.2　DHCP 服务配置实例

在下面的实例中使用一个 example.com 的虚拟域名，用户需要修改其中的内容以满足网络的需求。/etc/dhcp/dhcpd.conf 文件的内容如下：

```
[root@localhost ~]# cat /etc/dhcp/dhcpd.conf
# dhcpd.conf
#
# Sample configuration file for ISC dhcpd
#

# option definitions common to all supported networks...
option domain-name "example.org";
option domain-name-servers ns1.example.org, ns2.example.org;
```

```
default-lease-time 600;
max-lease-time 7200;

# Use this to enble / disable dynamic dns updates globally.
#ddns-update-style none;

# If this DHCP server is the official DHCP server for the local
# network, the authoritative directive should be uncommented.
#authoritative;

# Use this to send dhcp log messages to a different log file (you also
# have to hack syslog.conf to complete the redirection).
log-facility local7;

# No service will be given on this subnet, but declaring it helps the
# DHCP server to understand the network topology.

subnet 10.152.187.0 netmask 255.255.255.0 {
}

# This is a very basic subnet declaration.

subnet 10.254.239.0 netmask 255.255.255.224 {
  range 10.254.239.10 10.254.239.20;
  option routers rtr-239-0-1.example.org, rtr-239-0-2.example.org;
}

# This declaration allows BOOTP clients to get dynamic addresses,
# which we don't really recommend.

subnet 10.254.239.32 netmask 255.255.255.224 {
  range dynamic-bootp 10.254.239.40 10.254.239.60;
  option broadcast-address 10.254.239.31;
  option routers rtr-239-32-1.example.org;
}

# A slightly different configuration for an internal subnet.
subnet 10.5.5.0 netmask 255.255.255.224 {
  range 10.5.5.26 10.5.5.30;
  option domain-name-servers ns1.internal.example.org;
  option domain-name "internal.example.org";
  option routers 10.5.5.1;
  option broadcast-address 10.5.5.31;
  default-lease-time 600;
  max-lease-time 7200;
}

# Hosts which require special configuration options can be listed in
```

```
# host statements.     If no address is specified, the address will be
# allocated dynamically (if possible), but the host-specific information
# will still come from the host declaration.

host passacaglia {
  hardware ethernet 0:0:c0:5d:bd:95;
  filename "vmunix.passacaglia";
  server-name "toccata.fugue.com";
}

# Fixed IP addresses can also be specified for hosts.     These addresses
# should not also be listed as being available for dynamic assignment.
# Hosts for which fixed IP addresses have been specified can boot using
# BOOTP or DHCP.     Hosts for which no fixed address is specified can only
# be booted with DHCP, unless there is an address range on the subnet
# to which a BOOTP client is connected which has the dynamic-bootp flag
# set.
host fantasia {
  hardware ethernet 08:00:07:26:c0:a5;
  fixed-address fantasia.fugue.com;
}

# You can declare a class of clients and then do address allocation
# based on that.     The example below shows a case where all clients
# in a certain class get addresses on the 10.17.224/24 subnet, and all
# other clients get addresses on the 10.0.29/24 subnet.

class "foo" {
  match if substring (option vendor-class-identifier, 0, 4) = "SUNW";
}

shared-network 224-29 {
  subnet 10.17.224.0 netmask 255.255.255.0 {
    option routers rtr-224.example.org;
  }
  subnet 10.0.29.0 netmask 255.255.255.0 {
    option routers rtr-29.example.org;
  }
  pool {
    allow members of "foo";
    range 10.17.224.10 10.17.224.250;
  }
  pool {
    deny members of "foo";
    range 10.0.29.10 10.0.29.230;
  }
}
```

上面的实例配置文件分为两个部分，即子网配置信息和全局配置信息。可以有多个子网，这里为了简化，只指定了一个子网。

（1）Subnet

在 DHCP 服务配置的例子中，一个子网声明以“subset”关键字开始，所以子网信息包括在{}中。{}中的配置信息只对该子网有效，会覆盖全局配置。

（2）Global

所有子网以外的配置都是全局配置，如果同一个全局配置没有被子网配置覆盖，则其将对所有子网生效。

（3）Configuration Options

下面是上例中配置指令的解释说明。

```
option domain-name-servers 192.0.34.43,193.0.0.236;
```

这一行指定客户端应该使用的 DNS 服务器，该选项可以用于全局参数或者子网参数。

```
default-lease-time 6000; max-lease-time 7200;
```

这两行是相关的，default-lease-time 指定客户端需要刷新配置信息的时间间隔（秒），max-lease-time 为客户端用于无法从服务器获得任何信息的时间，超过该时间则会丢弃之前从该 DHCP 服务器获得的所有信息，而转向使用 OS 的默认设置。

```
authoritative;
```

指定当一个客户端试图获得一个不是该 DHCP 服务器分配的 IP 信息，DHCP 将发送一个拒绝消息，而不会等待请求超时。当请求被拒绝，客户端会重新向当前 DHCP 发送 IP 请求获得新地址。

```
log-facility daemon;
```

指定 DHCP 服务器发送的日志信息的日志级别。

```
ddns-update-style none;
```

该配置可以指定一个方法，客户端用该方法来更新 IP 对应的域名信息，本例中禁用了该特性。

```
subnet 192.168.200.0 netmask 255.255.255.0 {
option domain-name "corp.example.com";
range 192.168.200.100 192.168.200.200;
option routers 192.168.200.254;
}
```

上面内容为子网配置，第 1 行指定该子网地址和掩码。DHCP 服务器必须拥有该子网的一个 IP，domain-name 设置该客户端的域名。DHCP 服务器可以负责整个子网的信息，也可以只负责子网的一段。

option routers 配置默认网关 IP。

下面修改 dhcpd.conf 文件。

```
[root@localhost ~]# vi /etc/dhcp/dhcpd.conf              # 编辑/etc/dhcpd.conf
ddns-update-style interim;   # 动态 DNS。可以设置为 none。这里是默认设置，未作更改
ignore client-updates;

subnet 192.168.1.0 netmask 255.255.255.0 {       #设置 IP 作用域为 192.168.0.0/24

# --- default gateway
        option routers                  192.168.1.1;            #设置网关
        option subnet-mask              255.255.255.0;          #设置掩码

        option nis-domain           "et5.com";   #设置为与主机同样的域名
        option domain-name          "et5.com";   #设置为与主机同样的域名
        option domain-name-servers      202.102.224.68,202.102.227.68;
                                    #设置 DNS 服务器 IP（河南的）中间逗号隔开

       option time-offset                   -18000;        # Eastern Standard Time
#      option ntp-servers               192.168.1.5;        #设置 NTP 服务器 IP
#      option netbios-name-servers    192.168.1.5;        #设置 NETBIOS 服务器 IP
# --- Selects point-to-point node (default is hybrid). Don't change this unless
# -- you understand Netbios very well
#          option netbios-node-type 2;

        range dynamic-bootp 192.168.1.100 192.168.1.130;   #设置地址池范围
        default-lease-time 600;                             #设置地址的租期
        max-lease-time 1200;                                #设置地址的最大租期
         authorative;
        # we want the nameserver to appear at a fixed address
        host ns {                                           #用于为特定主机指定固定 IP
                next-server marvin.redhat.com;
            hardware ethernet 12:34:56:78:AB:CD;            #特定主机 MAC
            fixed-address 207.175.42.254;                   #指定的 IP
        }
}
```

任务实施

——配置 DHCP 服务器

配置 DHCP 服务器的具体操作步骤如下。

步骤 1 打开配置文件：

```
[root@localhost ~]# vi /etc/dhcp/dhcpd.conf
```

步骤 2 修改配置文件的全局配置：

```
ddns-update-style interim;                                  #设定 DNS 的动态更新方式
ignore client-updates;                                      #不允许动态更新 DNS
option domain-name-servers 172.16.1.1,202.102.199.68;       #设定 DNS 服务器
```

```
subnet 192.168.1.0 netmask 255.255.255.0 {
range 192.168.1.110 192.168.1.130;                    #设定分配范围
option routers 192.168.1.254;                         #设定网关
```

步骤 3　设置特殊主机：

```
group{
option routers 192.168.1.200;
host redfile {
hardware ethernet 00:0c:24:36:1A:2E;
fixed-address 192.168.1.201;}
host reddata {
hardware ethernet 00:0c:24:36:1A:6C;
fixed-address 192.168.1.202;}
}
```

任务 9.3　配置 Windows 的 DHCP 客户端

任务场景

完成了 DHCP 服务器的配置后，小王迫不及待地要在客户机上验证一下。他准备先找一台 Windows 的客户机试试。

任务实施

——配置 Windows 的 DHCP 客户端

配置 Windows 的 DHCP 客户端的操作步骤如下。

步骤 1　右击 Windows 桌面上的“网上邻居”图标，在弹出的快捷菜单中选择“属性”命令，打开“网络连接”窗口。

步骤 2　右击“本地连接”图标，在弹出的快捷菜单中选择“属性”命令，打开“本地连接 属性”对话框。选中“Internet 协议（TCP/IP）”复选框，单击“属性”按钮，如图 9-1 所示。

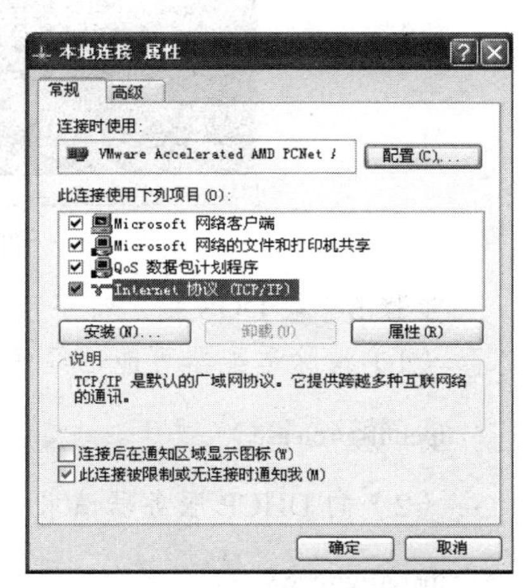

图 9-1　“本地连 属性”对话框

步骤 3　打开“Internet 协议（TCP/IP）属性”对话框，选中“自动获得 IP 地址”和“自动获得 DNS 服务器地址”单选按钮，如图 9-2 所示。

步骤 4　单击“确定”按钮，完成 DHCP 客户端的配置。

在 Windows XP 中查看动态分配的 IP 地址可切换到 Windows XP 的命令窗口，输入 ipconfig 命令即可查看到分配的 IP 地址，如图 9-3 所示。

由图 9-3 所示可看到，动态分配的 IP 地址为 192.168.1.103，网关地址为 192.168.1.1，与在 DHCP 中的设置相同。

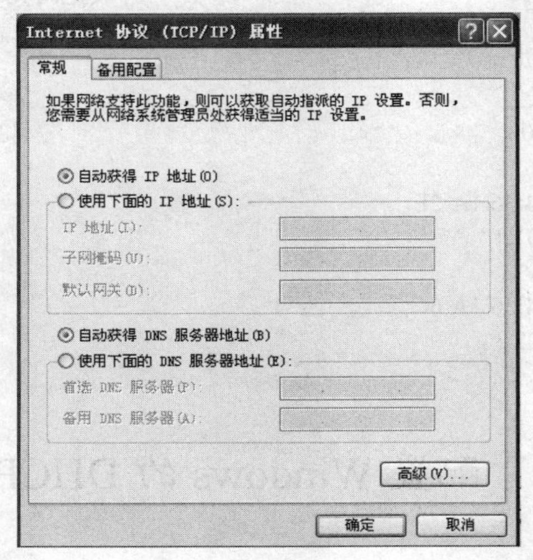

图 9-2 “Internet 协议（TCP/IP）属性”对话框

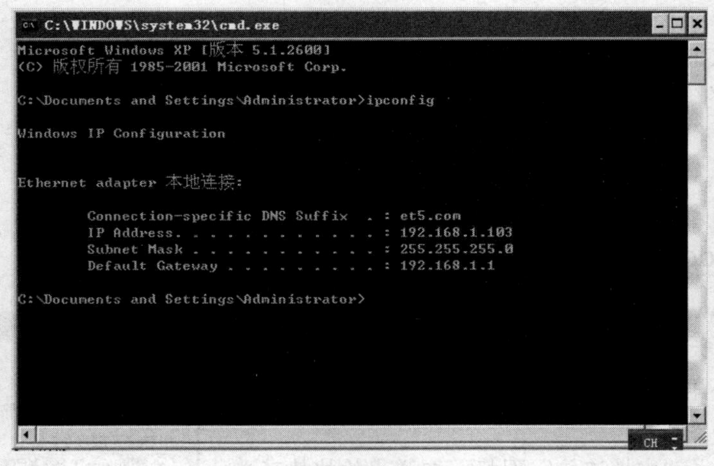

图 9-3 用 ipconfig 命令查看 IP

步骤 5 在 DOS 提示符下执行以下操作。

（1）清除适配器可能已经拥有的 IP 地址信息，执行命令：

```
ipconfig/release
```

（2）向 DHCP 服务器请求一个新的 IP 地址，执行命令：

```
ipconfig/renew
```

显示从 DHCP 服务器获得的信息，应该会看到 Primary WINS Server、DNS Servers 和 Connection-specific DNS Suffix 域都获得了 dhcpd.conf 文件中提供的数据，执行命令：

```
ipconfig/all
```

任务 9.4　配置 Linux 的 DHCP 客户端

任务场景

在 Windows 的客户机上实验得出的结果令小王很满意，那么，如果换一台 Linux 的客户机呢？

任务实施

——配置 Linux 的 DHCP 客户端

启动到 RHEL6 的图形界面后，可通过相应的系统命令修改网络的配置，以使用 DHCP 方式获取 IP 地址，具体操作步骤如下。

步骤 1　选择"系统"→"首选项"→"网络连接"命令，打开"网络连接"对话框，如图 9-4 所示。

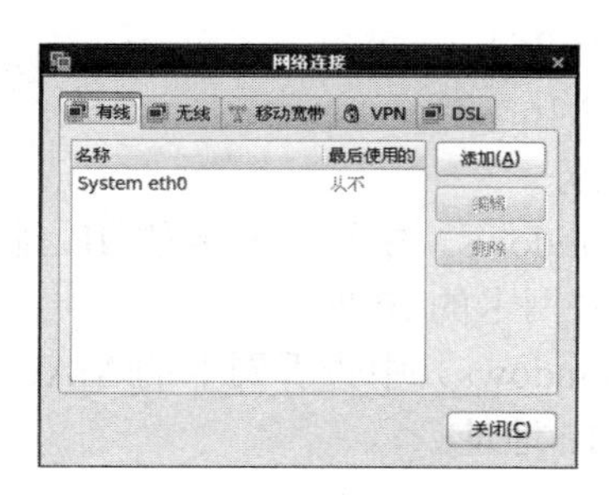

图 9-4　"网络连接"对话框

步骤 2　选择 System eth0 选项，单击"编辑"按钮，打开"正在编辑 System eth0"对话框，如图 9-5 所示。

步骤 3　选择"IPv4 设置"选项卡。在"方法"下拉列表框中选择"自动（DHCP）"选项，单击"应用"按钮，如图 9-6 所示。

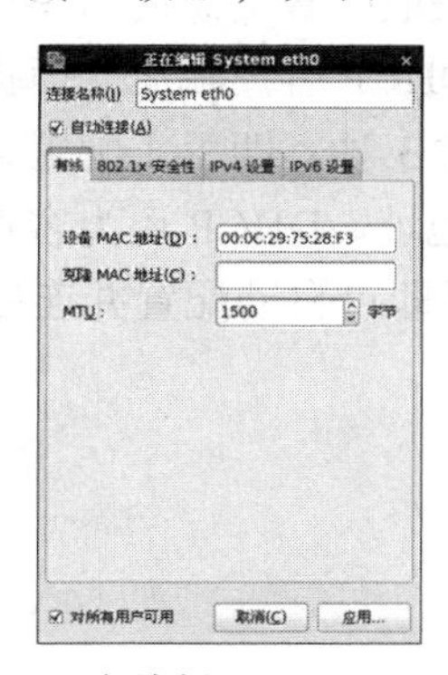

图 9-5　"正在编辑 System eth0"对话框

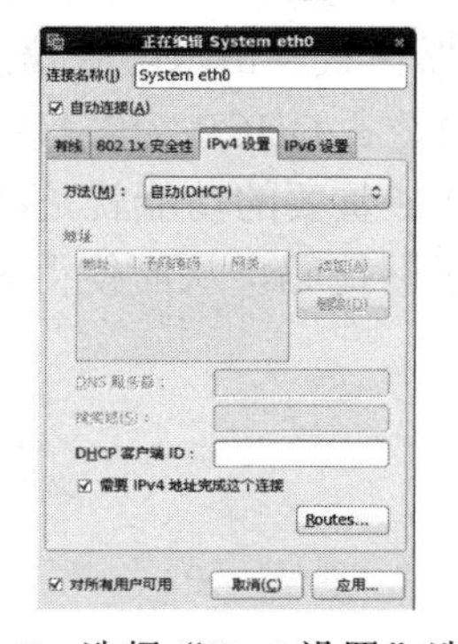

图 9-6　选择"IPv4 设置"选项卡

步骤 4　查看网络参数：

```
[root@localhost ~]# ifconfig -a
```

项目实训　安装和配置 DHCP 服务器

1. 实训目的

熟悉并掌握在 Linux 平台上配置 DHCP 服务器的步骤与方法。

2. 实训内容

（1）以 root 身份登录，用 rpm 命令查看 DHCP 服务器是否安装。如 DHCP 服务器未安装，用 rpm 命令安装 DHCP 服务器。

（2）用 gedit 文本编辑工具打开/etc/dhcpd.conf 配置文件，参考文件/usr/share/doc/dhcp-4.1.1/dhcpd.conf.sample 的内容，按下列要求配置 DHCP 服务器：

- 子网：192.168.172.0
- IP 地址的使用范围：192.168.175.201 到 192.168.175.250
- 子网掩码：255.255.252.0
- 默认网关：192.168.175.254
- DNS 域名服务器：172.16.1.1

（3）启动或重启 dhcpd 服务。

（4）在宿主操作系统（Windows）中设置网卡的 IP 地址为自动获取方式。先关闭连接，然后再重新启用连接，查看网卡的 IP 地址。

（5）在宿主操作系统（Windows）中查看网卡的 MAC 地址，然后在 Linux 的 DHCP 服务器中设置将其分配一固定 IP 地址。

（6）重复步骤（3）、步骤（4）。

项 目 小 结

DHCP 是一种帮助计算机从指定的 DHCP 服务器获取配置信息的自举协议。DHCP 使用客户端/服务器模式，请求配置信息的计算机叫做“DHCP 客户端”，而提供信息的叫做“DHCP 服务器”。DHCP 为客户端分配地址的方法有 3 种，即手工配置、自动配置和动态配置。DHCP 最重要的功能就是动态分配，除了 IP 地址，DHCP 还为客户端提供其他的配置信息，如子网掩码，从而使得客户端无须用户动手即可自动配置并连接网络。

习　　题

选择题

1. DHCP 服务器能提供给客户机________配置。

A. IP 地址　　B. 子网掩码　　C. 默认网关　　D. DNS 服务器

2. DHCP 的租约文件默认保存在________目录下。

A. /etc/dhcpd　B. /var/log/dhcpd　C. /var/lib/dhcp/　D. /var/lib/dhcpd/

3. 一个网络系统里，自动地为一个网络中的主机分配________地址。

A. 网络　B. MAC　C. TCP　D. IP

4. 为保证在启动服务器时自动启动 DHCP 进程，应对________文件进行编辑。

A. /etc/rc.d/rc.inet2　B. /etc/rc.d/rc.inet1　C. /etc/dhcpd.conf　D. /etc/rc.d/rc.S

5. 下列________参数用于定义 DHCP 服务地址池。

A. host　B. range　C. ignore　D. subnet

6. DHCP 服务器默认启动脚本________。

A. dhcpd　B. dhcp　C. dhclient　D. network

项目 10　安装和配置 DNS 服务器

DNS 是 Internet 的一项核心服务，它作为可以将域名和 IP 地址相互映射的一个分布式数据库，能使人更方便地访问互联网，而不用去记忆枯燥的 IP 地址数串。本项目将通过 5 个任务学习如何安装、配置 DNS 服务器，以及如何在客户端测试 DNS 服务器。

任务 10.1　安装与启用 DNS 服务

任务 10.2　配置主 DNS 服务器

任务 10.3　配置从 DNS 服务器

任务 10.4　设置 DNS 客户端

任务 10.5　测试 DNS 服务器

任务 10.1　安装与启用 DNS 服务

任务场景

小王就职的天成公司内部建有自己的局域网（192.168.0.0/24），其网络拓扑结构如图 10-1 所示。该公司有自己的 Web 服务器，并申请了域名 www.tcgs.com，Internet 上的用户可以通过域名访问其网站。公司员工希望通过域名从局域网内部访问公司服务器，同时也能够访问 Internet 上的网站。要解决这个问题，就需要安装公司自己的 DNS 服务器。

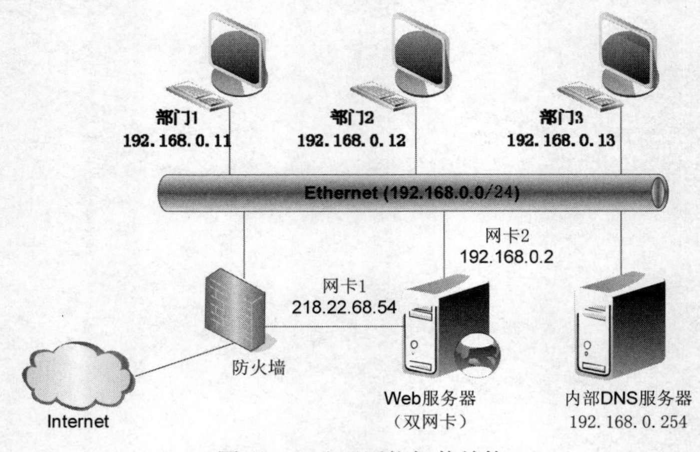

图 10-1　公司网络拓扑结构

知识引入

10.1.1 域名和 DNS

1. 域名与 DNS 的概念

Internet 是基于 TCP/IP 协议进行通信和连接的，每台主机都有一个唯一的、标识固定的 IP 地址，以区别于网络上成千上万个其他用户和计算机。为了保证网络上每台计算机的 IP 地址都具有唯一性，用户必须向特定机构申请注册和分配 IP 地址。IP 地址是长 32 位的二进制数，可以书写成 4 个 0～256 之间的十进制数字，数字之间用点号间隔，例如 202.10.64.55。由于 IP 地址是数字标识，使用时难以记忆和书写，因此在 IP 地址的基础上又发展出了一种符号化的地址方案，来代替数字型的 IP 地址。每个符号化的地址都与一个特定的 IP 地址相对应，这样，网络上的资源访问起来就容易得多了。这个与数字型 IP 地址相对应的字符型地址就称为域名。

DNS 是域名系统或域名服务（Domain Name System 或 Domain Name Service）的缩写，是 Internet 的一项核心服务，它可以将域名和 IP 地址相互映射成一个分布式数据库，从而使人更方便地访问互联网，而不用去记忆那一串枯燥无味的 IP 地址。

2. 域名的结构

Internet 主机域名的一般结构为：主机名[.三级域名].二级域名.顶级域名。Internet 的顶级域名由 Internet 网络协会负责网络地址分配的委员会进行登记和管理，它还为 Internet 的每一台主机分配唯一的 IP 地址。

顶级域名分为两类：一是国家顶级域名（national top-level domain names，nTLDs），200 多个国家都按照 ISO3166 国家代码分配了顶级域名，例如中国是 cn，美国是 us，日本是 jp 等；二是国际顶级域名（international top-level domain names，iTDs），例如表示工商企业的 com，表示网络提供商的 net，表示非盈利组织的 org 等。

二级域名是指顶级域名之下的域名。在国际顶级域名下，二级域名指域名注册人的网上名称，例如 ibm、baidu 和 microsoft 等；在国家顶级域名下，二级域名表示注册企业类别的符号，例如 com、edu、gov 和 net 等。

中国在国际互联网络信息中心（Inter NIC）正式注册并运行的顶级域名是.cn。在顶级域名之下，中国的二级域名又分为类别域名和行政区域名两类。类别域名共 6 个，包括用于科研机构的 ac，用于工商金融企业的 com，用于教育机构的 edu，用于政府部门的 gov，用于互联网络信息中心和运行中心的 net，用于非盈利组织的 org；而行政区域名有 34 个，分别对应于中国各省、自治区和直辖市，如 bj 表示北京，sh 表示上海等。

10.1.2 DNS 服务

1. DNS 解析过程

人们习惯于使用域名，但机器间却互相只认 IP 地址，域名与 IP 地址之间的转换工作称为域名解析。域名解析需要由专门的域名解析服务器来完成，整个过程是自动进行的。当一个网站制作完成并上传到虚拟主机上时，用户可以直接在浏览器中输入 IP 地址浏览网站，也可以输入域名查询网站。虽然两种方式得出的内容是一样的，但是调用的过程不一样。输入 IP 地址是直接从主机上调用内容，输入域名是通过域名解析服务器指向对应主机的 IP 地址，再从主机调用网站的内容。

如图 10-2 所示，当一台客户机需要访问域名 www.baidu.com 所对应的计算机时，它需要知道该计算机的 IP 地址。其解析过程按如下步骤进行。

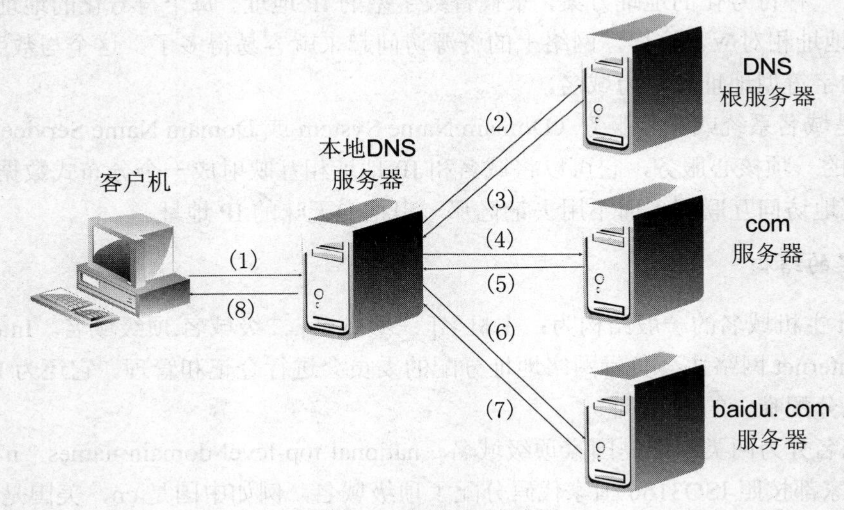

图 10-2 DNS 解析过程

（1）客户机本机操作系统中存在一个 hosts 文件，可以用来解析域名。在系统中，可以定义查找域名的顺序：先查找 hosts 文件还是先查找 DNS 服务器。一般设置先查找 hosts 文件，如果在 hosts 文件中发现 www.baidu.com 记录，则直接返回结果。如果 hosts 文件中没有发现该记录，则把查询指令转发到指定的本地域名服务器中，进行 DNS 查询。

（2）本地域名服务器在自己的缓存中查找相应的域名记录，如果存在该记录，则返回结果；否则，把这个查询指令转发到根域名服务器中。

（3）在根域名服务器的记录中，只能返回顶级域名 com，并且把能够解析 com 的域名服务器的地址告诉本地域名服务器。

（4）本地域名服务器根据返回的信息，继续向 com 域名服务器发送请求。

（5）com 域名服务器在自己的缓存中查找相应的域名记录，如果存在该记录，则返回结果；否则，将 baidu.com 域名服务器的相关信息返回给本地域名服务器。

（6）本地域名服务器再次向 baidu.com 域名服务器发送请求。

（7）baidu.com 域名服务器已经能够把 www.baidu.com 域名解析到一个 IP 地址，并把这个 IP 地址返回给本地域名服务器。

（8）本地域名服务器将 www.baidu.com 域名的解析结果返回给客户机。

2. 递归查询与迭代查询

递归查询的过程如下：当 DNS 服务器不能直接得到解析结果时，将代替提出请求的客户机（或下级 DNS 服务器）进行域名查询，最终将查询结果返回给客户机。在递归查询期间，客户机处于等待状态，如图 10-2 的步骤（1）和（8）所示。

迭代查询又称为重指引。其过程如下：当上级 DNS 服务器不能直接得到解析结果时，将向下级 DNS 服务器返回另一个查询点的地址；下级 DNS 服务器按照提示的指引依次进行查询，如图 10-2 的步骤（2）至（7）所示。

3. 正向解析与反向解析

域名的正向解析是指将主机域名转换为对应的 IP 地址，以便网络程序能够通过主机域名访问到对应的服务器主机。域名的反向解析是指将主机的 IP 地址转换为对应的域名，常用于测试一个 IP 地址绑定了多少域名。

任务实施

——安装与启用 DNS 服务

步骤 1 如果不确定是否已经安装了 DNS 服务器，可使用下面的命令进行确认。

```
# rpm -qa | grep bind
```

步骤 2 如果没有安装，可进入安装光盘挂载点的 Pachages 目录，输入下面的命令来安装：

```
# rpm -ivh bind-9.7.0-5.el6.i686.rpm
```

或用 yum 安装：

```
# yum install bind
```

或使用“添加/删除软件”工具安装。

与 DNS 服务相关的软件包有以下几个。

- bind：DNS 服务器软件包。
- bind-utils：DNS 测试工具，包括 dig、host 与 nslookup 等。
- bind-libs：DNS 服务的支持软件包。

步骤 3 启用或停止 DNS 服务。

```
# service named status      查看 DNS 服务的状态
# service named start       启用 DNS 服务
# service named stop        停止 DNS 服务
# service named restart     重新启用 DNS 服务
```

步骤 4 要在引导时启用 named 服务，使用以下命令：

```
# chkconfig --level 35 named on
```

知识拓展

1. 国际通用顶级域名

表 10-1 列出了国际通用的顶级域名。

表 10-1 国际通用的顶级域名

com	商业机构	net	网络服务机构	org	非盈营利性组织	gov	政府机构
edu	教育机构	mil	军事机构	biz	商业机构	name	个人网站
info	信息提供机构	mobi	专用手机域名	pro	医生，会计师	travel	旅游网站
museum	博物馆	int	国际机构	aero	航空机构	post	邮政机构
Rec	娱乐机构	asia	亚洲机构				

2. 中国的二级行政区域名

共有 34 个，适用于我国的省、自治区和直辖市，如表 10-2 所示。

表 10-2 我国二级行政区域名

bj	北京市	sh	上海市	tj	天津市	cq	重庆市
he	河北省	sx	山西省	nm	内蒙古自治区	ln	辽宁省
jl	吉林省	hl	黑龙江省	js	江苏省	zj	浙江省
ah	安徽省	fj	福建省	jx	江西省	sd	山东省
ha	河南省	hb	湖北省	hn	湖南省	gd	广东省
gx	广西壮族自治区	hi	海南省	sc	四川省	gz	贵州省
yn	云南省	xz	西藏自治区	sn	陕西省	gs	甘肃省
qh	青海省	nx	宁夏回族自治区	xj	新疆维吾尔自治区	tw	台湾
hk	香港	mo	澳门				

任务 10.2 配置主 DNS 服务器

任务场景

根据图 10-1，需将 IP 地址为 192.168.0.254 的计算机配置为主 DNS 服务器（域名 ns1.tcgs.com），并能实现如下正、反域名解析：

www.tcgs.com ←→ 192.168.0.2

ns1.tcgs.com ←→ 192.168.0.254

知识引入

10.2.1　DNS 服务器的类型

DNS 服务器包括主域名服务器、从域名服务器和缓存域名服务器。

1. 主域名服务器

主域名服务器是特定域所有信息的权威性信息源。对于某个指定域，主域名服务器是唯一存在的，其中保存了指定域的区域文件。

2. 从域名服务器

当主域名服务器出现故障、关闭或负载过重等问题时，从域名服务器将作为主域名服务器的备份，开始提供域名解析服务。从域名服务器区域文件中的数据是从主域名服务器中复制过来的，是不可以修改的。

3. 缓存域名服务器

缓存域名服务器没有自己的域名解析记录，其主要功能是通过迭代解析的形式从其他 DNS 服务器取得域名解析结果并将其存放在自己的高速缓存中，以后若客户机查询相同的信息就以高速缓存中的记录应答。缓存域名服务器不是权威的域名服务器，因为它提供的信息都是间接信息。

10.2.2　DNS 服务器的配置文件

DNS 服务器的配置涉及一组配置文件，其中，主配置文件 named.conf 位于/etc 目录下，其余自定义的区域文件位于/var/named 目录下。表 10-3 给出了 DNS 服务器的有关配置文件及其简单说明。

表 10-3　DNS 服务器的配置文件及其简单说明

配置文件	简单说明
/etc/named.conf	主配置文件，用于定义全局选项部分（options 语句），以及当前域名服务器负责维护的域名地址解析信息
/etc/named.rfc1912.zones	主配置文件的扩展文件，用于指示引用哪些区域文件
/etc/named.iscdlv.key	包含 named 守护进程使用的密钥
/var/named/named.ca	包含全球十多个根域名服务器的主机名及 IP 地址
/var/named/named.localhost	定义回路网络接口主机名 localhost 的正向解析记录
/var/named/named.loopback	定义回路网络接口 IP 地址 127.0.0.1 的反向解析记录
/var/named 目录下的其他区域文件	定义本 DNS 服务器负责管理域的所有正向与反向解析记录文件，是本 DNS 服务器能够提供的权威域名解析信息源。主 DNS 服务器的区域文件由管理员建立和定义，从 DNS 服务器的区域文件从指定的主 DNS 服务器中定期复制过来

1. 主配置文件/etc/named.conf

主配置文件/etc/named.conf 由 bind 软件安装时自动生成，其主体部分及说明如下：

```
options {                                                    //选项
    listen-on port 53 { 127.0.0.1; };                        //服务监听端口为 53
    listen-on-v6 port 53 { ::1; };                           //服务监听端口为 53（ipv6）
    directory "/var/named";                                  //配置文件存放的目录
    dump-file "/var/named/data/cache_dump.db";  //解析过的内容的缓存
    statistics-file "/var/named/data/named_stats.txt";       //静态缓存（一般不用）
    allow-query { localhost; };                              //允许连接的客户机
    recursion yes;                                           //递归查找
    dnssec-enable yes;                                       //DNS 加密
    dnssec-validation yes;                                   //DNS 加密高级算法
    dnssec-lookaside auto;                                   //DNS 加密验证方法
    /* Path to ISC DLV key */
    bindkeys-file "/etc/named.iscdlv.key";                   //密钥文件位置
};
logging {                                                    //日志
    channel default_debug {
        file "data/named.run";                               //运行状态文件
        severity dynamic;                                    //静态服务器地址（根域）
    };
};

zone "." IN {                                                //根域解析
    type hint;                                               //区域类型为提示类型
    file "named.ca";                                         //根域配置文件
};

include "/etc/named.rfc1912.zones";                          //包含扩展配置文件
```

2. 扩展配置文件/etc/named.rfc1912.zones

扩展配置文件/etc/named.rfc1912.zones 是对主配置文件/etc/named.conf 的扩展说明，用 zone 语句来指示引用哪些区域文件。当网络管理员添加相关区域解析文件时，可以在此文件中添加引用项。其主体部分及说明如下：

```
zone "localhost.localdomain" IN {        //本地主机全名解析，IN 代表 Internet 类型
    type master;                         //区域类型为主域
    file "named.localhost";              //区域配置文件名
    allow-update { none; };              //不允许客户端更新
};

zone "localhost" IN {                    //本地主机名解析
    type master;
    file "named.localhost";
    allow-update { none; };
};
```

```
zone "1.0.0.0.0.0.0.0.0.0.0.0.0.0.0.0.0.0.0.0.0.0.0.0.0.0.0.0.0.0.0.0.ip6.arpa" IN {
	//IPv6 本地地址反向解析
type master;
	file "named.loopback";
	allow-update { none; };
};
zone "1.0.0.127.in-addr.arpa" IN {			//本地地址反向解析
	type master;
	file "named.loopback";
	allow-update { none; };
};
zone "0.in-addr.arpa" IN {				//本地全网地址反向解析
	type master;
	file "named.empty";
	allow-update { none; };
};
```

3. 正向解析区域文件/var/named/named.localhost

正向解析区域文件/var/named/named.localhost 用于定义回路网络接口主机名 localhost 的正向解析记录。其主体部分及说明如下：

```
$TTL 1D						//更新时间最长为 1 天
@	IN	SOA @	rname.invalid. (
			0	; serial	//序列号
			1D	; refresh	//从域名服务器的刷新时间为 1 天
			1H	; retry		//从域名服务器的重试时间为 1 小时
			1W	; expire	//从域名服务器的过期时间为 1 周
			3H ) ; minimum //记录在缓存中的最小生存时间为 3 小时
		NS	@			//域名服务器名称
		A	127.0.0.1		//正向解析记录
		AAAA	::1			//IPv6 正向解析记录
```

以上区域文件可包含 SOA、NS、A、AAAA 和 CNAME 等资源记录类型，下面分别进行介绍。

（1）SOA 记录用来表示某区域的授权服务器的相关参数。其语法格式如下：

```
@	IN	SOA DNS 主机名	管理员邮件地址 (
			序列号
			刷新时间
			重试时间
			过期时间
			最小生存时间 )
```

例如，“@　IN　SOA @　rname.invalid.”表示如下意义：

- 第一个@代表当前域，即在 named.conf 中 zone 语句定义的域。
- IN：Internet 类。
- SOA：本记录的关键字，表示起始授权（Start of Authority）的意思。

- 第二个@代表 DNS 主机名。
- rname.invalid.：管理员的邮件地址为 rname@invalid。因为@符号在 SOA 语句中有特别用途，所以此处用点号代替电子邮件地址中的@符号。

（2）NS 记录用来指明该区域中 DNS 服务器的主机名或 IP 地址，区域文件必须包含此记录。

（3）A 记录指明区域内的主机域名与 IP 地址之间的正向解析关系。这里的主机域名一般仅需写出主机名部分即可，域名服务器会对所有未使用点号结束的主机名自动连接区域名，即域名的完整形式为“主机名+区域名”。例如，在区域文件的当前区域名为 tcgs.com，则以下两条 A 记录等价：

```
www   A   192.168.0.2
www.tcgs.com.   A     192.168.0.2
```

注意： 第一条 A 记录的主机域名不以点号结束；第二条 A 记录的主机域名是以点号结束的，代表域名的完整形式。

（4）CNAME 记录用于为区域内的主机建立别名，通常用于一个 IP 地址对应多个不同域名的情况。例如，在区域 tcgs.com 的区域文件中有以下记录：

```
www1      CNAME   www
```

表示 www1.tcgs.com 是域名 www.tcgs.com 的别名。

也可以使用多条 A 记录实现别名的功能，让多个域名对应相同的 IP 地址。如以上功能也可以使用如下两条 A 记录实现：

```
www       A      192.168.0.2
www1             A      192.168.0.2
```

4. 反向解析区域文件/var/named/named.loopback

反向解析区域文件/var/named/named.loopback 用于定义回路网络接口 IP 地址 127.0.0.1 的反向解析记录。其主体部分及说明如下：

```
$TTL 1D
@          IN    SOA @     rname.invalid. (
                           0      ; serial
                           1D   ; refresh
                           1H   ; retry
                           1W   ; expire
                           3H ) ; minimum
                 NS   @
                 A     127.0.0.1
                 AAAA     ::1
                 PTR  localhost.
```

反向解析区域文件中，使用 PTR 记录用于主机名到 IP 地址的反向解析。与 A 记录类似的是，在 PTR 记录中也无需写出完整的 IP 地址，域名服务器会根据所在的反向解析区域的 IP 地址范围对所有未使用点号结束的地址自动补全。例如，在反向解析区域 0.168.192.in-addr.arpa（即 192.168.0 网段）的区域文件中，以下两条 PTR 记录等价：

```
2            PTR    www.tcgs.com
192.168.0.2.        PTR    www.tcgs.com
```

注意： 第一条 PTR 记录的地址不以点号结束；第二条 PTR 记录的地址是以点号结束的，代表 IP 地址的完整形式。

任务实施

——配置主 DNS 服务器

步骤 1　在主配置文件/etc/named.conf 中添加或修改如下全局配置内容，实现对其他客户机 DNS 查询的响应。

```
options {
listen-on port 53 { any; };
listen-on-v6 port 53 { any; };
……
allow-query        { any; };
……
};
```

步骤 2　在/etc/named.conf 或/etc/named.rfc1912.zones 中添加区域。

```
zone "tcgs.com" IN {
        type master;
        file "named.tcgs.com";
        allow-update { none; };
};

zone "0.168.192.in-addr.arpa " IN {
        type master;
        file "named.192.168.0";
        allow-update { none; };
};
```

步骤 3　在/var/named 目录下创建正向区域文件 named.tcgs.com，并在文件中建立以下内容：

```
$TTL 1D
@      IN SOA      @ rname.invalid. (
                            0      ; serial
                            1D     ; refresh
                            1H     ; retry
                            1W     ; expire
                            3H )   ; minimum
                NS     @
```

```
                    A       127.0.0.1
                    AAAA    ::1
www         A       192.168.0.2
ns1         A       192.168.0.254
```

步骤 4 在/var/named 目录下创建反向区域文件 named.192.168.0，并在文件中建立以下内容：

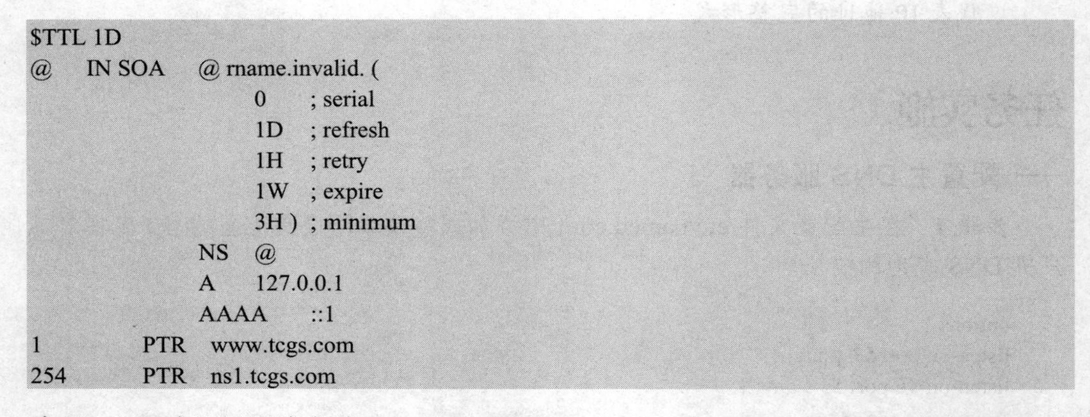

```
$TTL 1D
@     IN SOA      @ rname.invalid. (
                          0       ; serial
                          1D      ; refresh
                          1H      ; retry
                          1W      ; expire
                          3H )    ; minimum
                  NS      @
                  A       127.0.0.1
                  AAAA    ::1
1           PTR     www.tcgs.com
254         PTR     ns1.tcgs.com
```

步骤 5 正确设置区域文件/var/named/named.tcgs.com 和/var/named/named.192.168.0 的文件属性，确保所属群组为 named。在 RHEL6 的图形界面下，可以使用图形化属性工具（以正向区域文件 named.tcgs.com 为例），如图 10-3 所示。

图 10-3　区域文件属性设置

也可以使用以下命令：

```
# cd /var/named
# chgrp named named.tcgs.com 或 chown root:named named.tcgs.com
```

步骤 6 在防火墙配置中允许 DNS 查询信息进入，如图 10-4 所示。

图 10-4　防火墙配置

步骤 7　重新启用 DNS 服务。

```
# service named restart
```

知识拓展

缓存 DNS 服务器无需建立自己的区域文件，只要修改主配置文件/etc/named.conf，能实现对其他客户机 DNS 查询的响应即可，故在本节中不予专门介绍。主配置文件/etc/named.conf 的修改样例如下：

```
options {
listen-on port 53 { any; };
listen-on-v6 port 53 { any; };
……
allow-query       { any; };
……
};
```

任务 10.3　配置从 DNS 服务器

任务场景

为防止主 DNS 服务器出现故障，要求在之前的主 DNS 服务器配置基础上，将 IP 地址为 192.168.0.253 的计算机配置为从 DNS 服务器，并从 IP 地址为 192.168.0.254 的主 DNS 服务器复制 tcgs.com 域和 192.168.0 网段的正、反解析记录。

知识引入

从 DNS 服务器作为主 DNS 服务器的备份而存在，其区域文件中的数据从主 DNS 服务器中复制过来，所以配置从 DNS 服务器时无需添加区域文件，仅需修改主配置文件/etc/named.conf 和/etc/named.rfc1912.zones 即可。

任务实施

——配置从 DNS 服务器

步骤 1 在从 DNS 服务器的主配置文件/etc/named.conf 中添加或修改如下全局配置内容，实现对其他客户机 DNS 查询的响应。

```
options {
listen-on port 53 { any; };
listen-on-v6 port 53 { any; };
……
allow-query      { any; };
……
};
```

步骤 2 在从 DNS 服务器的/etc/named.conf 或/etc/named.rfc1912.zones 中添加区域。

```
zone "tcgs.com" IN {
    type slave;                          //类型为从域名服务器
    file "slaves/named.tcgs.com";        //区域文件保存在/var/named/slaves 子目录下
//区域文件的内容将从主域名服务器中获取
    masters {192.168.0.254; };           //主域名服务器的 IP 地址
};

zone "0.168.192.in-addr.arpa" IN {
    type slave;
    file "slaves/named.192.168.0";
    masters {192.168.0.254; };
};
```

步骤 3 在防火墙配置中允许 DNS 查询信息进入。

步骤 4 重新启用 DNS 服务。

```
# service named restart
```

任务 10.4 设置 DNS 客户端

任务场景

以上 DNS 服务器安装和配置后，要让客户机能使用其 DNS 解析服务，需将客户机的 DNS 服务器设置为 192.168.0.254 和 192.168.0.253。

知识引入

客户机的 DNS 服务器设置包含在网络接口的 IP 参数设置中。网络接口的 IP 参数设置包括 IP 地址、子网掩码、默认网关和 DNS 服务器等。

任务实施

10.4.1　Windows 下的 DNS 客户端设置

下面在 Windows 下对 DNS 客户端进行设置。

步骤 1　在 Windows 桌面选择“开始”→“设置”→“网络连接”→“本地连接”命令，弹出“本地连接 状态”对话框，如图 10-5 所示。

步骤 2　单击“属性”按钮，打开“本地连接 属性”对话框，如图 10-6 所示。

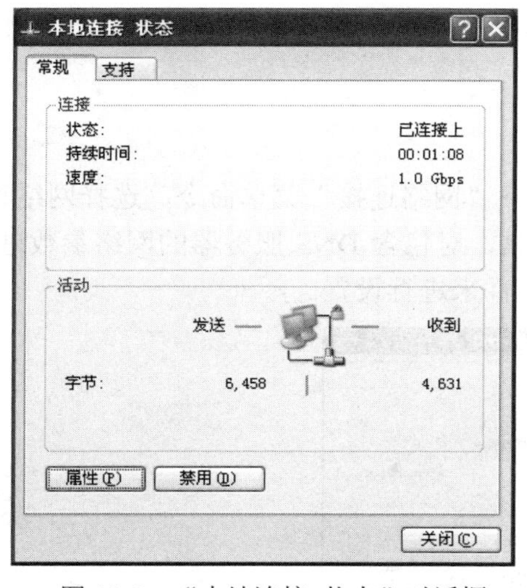

图 10-5　“本地连接 状态”对话框

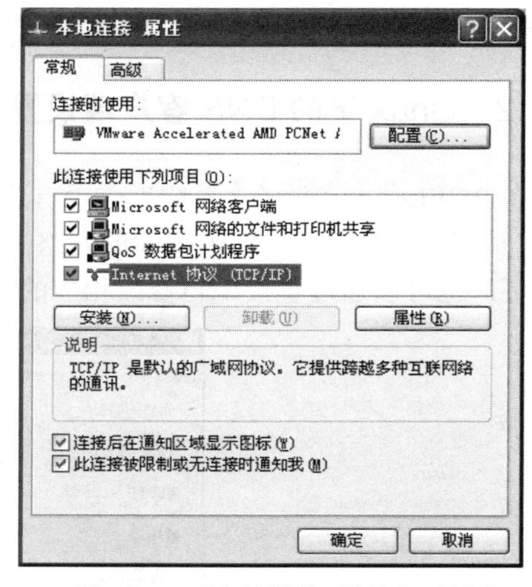

图 10-6　“本地连接 属性”对话框

步骤 3　在“常规”选项卡上选中“Internet 协议（TCP/IP）”复选框，然后单击“属性”按钮，打开“Internet 协议（TCP/IP）属性”对话框，如图 10-7 所示。

步骤 4　在“Internet 协议（TCP/IP）属性”对话框中，在“使用下面的 DNS 服务器地址”栏的“首选 DNS 服务器”文本框中输入 192.168.0.254，在“备用 DNS 服务器”文本框中输入 192.168.0.253。

步骤 5　如果要配置多于 2 个 DNS 服务器，可以单击“高级”按钮，出现如图 10-8 所示的“高级 TCP/IP 设置”对话框。选择 DNS 选项卡，在“DNS 服务器地址”下方列表框中已经显示了首选 DNS 服务器和备用 DNS 服务器的 IP 地址，如果还要添加其他 DNS 服务器的 IP 地址，可单击“添加”按钮，在弹出的对话框中输入其他 DNS 服务器的 IP 地址，如图 10-8 所示。

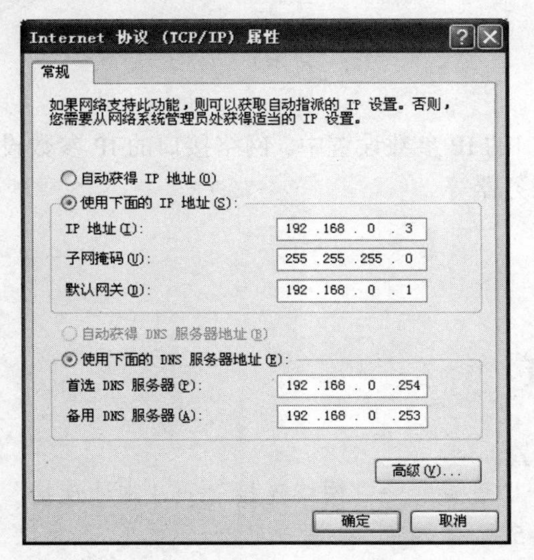

图 10-7 设置客户端 TCP/IP 属性

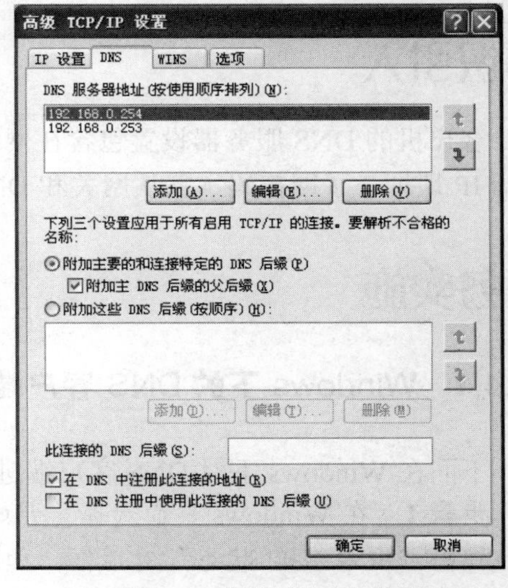

图 10-8 高级 TCP/IP 设置

步骤 6 依次单击“确定”按钮，关闭以上的对话框，保存设置后退出。

10.4.2 Linux 下的 DNS 客户端设置

在 RHEL6 下，选择“系统”→“首选项”→“网络连接”菜单命令，选择网络设备，将打开如图 10-9 所示的图形界面的网络配置工具，对包含 DNS 服务器的网络参数进行配置即可，也可以通过直接编辑修改相应的配置文件来进行设置。

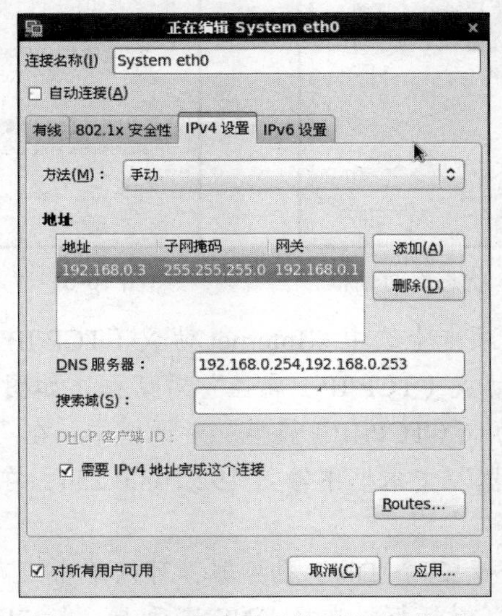

图 10-9 RHEL6 图形化网络配置工具

步骤 1 对应 DNS 服务器设置的相关配置文件是/etc/resolv.conf，可使用 vi 编辑器进行修改。

```
# vi /etc/resolv.conf
```

步骤 2　编辑以下内容，并保存退出。

```
nameserver 202.102.199.68
nameserver 202.102.192.68
```

步骤 3　重新启动网络服务。

```
# service network restart
```

任务 10.5　测试 DNS 服务器

任务场景

为检验以上 DNS 服务器是否工作正常，要求从安装有 Windows 或 RHEL6 操作系统的客户机上对 DNS 服务器进行正反向解析测试。

知识引入

在 Windows 系统下，对 DNS 服务器的测试可在命令窗口中使用 nslookup 命令验证。

在 RHEL6 中，bind 软件包为 DNS 服务器的测试提供了 3 个工具：host、nslookup 和 dig 命令。其中，host 命令提供了简单的 DNS 解析功能；nslookup 命令提供了命令行和交互式两种查询模式；dig 命令可以跟踪解析过程，但只能进行正向解析。

任务实施

——测试 DNS 服务器

步骤 1　用 host 命令测试 DNS 服务器。

图 10-10 显示了使用 host 命令进行域名正向解析、别名解析和 IP 地址反向解析的过程和显示结果。

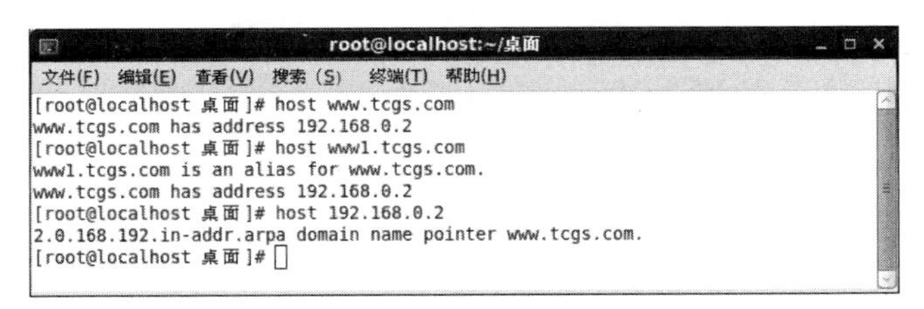

图 10-10　用 host 命令测试 DNS 服务器

步骤 2　用 nslookup 命令测试 DNS 服务器。

（1）交互式查询

图 10-11 显示了使用 nslookup 命令的交互式查询方式进行域名正向解析、别名解析和 IP 地址反向解析的过程和显示结果。使用 exit 命令可退出 nslookup 的交互式查询。

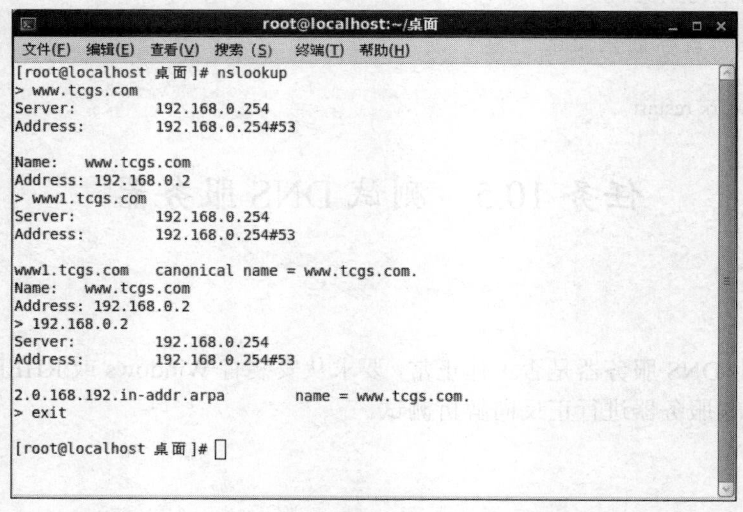

图 10-11 用 nslookup 命令进行交互式查询

（2）命令行式查询

图 10-12 显示了使用 nslookup 命令行进行域名正向解析、别名解析和 IP 地址反向解析的过程和显示结果。

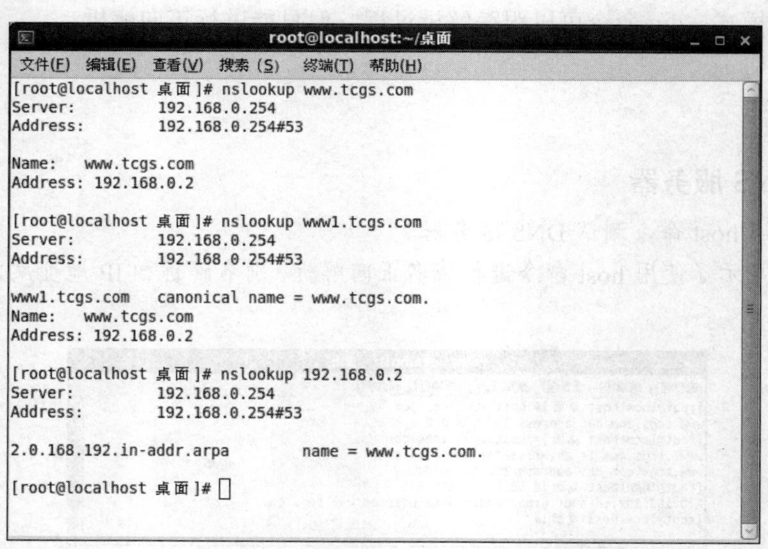

图 10-12 用 nslookup 命令行进行查询

步骤 3 用 dig 命令测试 DNS 服务器。

图 10-13 显示了使用 dig 命令行进行域名正向解析的跟踪过程和显示结果。

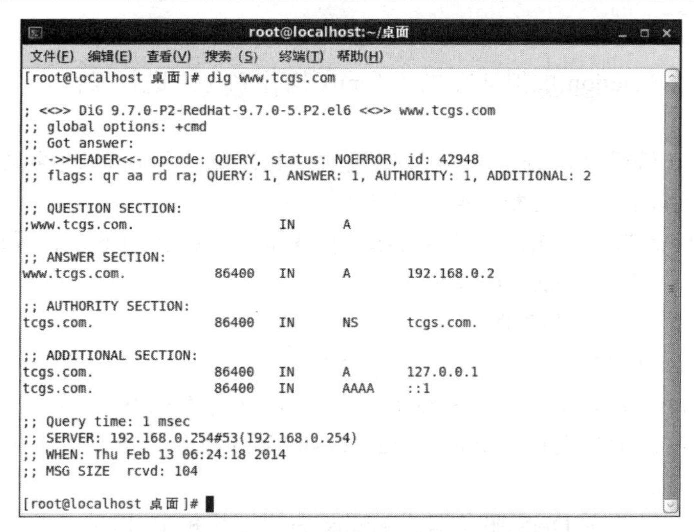

图 10-13 用 dig 命令测试 DNS 服务器

步骤 4 在 Windows 系统下测试 DNS 服务器。

在 Windows 系统下不可以使用 host 和 dig 命令，对 DNS 服务器的测试可以在命令窗口中使用 nslookup 命令进行验证。在 Windows 系统下 nslookup 命令的使用方法与 Linux 下基本相同。图 10-14 是在 Windows 的命令窗口中使用 nslookup 命令行进行域名正向解析、别名解析和 IP 地址反向解析的过程和结果。

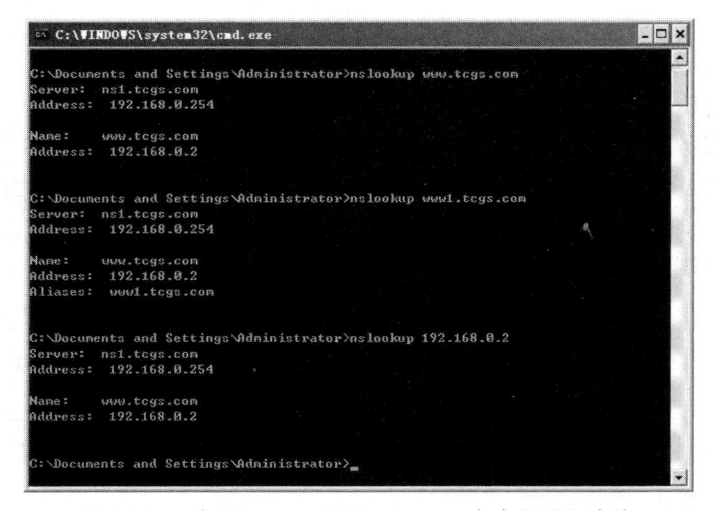

图 10-14 在 Windows 下用 nslookup 命令行进行查询

项目实训 安装和配置 DNS 服务器

1. 实训目的

熟悉并掌握在 Linux 平台上 DNS 服务器的配置方法与步骤。

2. 实训环境

在 VMware Workstation 虚拟计算机的 Linux 操作系统中进行操作。

3. 实训内容

（1）以 root 身份登录，查看 bind 软件包的安装情况。如 bind 软件包未安装，用 yum 命令或“添加/删除软件”工具安装域名服务器。

（2）将 Linux 虚拟计算机配置为主 DNS 服务器，并添加如下正、反域名解析记录。

www.jsj.com　　　192.168.1.5

ftp.jsj.com　　　192.168.1.1

（3）启动 named 服务。

（4）设置 Linux 虚拟计算机的主 DNS 服务器地址为本机 IP 地址。

（5）在终端窗口中分别使用 host、dig 和 nslookup 命令，查询以上正、反域名解析记录是否可以返回结果。

（6）设置宿主机的主 DNS 服务器为 Linux 虚拟计算机 IP 地址。

（7）在宿主机的命令窗口使用 nslookup 命令，查询以上正、反域名解析记录是否可以返回结果。如不能返回结果，检查并正确配置 Linux 虚拟计算机的防火墙配置后，再次进行尝试。

项 目 小 结

（1）DNS（域名系统）是一种分布式的数据库系统，呈树状结构。

（2）域名解析分为正向解析和反向解析。

（3）域名服务器分为仅缓存 DNS、主 DNS、辅助 DNS 和转发 DNS 等。

（4）DNS 服务器的配置可以通过修改配置文件/etc/named.conf 及相应的区域文件来实现。

（5）在客户端可使用 nslookup 等命令来测试 DNS 服务器。

习　　题

一、选择题

1. DNS 服务器是________。

A. 目录服务器　　B. 域控制器　　C. 域名服务器　　D. 代理服务器

2. DNS 域名系统主要负责主机名和_______之间的解析。

A. IP 地址　　B. MAC 地址　　C. 网络地址　　D. 主机别名

3. 配置 DNS 服务器的目的是_________。

A. 将目标域名自动解析为对应 IP 地址

B. 管理所有使用网络用户的注册信息

C. 自动分配网段中的动态 IP 地址

D. 内联网络与外部相通的网关

4. 启用 DNS 服务的命令是________。

A. service bind restart　　B. service bind start

C. service named start　　D. server named start

5. 以下对 DNS 服务器的描述，正确的是_______。

A. DNS 服务器的主配置文件为/etc/named/dns.conf

B. 配置 DNS 服务器，只需配置好/etc/named.conf 文件即可

C. 配置 DNS 服务器，通常需要配置/etc/named.conf 和相应的区域文件

D. 配置 DNS 服务器时，正向和反向区域文件都必须配置

6. 在 DNS 配置文件中，DNS 别名记录的标志是________。

A. A　　B. PTR　　C. CNAME　　D. NS

7. 检验 DNS 服务器配置是否成功，解析是否正确，最好采用_______命令。

A. ping　　B. netstat　　C. ps-aux l bind　　D. nslookup

8. 查询 bind 套件是否已安装，可用_______指令。

A. rpm -ivh bind*.rpm　　B. rpm -q bind*.rpm

C. rpm -U bind*.rpm　　D. rpm -q bind

9. 安装 bind 套件，应使用_______指令。

A. rpm -ivh bind*.rpm　　B. rpm -ql bind*.rpm

C. rpm -V bind*.rpm　　D. rpm -ql bind

10. 移除 bind 套件，应使用_______指令。

A. rpm -ivh bind*.rpm　　B. rpm -Fvh bind*.rpm

C. rpm -ql bind*.rpm　　D. rpm -e bind

二、简答题

1. 简述 DNS 进行域名解析的过程。

2. 如果 DNS 服务器出现故障，客户机是否可以访问 Internet 上的 WWW 站点？如果可以访问，需要什么条件？

3. 简述配置主 DNS 服务器的步骤。

项目 11　安装和配置 FTP 服务器

FTP 服务实现了服务器和客户机之间的文件传输和资源的再分配，是普遍采用的资源共享方式之一。本项目将通过 4 个任务学习如何安装、配置 FTP 服务器，以及如何从客户端连接和访问 FTP 服务器。

任务 11.1　安装与启用 vsftpd 服务

任务 11.2　配置匿名账号 FTP 服务器

任务 11.3　配置本地账号 FTP 服务器

任务 11.4　连接和访问 FTP 服务器

任务 11.1　安装与启用 vsftpd 服务

任务场景

小王就职的天成公司为了方便公司员工交换信息，决定搭建一台 FTP 服务器，以实现资源的共享和交流。

知识引入

11.1.1　认识 FTP

1. 文件传输协议 FTP

FTP 的全称是 File Transfer Protocol（文件传输协议），顾名思义，就是专门用来传输文件的协议。FTP 是在 TCP/IP 网络和 Internet 上最早使用的协议之一，隶属于网络协议组的应用层。FTP 实现了服务器和客户机之间的文件传输和资源的再分配，是普遍采用的资源共享方式之一。用户可以连接到 FTP 服务器上下载文件，也可以将自己的文件上传到 FTP 服务器中。

2. FTP 服务器的工作模式

FTP 服务器有两种工作模式：主动模式（Standard 模式）和被动模式（Passive 模式）。主动模式和被动模式下的 FTP 客户端分别通过发送 Port 命令和 Pasv 命令与 FTP 服务器建立连接，所以也被称为 PORT 模式和 PASV 模式。

主动模式下，FTP 客户端首先和 FTP 服务器的 21 端口建立会话连接。FTP 服务器通过该连接传送控制信息，客户端需要传输数据时也通过该连接发送 Port 命令。Port 命令包含了客户端传输数据的端口号。服务器端通过自己的 20 端口连接至客户端的指定端口进行数据传输。

主动模式下的 FTP 连接过程如图 11-1 所示，按如下步骤进行。

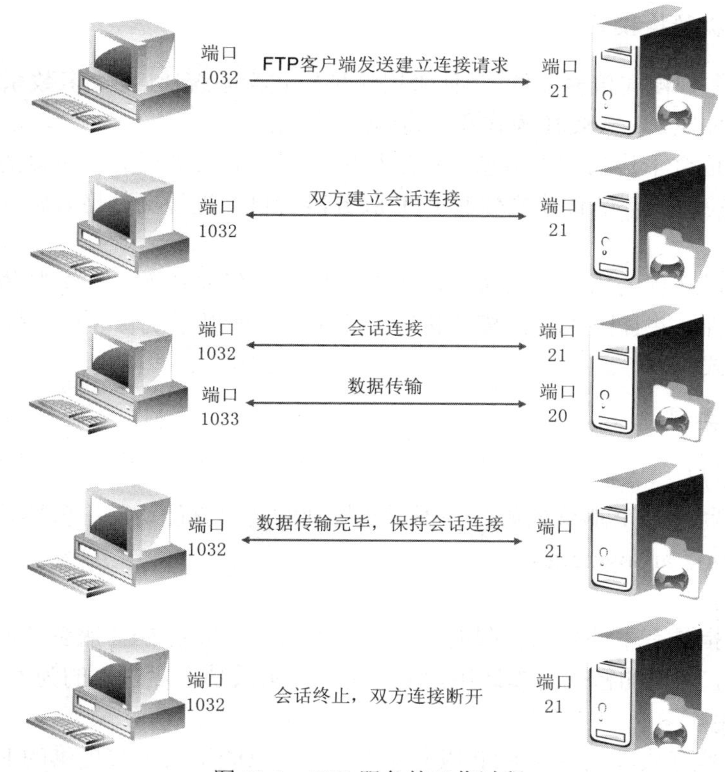

图 11-1　FTP 服务的工作过程

（1）当 FTP 客户端发出请求时，系统将动态分配一个端口号大于 1024 的端口（如 1032）。

（2）若 FTP 服务器在端口 21 侦听到该请求，则在 FTP 客户端的端口 1032 和 FTP 服务器的端口 21 之间建立起一个 FTP 会话连接。

（3）当需要传输数据时，FTP 客户端将动态打开一个连接到 FTP 服务器的端口 20 的第二个端口（如 1033），这样就可在这两个端口之间进行数据的传输。当数据传输完毕后，这两个端口会自动关闭。

（4）当 FTP 客户端断开与 FTP 服务器的连接时，客户端上动态分配的端口将被自动释放掉。

被动模式下，建立会话连接的过程和主动模式相同，但建立连接后客户端发送的不是 Port 命令，而是 Pasv 命令。FTP 服务器收到 Pasv 命令后，会随机打开一个端口号大于 1024 的端口，并通知客户端在这个端口上传送数据请求，客户端连接 FTP 服务器此端口，然后

FTP 服务器将通过这个端口进行数据的传送，这个时候 FTP server 不再需要建立一个新的和客户端之间的连接。

很多防火墙在设置时都不允许接受外部发起的连接的，所以很多位于防火墙后或内网的 FTP 服务器不支持 PASV 模式，因为客户端无法穿过防火墙，打开 FTP 服务器的高级端口。

3. FTP 的数据传输模式

FTP 可使用多种模式传输文件，具体采用哪种模式由系统决定。大多数系统（包括 Linux 系统）只允许两种模式：ASCII 模式和二进制模式。

ASCII 模式适合于传输文本信息。在这种模式下，如果进行数据传输的两台机器使用的不是相同的字符编码，则传输文件时 FTP 服务器会自动进行文件格式转换，以适应接收端的字符编码。

二进制模式以文件的原有格式传输，不对文件进行任何转换。二进制传输模式可以传输任意形式的文件，并且比 ASCII 模式传输速度更快，所以系统管理员一般将 FTP 服务器设置成二进制模式。

4. FTP 用户类型

（1）匿名用户

匿名用户在登录 FTP 服务器时，并不需要特别的密码就能访问服务器。一般匿名用户的用户名为 ftp 或者 anonymous。

（2）本地用户

本地用户是指具有本地登录权限的用户。这类用户在登录 FTP 服务器时，所用的登录名为本地用户名，采用的密码为本地用户的口令，登录成功之后进入的为本地用户的目录。

（3）虚拟用户

虚拟用户只具有从远程登录 FTP 服务器的权限，只能访问为其提供的 FTP 服务。虚拟用户不具有本地登录权限，其用户名和口令由用户口令库指定，一般采用 PAM（Pluggable Authentication Modules，可插入认证模块）方式进行认证。

5. FTP 地址格式

一个 FTP 资源的完整地址格式为：

```
ftp://用户名:密码@FTP 服务器 IP 或域名:FTP 命令端口/路径/文件名
```

上面的参数中除了 FTP 服务器 IP（或域名）为必要项外，其他项都是可以省去的。例如，以下地址都是有效的 FTP 地址：

```
ftp://ftp.tcgs.com
ftp://zhang@ftp.tcgs.com
ftp://zhang:123456@ftp.tcgs.com
ftp://zhang:123456@ftp.tcgs.com:2003/soft/demo.doc
```

11.1.2　FTP 服务器软件 vsftpd 简介

可以在 Linux 环境下运行的 FTP 服务器软件有很多，常见的包括 wuftpd、proftpd、pureftpd 和 vsftpd 等，其中最著名的就是 vsftpd。在 RHEL6 中，默认的 FTP 服务器就是 vsftpd。

vsftpd 是 very secure FTP daemon 的缩写，意思为“非常安全的 FTP 守护程序”。vsftpd 是一个在 UNIX 类操作系统上运行的服务器软件，它可以运行在诸如 Linux、BSD、Solaris、HP-UNIX 等系统上面，是一个免费的、开放源代码的 FTP 服务器软件。vsftpd 具有一些良好的性能，如非常高的安全性、带宽限制、良好的可伸缩性、可创建虚拟用户、支持 IPv6 和速率高等。

本项目将以 vsftpd 为例，来实现 FTP 服务器的安装和启动。

任务实施

——安装与启动 vsftpd 服务

步骤 1　如果不确定是否已经安装了 vsftpd 软件包，可使用下面的命令来确认：

```
# rpm -qa | grep vsftpd
```

如果结果显示为“vsftpd-2.2.2-6.el6.i686”，则说明系统已经安装了 vsftpd 服务器。

步骤 2　如果没有安装，可进入安装光盘挂载点的 Pachages 目录，输入下面的命令来安装。

```
# rpm -ivh vsftpd-2.2.2-6.el6.i686.rpm
```

或使用 yum 命令进行安装：

```
# yum install vsftpd
```

或使用“添加/删除软件”工具进行安装。

步骤 3　启用或停止 vsftpd 服务：

```
# service vsftpd status          //查看 vsftpd 服务的状态
# service vsftpd start           //启用 vsftpd 服务
# service vsftpd stop            //停止 vsftpd 服务
# service vsftpd restart         //重新启用 vsftpd 服务
```

步骤 4　如果需要在引导时启用 vsftpd 服务，可以使用以下命令：

```
# chkconfig --level 35 vsftpd on
```

任务 11.2 配置匿名账号 FTP 服务器

任务场景

为了使公司员工能共享 FTP 服务器的资源，小王准备将 FTP 服务器配置为允许匿名账号登录，并实现以下功能：

（1）设置匿名用户登录的根目录为/var/ftp。

（2）匿名用户在根目录下只能下载，在 pub 子目录下可以新建文件夹，并可以下载、上传、删除和重命名文件（文件夹）。

（3）设置欢迎信息为“欢迎光临天成公司数据交换站！”。

知识引入

11.2.1 vsftpd 服务配置文件

vsftpd 服务器的配置主要涉及以下几个配置文件。

- /etc/vsftpd/vsftpd.conf：主配置文件。
- /etc/vsftpd/ftpusers：在该文件中列出的用户清单将不能访问 FTP 服务器。
- /etc/vstpd/user_list：当 /etc/vsftpd/vsftpd.conf 文件中的 userlist_enable 和 userlist_deny 的值都为 YES 时，在该文件中列出的用户不能访问 FTP 服务器。当/etc/vsftpd/ vsftpd.conf 文件中的 userlist_enable 的取值为 YES 而 userlist_deny 的取值为 NO 时，只有/etc/vstpd.user_list 文件中列出的用户才能访问 FTP 服务器。

11.2.2 主配置文件/etc/vsftpd/vsftpd.conf 的常用配置命令

为了让 vsftpd 能够按照需求提供服务，需要对其主配置文件/etc/vsftpd/vsftpd.conf 进行正确的配置。主配置文件提供的配置命令较多，默认配置文件只给出了基本的配置命令。还有很多配置命令并未列出，在需要时可以手动添加。命令行的格式为：配置项=参数值。下面介绍主配置文件的常用配置命令。

（1）登录及对用户进行设置

- anonymous_enable=YES：设置是否允许匿名访问，也即允许匿名账号 anonymous 和 ftp 登录 FTP 服务器。
- local_enable=YES：设置是否允许本地用户登录 FTP 服务器。
- write_enable=YES：全局性设置，设置是否对用户开启写权限。
- ftp_username=ftp：设置匿名用户的账户名称，默认值为 ftp。

- no_anon_password=YES：设置匿名用户登录时是否询问口令。设置为 YES，则不询问。
- local_umask=022：设置本地用户的文件生成掩码为 022，则对应权限为 755（777-022＝755）。
- anon_umask=022：设置匿名用户新增文件的 umask 掩码。
- anon_upload_enable=YES：设置是否允许匿名用户上传文件，只有在 write_enable 的值为 YES 时，该配置项才有效。
- anon_mkdir_write_enable=YES：设置是否允许匿名用户创建目录，只有在 write_enable 的值为 YES 时，该配置项才有效。
- anon_other_write_enable=NO：若设置为 YES，则匿名用户除拥有上传和建立目录权限之外，还拥有删除和更名的权限。默认值为 NO。
- anon_world_readable_only=NO：允许匿名用户下载不具备读权限的文件。默认配置文件不包含本条命令，需要时应手动添加。

（2）设置欢迎信息

- ftpd_banner=Welcome to blah FTP service.：设置登录 FTP 服务器时显示的信息。
- banner_file=/etc/vsftpd/banner：设置用户登录时显示 banner 文件中的内容。该设置将覆盖 ftpd_banner 的设置。
- dirmessage_enable=YES：设置进入目录时是否显示目录消息。若设置为 YES，则用户进入目录时将显示该目录中由 message_file 配置项指定的文件（.message）的内容。
- message_file=.message：设置目录消息文件的文件名。如果 dirmessage_enable 的取值为 YES，则用户在进入目录时会显示该文件的内容。

（3）设置用户登录目录

- local_root=/var/ftp：设置本地用户登录后所在的目录，默认情况下没有此项配置。在 vsftpd.conf 文件的默认配置中，本地用户登录 FTP 服务器后，所在的目录为用户的主目录。
- anon_root=/var/ftp：设置匿名用户登录 FTP 服务器时所在的目录。若未指定，则默认为/var/ftp 目录。

（4）设置用户访问控制

- userlist_enable=YES：取值为 YES 时，/etc/vsftpd/user_list 文件生效；取值为 NO 时，/etc/vsftpd/user_list 文件不生效。
- userlist_deny=YES：设置/etc/vsftpd.user_list 文件中的用户是否允许访问 FTP 服务器。若设置为 YES，则/etc/vsftpd/user_list 文件中的用户不能访问 FTP 服务器；若设置为 NO，则只有/etc/vsftpd/user_list 文件中的用户才能访问 FTP 服务器。

（5）设置是否将用户锁定在指定的 FTP 目录

默认情况下，匿名用户会被锁定在默认的 FTP 目录中，而本地用户可以访问自身 FTP

目录以外的内容。出于安全性考虑，可以将本地用户也锁定在指定的 FTP 目录中。

- chroot_list_enable =YES：设置是否启用用户列表文件。
- chroot_list_file=/etc/vsftpd/chroot_list：指定用户列表文件。
- chroot_local_user=YES：用于指定用户列表文件中的用户，是否允许切换到指定 FTP 目录以外的其他目录。

（6）设置主机访问控制

tcp_wrappers=YES：设置是否支持 tcp_wrappers。若取值为 YES，则由/etc/hosts.allow 和/etc/hosts.deny 文件中的内容控制主机或用户的访问。若取值为 NO，则不支持。

（7）设置 FTP 服务器的工作模式

- port_enable=YES：设置 FTP 服务器的工作模式为主动模式。
- pasv_enable=YES：设置 FTP 服务器的工作模式为被动模式。

上面两条设置命令不能同时使用，一般情况下可以注释掉一个。如果没有设置工作模式的命令，则默认为主动模式。

- pasv_min_port=0：被动模式下可使用端口范围的下界，0 表示任意，默认值为 0。
- pasv_max_prot=0：被动模式下可使用端口范围的上界，0 表示任意，默认值为 0。

（8）设置 FTP 服务的启动方式及监听 IP

vsftpd 服务既可以以独立方式启动，也可以由 Xinetd 进程监听，以被动方式启动。

- listen=YES：若取值为 YES，则 vsftpd 服务以独立方式启动。如果想以被动方式启动，将本行注释掉即可。
- listen_address=IP：设置监听 FTP 服务的 IP 地址，适合于 FTP 服务器有多个 IP 地址的情况。如果不设置，则在所有的 IP 地址监听 FTP 请求。只有 vsftpd 服务在独立启动方式下才有效。

（9）与客户连接相关的设置

- anon_max_rate=0：设置匿名用户的最大传输速度。若取值为 0，则不受限制。
- local_max_rate=0：设置本地用户的最大传输速度。若取值为 0，则不受限制。
- max_clients=0：设置 vsftpd 在独立启动方式下允许的最大连接数。若取值为 0，则不受限制。
- max_per_ip=0：设置 vsftpd 在独立启动方式下允许每个 IP 地址同时建立的连接数目。若取值为 0，则不受限制。
- accept_timeout=60：设置建立 FTP 连接的超时时间间隔，以秒为单位。
- connect_timeout=120：设置 FTP 服务器在主动传输模式下建立数据连接的超时时间，单位为秒。
- data_connect_timeout=120：设置建立 FTP 数据连接的超时时间，单位为秒。
- idle_session_timeout=600：设置断开 FTP 连接的空闲时间间隔，单位为秒。
- pam_service_name=vsftpd：设置 PAM 所使用的名称。

（10）设置上传文档的所属关系和权

- chown_uploads=YES：设置是否改变匿名用户上传文档的属主，默认为 NO。若设置为 YES，则匿名用户上传的文档属主将由 chown_username 参数指定。
- chown_username=whoever：设置匿名用户上传的文档的属主。建议不要使用 root。
- file_open_mode=755：设置上传文档的权限。

（11）设置数据传输模式

- ascii_download_enable=YES：设置是否启用 ASCII 码模式下载数据，默认为 NO。
- ascii_upload_enable=YES：设置是否启用 ASCII 码模式上传数据，默认为 NO。

（12）设置数据传输端口

connect_from_port_20=YES：用 20 端口作为数据传输端口。

（13）设置日志

- xferlog_enable=YES：上传或者下载的日志默认被记录在/var/log/vsftpd.log 中。
- xferlog_file=/var/log/vsftpd：设定日志文件的路径。
- xferlog_std_format=YES：使用标准格式上传或者下载记录。

任务实施

——配置匿名账号 FTP 服务器

步骤 1　正确配置相关目录权限。

```
# chmod 777 /var/ftp/pub
```

步骤 2　修改主配置文件/etc/vsftpd/vsftpd.conf，使其包含以下设置命令：

```
anonymous_enable=YES                    #允许匿名访问
# local_enable=YES                      #将本命令注释，不允许本地用户访问
#也可以设置为 local_enable=NO
write_enable=YES                        #全局性设置，开启写权限
anon_umask=022                          #设置匿名用户新增文件的 umask 掩码
anon_upload_enable=YES                  #允许匿名用户上传文件
anon_mkdir_write_enable=YES             #允许匿名用户新建文件夹
anon_other_write_enable=YES             #允许匿名用户的其他写权限，如删除、重命名等
anon_world_readable_only=NO             #允许匿名用户下载不具备读权限的文件
ftpd_banner=欢迎光临天成公司数据交换站！     #设置欢迎词
```

说明：在本方案中，配置文件本身的设置为匿名用户开放了所有的写权限，匿名用户在根目录和 pub 子目录下权限的差别实际是通过目录本身的权限设定进行区别的。

步骤 3　在防火墙配置中允许 FTP 请求进入，如图 11-2 所示。

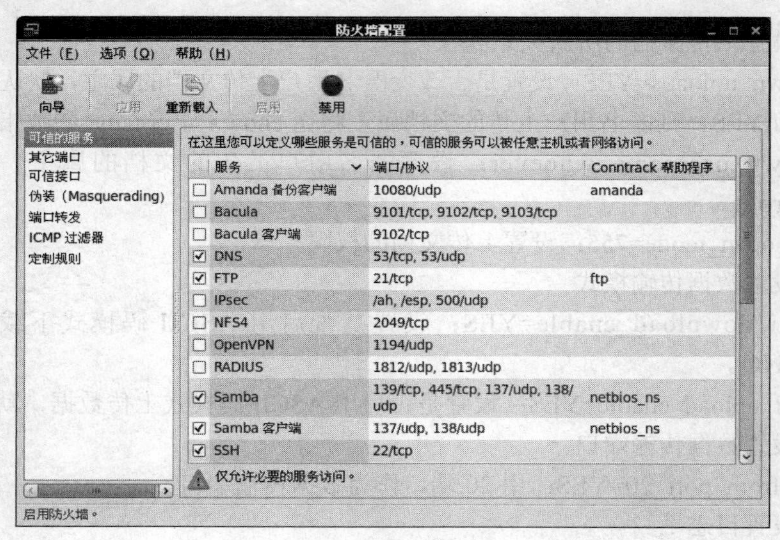

图 11-2　防火墙配置

步骤 4　配置 SELinux 安全设置。

（1）设置安全策略：

```
# setsebool -P allow_ftpd_anon_write=1
```

（2）修改安全上下文：

```
# chcon -R -t public_content_rw_t  /var/ftp/pub
```

任务 11.3　配置本地账号 FTP 服务器

任务场景

在 FTP 服务器的使用过程中，出现了个别员工使用匿名用户随意删除服务器文件的现象。为避免再次出现公司重要数据被随意破坏的情况，公司决定重新设置 FTP 服务器，禁止匿名用户登录，仅允许本地用户账号访问该服务器。

任务实施

——配置本地账号 FTP 服务器

步骤 1　修改主配置文件/etc/vsftpd/vsftpd.conf，使其包含以下设置命令：

```
anonymous_enable=NO            //不允许匿名访问
local_enable=YES               //允许本地用户访问
write_enable=YES
local_umask=022
```

```
chroot_local_user=YES          //禁止本地用户切换到用户主目录以外的其他目录
userlist_enable=YES            //文件/etc/vsftpd/user_list 生效
userlist_deny=NO               //只有文件/etc/vsftpd/user_list 中的用户才能访问服务器
```

步骤 2　检查/etc/vsftpd/ftpusers 文件，确保不含允许登录的本地账号。

步骤 3　修改/etc/vstpd/user_list 文件，仅包含允许登录的本地账号。

步骤 4　配置 SELinux 安全设置。设置安全策略：

```
# setsebool -P ftp_home_dir=1
```

或者

```
# setsebool -P allow_ftpd_full_access=1
```

任务 11.4　连接和访问 FTP 服务器

任务场景

vsftpd 安装和配置完毕后，小王准备尝试从 FTP 客户端连接和访问 FTP 服务器，实现文件的上传和下载等功能。

知识引入

11.4.1　ftp 命令简介

在客户端可以通过一些图形化的 FTP 访问工具来连接和访问 FTP 服务器。在 Windows 系统下，一些网页浏览软件和文件浏览器都具有访问 FTP 服务器的功能。而在 Linux 系统下，可以使用一些专门的 FTP 客户端软件，如 FileZilla、gFTP 和 ncFTP 等。

无论是 Windows 系统还是 Linux 系统，都可以在命令行方式下使用 ftp 命令连接和访问 FTP 服务器。

ftp 的命令行格式为：

```
ftp[选项][主机名或 IP 地址]
```

ftp 命令连接成功后，用户需要在 FTP 服务器上登录，登录成功，将会出现“ftp>”提示符。在提示符后可以进一步使用 ftp 提供的下级命令，可以用 help 命令取得可供使用的命令清单，也可以在 help 命令后面指定具体的命令名称，获得这条命令的说明。

11.4.2　常用的 ftp 二级命令

下面根据不同的操作介绍一些常用的 ftp 二级命令。

1. 启动 FTP 会话

open 命令用于打开一个与远程主机的会话。该命令的一般格式是：

```
open  [主机名或 IP 地址]
```

如果在 FTP 会话期间要与一个以上的站点连接，通常只用不带参数的 ftp 命令。如果在会话期间只想与一台计算机连接，那么在命令行上指定远程主机名或 IP 地址作为 ftp 命令的参数。

2. 终止 FTP 会话

close、disconnect 和 bye 命令用于终止与远程机的会话。close 和 disconnect 命令仅关闭与远程机的连接，用户仍然留在本地计算机的 FTP 程序中。bye 命令关闭用户与远程机的连接，然后退出用户机上的 FTP 程序。

3. 改变目录

“cd [目录]”命令用于在 FTP 会话期间改变远程机上的目录。lcd 命令用于改变本地目录，使用户能指定查找或放置本地文件的位置。

4. 远程目录列表

ls 命令用于列出远程目录的内容，就像使用一个交互 shell 中的 ls 命令一样。ls 命令的一般格式是：

```
ls [目录] [本地文件]
```

如果指定了目录作为参数，那么 ls 将列出该目录的内容。如果给出本地文件名，那么该目录列表被放入本地机上指定的文件中。

5. 从远程系统获取文件

get 和 mget 命令用于从远程机上获取文件。get 命令的一般格式为：

```
get  文件名
```

命令中可以给出新的本地文件名。如果不给出本地文件名，则使用远程文件原来的名字。

mget 命令用于一次获取多个远程文件，其一般格式为：

```
mget  文件名列表
```

使用用空格分隔的或带通配符的文件名列表来指定要获取的文件。对其中的每个文件，都要求用户确认是否传送。

6. 向远程系统发送文件

put 和 mput 命令用于向远程机发送文件。put 命令的一般格式为：

```
put 文件名
```

mput 命令用于一次发送多个本地文件，其一般格式为：

```
mput 文件名列表
```

使用用空格分隔的或带通配符的文件名列表来指定要发送的文件。对其中的每个文件，都要求用户确认是否发送。

7. 改变文件传输模式

默认情况下，FTP 按 ASCII 模式传输文件，用户也可以指定其他模式。ascii 和 brinary 命令的功能是设置传输的模式。用 ASCII 模式传输文件对纯文本是非常好的，但为避免对二进制文件的破坏，用户可以以二进制模式传输文件。

8. 检查传输状态

传输大型文件时，让 FTP 提供关于传输情况的反馈信息是非常有用的。hash 命令使 FTP 在每次传输完数据缓冲区中的数据后，都会在屏幕上打印一个“#”字符。本命令在发送和接收文件时都可以使用。

9. FTP 中的本地命令

当使用 FTP 时，字符“!”用于向本地机上的命令 shell 传送一个命令。如果用户处在 FTP 会话中，需要 shell 做某些事，就很有用。例如，用户要建立一个目录来保存接收到的文件，如果输入“!mkdir new_dir”，那么 Linux 就会在用户当前的本地目录中创建一个名为 new_dir 的目录。

任务实施

——用 ftp 命令连接和访问 FTP 服务器

步骤 1 在命令行模式下输入 ftp 命令。

步骤 2 用 open 命令连接 FTP 服务器。

步骤 3 用 ls 等命令实现相应的文件和目录操作。

步骤 4 用 bye 命令结束 FTP 会话，返回到命令行模式。

使用 ftp 命令的一次完整会话过程如图 11-3 所示。

```
C:\WINDOWS\system32\cmd.exe
C:\Documents and Settings\Administrator>ftp
ftp> open 192.168.1.254
Connected to 192.168.1.254.
220 Welcome to FTP service.
User (192.168.1.254:(none)): ftp
331 Please specify the password.
Password:
230 Login successful.
ftp> ls
200 PORT command successful. Consider using PASV.
150 Here comes the directory listing.
pub
226 Directory send OK.
ftp: 收到 5 字节，用时 0.00Seconds 5000.00Kbytes/sec.
ftp> cd pub
250 Directory successfully changed.
ftp> ls
200 PORT command successful. Consider using PASV.
150 Here comes the directory listing.
1234.txt
12345
abc.txt
abcde.txt
qqq
226 Directory send OK.
ftp: 收到 42 字节，用时 0.00Seconds 42000.00Kbytes/sec.
ftp> get abc.txt d:/abcd.txt
200 PORT command successful. Consider using PASV.
150 Opening BINARY mode data connection for abc.txt (2872 bytes).
226 Transfer complete.
ftp: 收到 2872 字节，用时 0.02Seconds 179.50Kbytes/sec.
ftp> bye
221 Goodbye.

C:\Documents and Settings\Administrator>
```

图 11-3　用 ftp 命令连接和访问 FTP 服务器

项目实训　安装和配置 FTP 服务器

1. 实训目的

熟悉并掌握 Linux 平台中 FTP 服务器的配置方法与步骤。

2. 实训环境

在 VMware Workstation 虚拟计算机的 Linux 操作系统中进行操作。

3. 实训内容

（1）以 root 身份登录，查看 vsftpd 软件包的安装情况。如果 vsftpd 服务器未安装，用 rpm 命令或“添加/删除软件”工具安装 vsftpd 服务器。

（2）在终端窗口中用 service 命令查看、停止、启动和重启动 vsftpd 服务。

（3）分别使用 Firefox 浏览器和 ftp 命令，以 IP 地址 127.0.0.1 或名称 localhost 的形式尝试连接和访问 FTP 服务器。

（4）在宿主操作系统（Windows）中用 IE 浏览器尝试连接和访问该 FTP 服务器。

（5）打开 RHEL6 的防火墙配置工具，制定安全规则，使 FTP 请求允许进入，然后重复步骤（4）。

（6）用 gedit 编辑工具打开/etc/vsftpd/vsftpd.conf 配置文件，设置 FTP 服务器为：允许匿名访问，允许匿名用户上传、下载文档，允许匿名用户创建新目录，并设置目录/var/ftp/pub 的权限为 777。

（7）在宿主操作系统（Windows）中用 IE 浏览器尝试在该 FTP 服务器的 pub 目录中新建目录及上传文件。

项 目 小 结

（1）FTP 实现了服务器和客户机之间的文件传输和资源的再分配，是网络中普遍采用的资源共享方式之一。

（2）FTP 服务器有两种工作模式：主动模式（Standard 模式）和被动模式（Passive 模式）。

（3）RHEL6 的默认 FTP 服务器是 vsftpd。

（4）vsftpd 服务器的配置通过修改其配置文件/etc/vsftpd/vsftpd.conf 来实现。

（5）在客户端可以通过 ftp 命令和一些图形化的 FTP 客户端软件、浏览器等连接和访问 FTP 服务器。

习 题

一、选择题

1. FTP 是 Internet 提供的________服务。

A. 远程登录　　B. 文件传输　　C. 电子公告板　　D. 电子邮件

2. 用 FTP 进行文件传输时，有两种模式：________。

A. Word 和 binary　　B. txt 和 Word Document

C. ASCII 和 binary　　D. ASCII 和 Rich Text Format

3. FTP 传输中使用________两个端口。

A. 23 和 24　　B. 21 和 22　　C. 20 和 21　　D. 22 和 23

4. 在使用匿名用户登录 FTP 时，常用的用户名为________。

A. users　　B. anonymous　　C. root　　D. guest

5. 若 Linux 用户需要将 FTP 默认的 21 号端口修改为 8800，可以修改__________配置文件。

A. /etc/vsftpd/userconf　　B. /etc/vsftpd/vsftpd.conf

C. /etc/resolv.conf　　D. /etc/hosts

6. 用 FTP 一次下载多个文件可以用________命令。

A. get　　B. put　　C. mget　　D. mput

二、简答题

1. FTP 服务器有哪两种工作模式？它们的区别是什么？

2. 简述如何配置匿名账号 FTP 服务器。

3. 简述如何配置本地账号 FTP 服务器。

项目 12　安装和配置 Web 服务器

Web 服务器用于提供网上信息浏览服务。LAMP 是 Linux 操作系统下最常用的动态网站系统运行环境。本项目将通过 6 个任务学习 Web 服务器软件 Apache、数据库管理系统 MySQL、动态网页脚本语言 PHP 以及 Web 内容管理系统 Joomla! 的安装、配置与管理。

任务 12.1　安装与启动 Apache 服务
任务 12.2　Apache 服务器的基本配置
任务 12.3　配置虚拟主机
任务 12.4　安装和配置 MySQL 服务器
任务 12.5　安装 PHP 语言
任务 12.6　安装和配置内容管理系统

任务 12.1　安装与启动 Apache 服务

任务场景

小王所在的天成公司业务蒸蒸日上，公司决定架设自己的 Web 网站，在互联网上加强宣传扩大公司的影响力，让更多的人了解天成。公司希望建立起自己的网站，并通过网站宣传公司，让客户可以通过网站获取公司的产品信息。老板让小王负责为公司建设一台 Web 服务器，并且使用开源的网站管理系统建立公司网站。

知识引入

12.1.1　Web 服务器

1. Web 服务器简介

Web 服务器也称为 WWW（World Wide Web）服务器或者网页服务器，主要功能是提供网上信息浏览服务。网页服务器程序从网络接收 HTTP 请求（主要来自网页浏览器），然后提供 HTTP 回复给请求者。HTTP 回复一般包含一个 HTML 文件，但也可以包含一个纯文本文件、一个图像或其他类型的文件。

一般来说，这些文件都存储在网页服务器的本地文件系统里，而 URL 和本地文件名都有一个阶级组织结构的，服务器会简单地把 URL 对照到本地文件系统中。当正确安装和设置好网页服务器软件后，服务器管理员会从服务器软件放置文件的地方指定一个本地路径名为根目录。

Web 服务器程序有很多种，比较常用的有 Apache、Nginx、lighttpd 以及 Microsoft IIS 等。Apache HTTP Server（简称 Apache）是 Apache 软件基金会的一个开放源代码的网页服务器，可以在大多数计算机操作系统中运行，由于其跨平台和安全性被广泛使用，是最流行的 Web 服务器端软件之一。它快速、可靠并且可通过简单的 API 扩充，将 PHP/Perl/Python 等解释器编译到服务器中。

2. Web 服务器工作原理

WWW 是 World Wide Web 的缩写，一般称为万维网，万维网是互联网提供的一种主要服务，可以结合文字、图形、视频与声音等多媒体，通过鼠标单击超链接（Hyperlink）的方式将数据通过 Internet 传递到世界各地。

Web 服务器是指驻留于因特网上某种类型计算机的程序。当客户端 Web 浏览器连接到服务器上并请求文件时，服务器将处理该请求并将文件反馈到该浏览器上，附带的信息会告诉浏览器如何查看该文件（即文件类型）。服务器使用 HTTP（超文本传输协议）与客户机浏览器进行信息交流，这就是人们常把它们称为 HTTP 服务器的原因。

如图 12-1 所示，Web 服务器接收客户端发出的请求，返回的主要资料是超文本标记语言（HTML）、多媒体资料（图片、视频、声音、文本等）。HTML 是一些纯文字资料，通过标签（<tag>）标记所要显示的资料格式。客户端，一般使用 Web 浏览器对 HTML 以及多媒体资料进行解析，然后呈现给使用者。

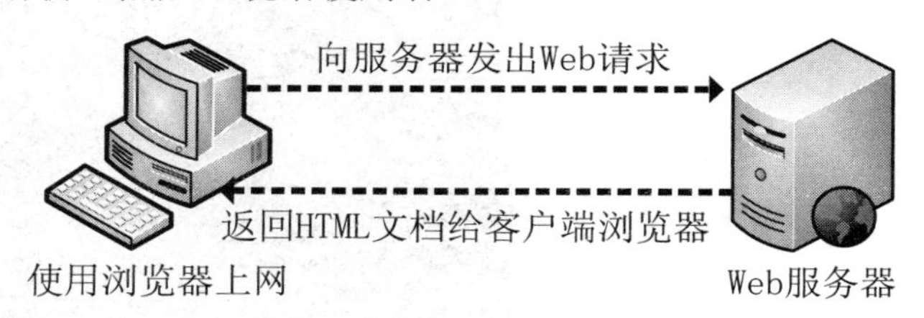

图 12-1　浏览器请求 Web 服务器的过程

12.1.2　LAMP 环境介绍

为了实现目前主流的动态网站系统功能，必须拥有以下的运行环境。

- 稳定运行的网络操作系统：动态网站所需的系统程序必须可以安装执行，除此之外，操作系统的安全性对动态网站的安全也至关重要。
- Web 服务器系统：如 Apache、Nginx 与 IIS 等 Web 服务器平台软件。
- 网站程序语言：常用的包括 Perl、PHP、JSP、Ruby、Python 等。
- 数据库管理系统：包括 MySQL、MSSQL、PostgreSQL 以及 Oracle 等。

如此多的软件系统产生大量的组合，其中有两种组合最为常见，一种是 Linux 操作系统配合 Apache+MySQL+PHP，这种环境被简称为 LAMP；另一种是微软的 WindowsServer 配合 IIS + MSSQL + ASP（.NET）服务器。由于开源软件众所周知的优势，LAMP 环境市场占有率很高，是最常用的动态网站系统运行环境。

任务实施

——安装与启动 Apache 服务

步骤 1 安装与启动 Apache。

httpd 是 Apache 网页服务器的主程序，被设计为一个独立运行的后台进程（daemon），它会建立一个处理请求的子进程或线程的池对客户端浏览器发送的请求进行服务。

安装 apache 网页服务器实际上就是安装 httpd 服务，httpd 安装之前首先需要查询系统是否已经安装了 httpd 服务。可以通过 yum 命令测试 httpd 是否安装：

```
#yum   list   httpd
```

若系统返回 Available Packages，说明 httpd 服务尚未安装，如图 12-2 所示。可通过以下命令进行安装：

```
# yum   install   httpd
```

安装结果如图 12-3 所示。

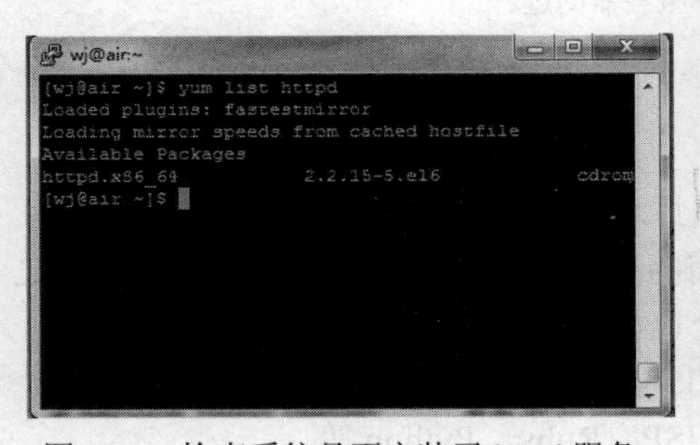

图 12-2　检查系统是否安装了 httpd 服务

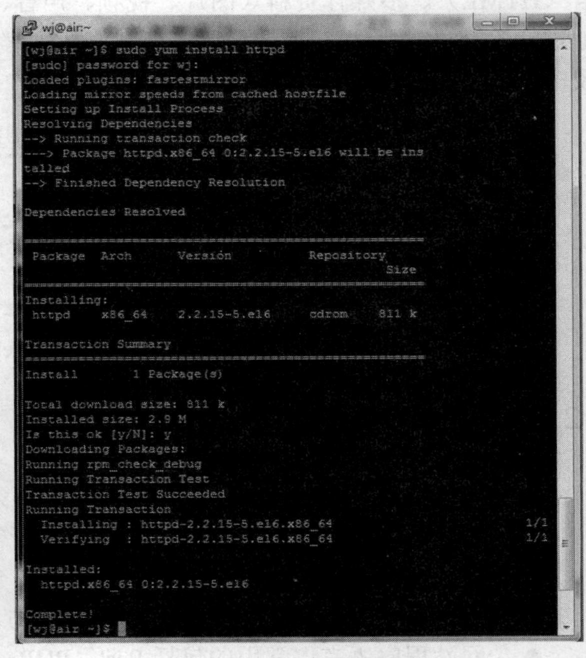

图 12-3　安装 httpd 服务

安装完成后可以继续安装 mod_ssl，获得加密的传输模式 https，安装 mod_ssl 的命令如下：

```
#yum   install   mod_ssl
```

httpd 的状态信息可以通过以下 yum 命令查看，其结果如图 12-4 所示。

```
#yum   info   httpd
```

```
[wj@air ~]$ yum info httpd
Loaded plugins: fastestmirror
Loading mirror speeds from cached hostfile
Installed Packages
Name        : httpd
Arch        : x86_64
Version     : 2.2.15
Release     : 5.el6
Size        : 2.9 M
Repo        : installed
From repo   : cdrom
Summary     : Apache HTTP Server
URL         : http://httpd.apache.org/
License     : ASL 2.0
Description : The Apache HTTP Server is a powerful, efficient, and
            : extensible web server.

[wj@air ~]$
```

图 12-4　yum 命令查看 httpd 显示

通过图 12-4 可以看到，当前 httpd 服务的 Repo 的状态是 installed，说明 httpd 已经安装完成，可以使用 service 命令对 httpd 服务进行控制，如图 12-5 所示。

```
# service   httpd   status          #查看 httpd 服务状态
# service   httpd   start           #启动 httpd 服务
# service   httpd   stop            #停止 httpd 服务
# service   httpd   restart         #重新启动 httpd 服务
```

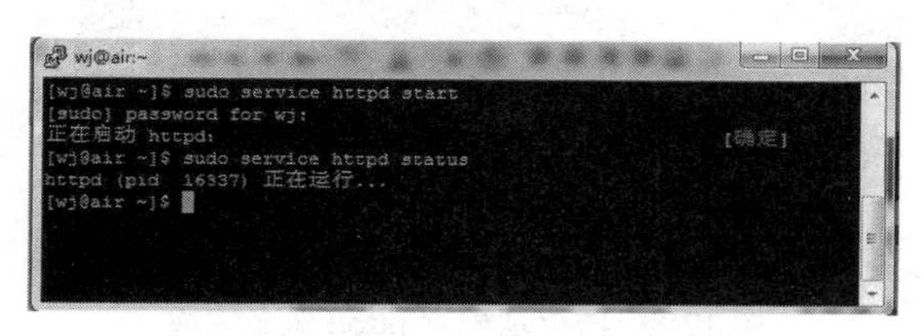

图 12-5　service 命令控制 httpd 服务

步骤 2　测试 Apache 服务。

如图 12-5 所示，如果显示“httpd 正在运行…”，即表示 Apache 服务已经安装完成并启动，在浏览器中输入 RHEL6 服务器的 IP 地址可以浏览网页。

在浏览测试页面之前，需要首先确认防火墙是否设置 httpd 为可信服务，在终端中使用 setup 命令打开设置工具，选择“防火墙配置”选项，如图 12-6 所示。

```
# setup
```

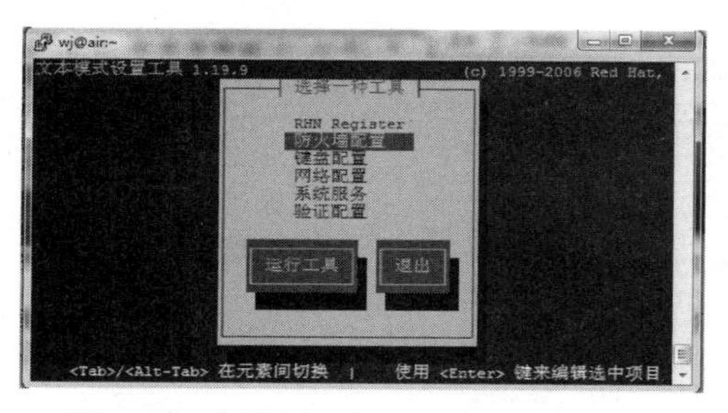

图 12-6　在设置工具里打开防火墙配置

查看防火墙是否启用，如果未启用防火墙可直接退出设置，如果防火墙已经启用，选择“定制”选项，如图 12-7 所示。

图 12-7　在防火墙中配置 httpd 服务

进入防火墙定制界面，在可信的服务中确认已经选择 WWW（HTTP）选项，选中后单击“关闭”按钮关闭配置界面，如图 12-8 所示。

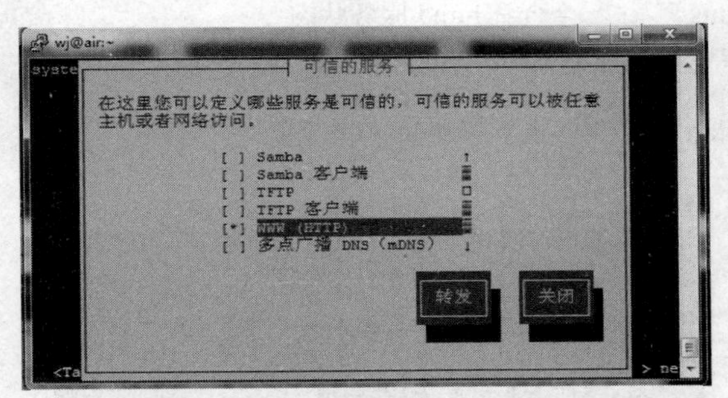

图 12-8　防火墙配置 httpd 服务完成

如果确认服务器防火墙将 WWW 服务设置为可信服务，则可通过服务器的 IP 直接访问 WWW 服务。如服务器 IP 地址为 172.16.3.11，在浏览器中输入此地址，如果可以打开如图 12-9 所示的测试页面，即表示 http 服务已经安装成功。

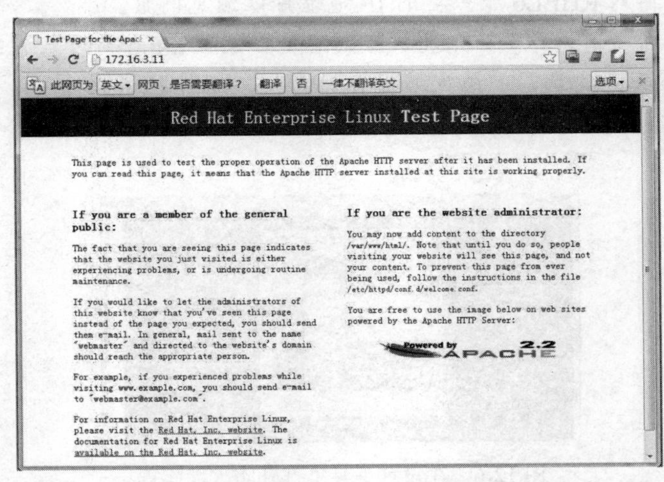

图 12-9　httpd 安装成功的测试页面

可以将 httpd 服务设置为随着系统引导时启动的服务，命令如下：

```
# chkconfig httpd on
```

任务 12.2　Apache 服务的基本配置

任务场景

Apache 服务器安装完成后的默认配置并不能很好地为公司网站提供服务，需要配置 Web 服务器，修改配置文件，更改网站发布根目录和日志文件位置等常用选项。

知识引入

12.2.1　Apache 目录结构

Apache 安装成功后已经包含一些初始设定，在配置 Apache 之前需要弄清 Apache 服务的一些文档及目录结构。

```
/etc/httpd/conf/httpd.conf      #主配置文件
```

这是 httpd 的主要配置文件，一些配置和结构都是 httpd 安装后此文件默认指定的。

```
/etc/httpd/conf.d/              #附加的配置文件目录
```

这个目录里的所有.conf 文件都是被包含在主配置文件中的，用户可以在不修改主配置文件的情况下加入一些自定义配置，方便系统升级维护。

```
/var/log/httpd/                 #网页服务器的日志文件目录
```

存放 httpd 的日志文件，access_log 是访问日志，error_log 是错误日志，如果网站规模较大就需要注意日志文件的容量。

```
/usr/lib64/httpd/modules/       #Apache 的扩展模块目录
```

这个目录一般被链接到/etc/httpd/modules/，包含 Apache 的扩展模块，用户可以在主配置文件中选择需要载入的模块。

```
/var/www/html/                  #网站发布的根目录
```

网站默认根目录位置，网站文件需要发布到这个目录下。

12.2.2　Apache 基本配置

Apache 主配置文件/etc/httpd/conf/httpd.conf 由以下 3 部分组成：

- Global Environment（全局环境配置）
- Main server configuration（主服务器配置）
- Virtual Hosts（虚拟主机配置）

以上 3 部分将会在任务实施中进行介绍。

任务实施

——Apache 服务的基本配置

步骤 1 Apache 服务的基本配置。

```
#vim  /etc/httpd/conf/httpd.conf
ServerTokens  OS
#主要用来设置服务器响应的主机头（header）信息，可以返回 Apache 的版本，服务器操作系统以及编译进的模块的描述信息等。默认设置为 OS，返回类似 Server: Apache/2.0.41 (Unix)这样的主机头信息
ServerRoot  "/etc/httpd"
#服务器配置文件的根目录，日志、模块等目录也链接到此目录中
PidFile  run/httpd.pid
#httpd 的 PID 文件，是相对路径，绝对路径解析为/etc/httpd/run/httpd.pid
Timeout 60
#服务器和客户端收发数据的超时间隔，单位为秒
KeepAlive Off
#是否支持持久化连接（每个连接超过一个请求），可设置 On/Off，建议修改为 On
MaxKeepAliveRequests  100
#设置每次连接最大请求数量，与上个配置项有关，0 代表不限制
KeepAliveTimeout  15
#设置每次连接中的多次请求的时间间隔
<IfModule prefork.c>
StartServers        8
#服务器启动时建立的子进程数量
MinSpareServers     5
#指定空闲子进程的最小数量
MaxSpareServers    20
#设置空闲子进程的最大数量
ServerLimit       256
#服务器最大连接限制，这个可根据服务器配置修改，可以影响 MaxClients
MaxClients        256
#限定同一时间客户端最大接入请求的数量，此参数受 ServerLimit 限制，不能超过 ServerLimit 设定数量，而且必须跟在 ServerLimit 参数后
MaxRequestsPerChild  4000
#每个子进程在其生存期内允许服务的最大请求数量
</IfModule>
<IfModule worker.c>
StartServers         4
#服务器启动时建立的子进程数
MaxClients         300
#允许同时伺服的最大接入请求数量（最大线程数量）
```

```
MinSpareThreads        25
#最小空闲线程数
MaxSpareThreads        75
#最大空闲线程数
ThreadsPerChild        25
#每个子进程建立的常驻的执行线程数
MaxRequestsPerChild    0
#设置每个子进程在其生存期内允许伺服的最大请求数量，设置为 0 表示没有限制
</IfModule>
#prefork.c 和 worker.c 两个配置项主要针对 Apache 性能优化
```

prefork 是系统默认使用的模式，在此模式下使用非线程型的、预派生的 Web 服务器，它的工作方式类似于 Apache 1.3。它适合于没有线程安全库，需要避免线程兼容性问题的系统。它是要求将每个请求相互独立的情况下最好的 MPM，这样若一个请求出现问题就不会影响到其他请求。这个 MPM 内存占用比较大，具有很强的自身调节能力，只需要很少的配置指令调整。最重要的是将 MaxClients 设置为一个足够大的数值以处理潜在的请求高峰，同时又不能太大，以致需要使用的内存超出物理内存的大小。

worker 这种多路处理模块（MPM）使网络服务器支持混合的多线程多进程，每个线程在某个确定的时间只能维持一个连接，内存占用量比较小，适合高流量的 http 服务器。由于使用线程来处理请求，所以可以处理海量请求，而系统资源的开销小于基于进程的 MPM。但是，它也使用了多进程，每个进程又有多个线程，以获得基于进程的 MPM 的稳定性。

prefork 模式相对于 worker 模式运行效率更高，但是需要较多的 CPU 和内存资源。

用户可以通过# apachectl -l 命令查看当前 httpd 服务工作在哪种模式。

```
Listen 80
# Apache 服务的监听 IP 和端口，如果不设置 IP 则对所有地址都监听
LoadModule
#设定动态载入的模块
Include conf.d/*.conf
#载入/etc/httpd/conf.d/目录下的所有子配置文件
User apache
Group apache
#Apache 服务运行在系统中使用的用户组及用户
ServerAdmin root@localhost
#服务器管理员邮件地址
UseCanonicalName Off
#是否使用标准主机名
DocumentRoot "/var/www/html"
#网站根目录路径，路径可以更改，但是需要注意目录的权限及 SELinux 安全性设定
<Directory />
    Options FollowSymLinks
    #在此目录下可以使用符号链接
    AllowOverride None
    #是否允许目录下的设定文件.htaccess 覆盖配置参数
</Directory>
#以上为设置根目录访问权限
```

```
<Directory "/var/www/html">
Options Indexes FollowSymLinks
#此目录下没有默认首页文件时可以浏览目录中所有文件，还可以使用符号链接
AllowOverride None
#不允许目录下通过设定文件.htaccess 覆盖配置参数
    Order allow,deny
    #配合下方的 allow 以及 deny 设置访问限制，如果没有在 allow 范围则拒绝访问
    Allow from all
    #允许所有地址访问
</Directory>
#以上设置/var/www/html 目录的权限
DirectoryIndex index.html index.html.var
#网站默认首页的文件名设置
AccessFileName .htaccess
#设置文件夹内的参数设定文件的文件名，需要查看 AllowOverride 参数的设置
ErrorLog logs/error_log
#错误日志文件位置，默认设定在/etc/httpd/logs/error_log
CustomLog logs/access_log combined
#访问日志位置，可以设置成比较全面的访问日志格式，如果站点规模比较大需要注意文件的大小
```

步骤 2 Apache 配置的加载。

以上就是主配置文件的主要设置，用户可以尝试修改配置参数，修改后可以通过重启 httpd 服务或者使用 graceful 参数重新加载配置文件。

```
# service httpd restart
# service httpd graceful
```

任务 12.3 配置虚拟主机

任务场景

公司规模扩大以后，不同部门需要独立的网站进行发布和宣传，但是公司考虑成本问题，只购买了一台网站服务器，小王通过配置 Apache 服务器的虚拟主机解决了这个问题。

基于 IP 地址的虚拟主机和基于主机的虚拟主机有所区别，需要掌握通过修改配置搭建虚拟主机环境并且了解测试虚拟主机的方法。

知识引入

虚拟主机又称为虚拟服务器，是一种网站服务器采用的节省服务器硬件成本的技术。虚拟指的是空间由实体服务器延伸而来，多个虚拟服务器通过软件架设在一个实体服务器上，而每个虚拟主机包含服务器的所有功能，这样通过虚拟方式降低每个虚拟主机的成本。

通常一个虚拟主机可以架设几百个网站，架设的网站越多，共享服务器的客户端就越

多，占用系统资源就越多，虚拟主机的数量一般和实体服务器的硬件配置有关。

虚拟主机可以是基于 IP 地址、主机名或端口号，每种虚拟主机的设置方式稍有不同。

- 基于 IP 地址的虚拟主机：需要计算机上配有多个 IP 地址，并为每个 Web 站点分配一个唯一的 IP 地址。
- 基于主机名的虚拟主机：要求拥有多个主机名，并且为每个 Web 站点分配一个主机名。
- 基于端口号的虚拟主机：要求不同的 Web 站点通过不同的端口号监听，这些端口号只要系统不用就可以。

由于基于端口号的虚拟主机使用范围相对较小，下面主要介绍基于 IP 地址的虚拟主机和基于主机名的虚拟主机的设置方法。

任务实施

——配置虚拟主机

步骤 1　对基于 IP 地址的虚拟主机进行配置。

要配置基于 IP 地址的虚拟主机，首先需要在一块网卡上配置两个 IP 地址，操作步骤如下：

（1）选择“系统”→“首选项”→“网络连接”命令，打开“网络连接”对话框，如图 12-10 所示。

（2）选择“有线”选项卡，选择第一个网卡，然后单击“编辑”按钮，即可编辑网卡配置，如图 12-11 所示。

图 12-10　“网络连接”对话框

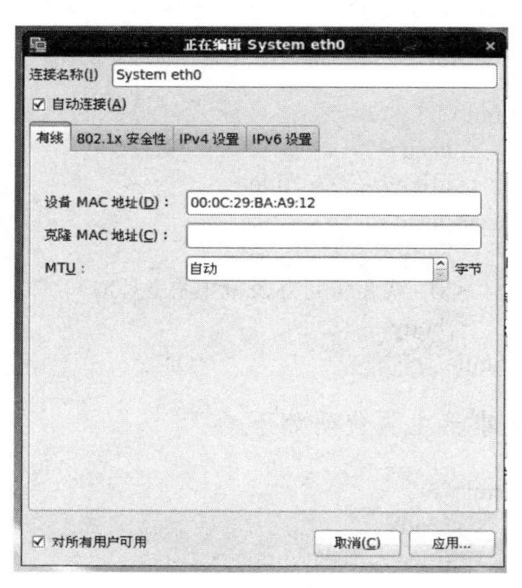

图 12-11　编辑网卡配置

（3）选择“IPv4 设置”选项卡，进入 IP 地址设置选项卡，添加一个同一网段的 IP 地址，完成一块网卡绑定两个地址的操作，如图 12-12 所示。

图 12-12　IP 地址绑定

接着验证基于 IP 地址的虚拟主机。

在前面设置的情况下，使用浏览器可以打开 192.168.200.103 和 192.168.200.104 两个地址，但是两个页面返回的网页是相同的。

假设需要在此设置办公室和人事部两个部门的网站，可分别通过 192.168.200.103 和 192.168.200.104 这两个地址进行访问，进行如下操作。

（1）在/var/www/html 目录下新建 office 和 hr 两个目录：

```
#mkdir /var/www/html/office
#mkdir /var/www/html/hr
```

即在这两个目录下分别建立办公室和人事部的首页 index.html。

办公室的主页代码如下：

```
<html>
      <head>
      <title>办公室</title>
      </head>
      <body>
      <h1>欢迎访问办公室主页！</h1>
      </body>
</html>
```

人事部主页代码如下：

```
<html>
      <head>
      <title>人事部</title>
      </head>
      <body>
      <h1>欢迎访问人事部主页！</h1>
      </body>
```

```
</html>
```

（2）修改/etc/httpd/conf/httpd.conf 配置文件，或者添加配置文件/etc/httpd/conf.d/ipvh.conf，在其中输入以下内容：

```
<VirtualHost   192.168.200.103>
      DocumentRoot /var/www/html/office
      ServerName office
</VirtualHost>
<VirtualHost   192.168.200.104>
      DocumentRoot /var/www/html/hr
      ServerName hr
</VirtualHost>
```

（3）重新启动 httpd 服务或者重新加载配置文件。

（4）通过浏览器分别访问 192.168.200.103 和 192.168.200.104，可以看到这两个地址返回的网页分别如图 12-13 和图 12-14 所示，说明基于 IP 地址的虚拟主机设置已经生效。

图 12-13　示例办公室主页

图 12-14　示例人事部主页

步骤 2　对基于主机名的虚拟主机进行配置。

（1）配置基于主机名的虚拟主机需要修改/etc/httpd/conf/httpd.conf 配置文件，或者添加配置文件/etc/httpd/conf.d/nvh.conf，在其中输入以下代码：

```
NameVirtualHost 192.168.200.103
<VirtualHost   192.168.200.103>
        DocumentRoot /var/www/html/office
        ServerName office.domain.com
</VirtualHost>
<VirtualHost   192.168.200.103>
        DocumentRoot /var/www/html/hr
        ServerName hr.domain.com
</VirtualHost>
```

以上代码表示 192.168.200.103 是基于主机名的虚拟主机，域名为 office.domain.com 的办公室主页根目录在服务器中的位置是/var/www/html/office，域名为 hr.domain.com 的人事部的主页根目录在服务器中的位置是/var/www/html/hr。

（2）修改客户端主机的 hosts 文件，以 win7 为例，hosts 文件在 C:\Windows\System32\drivers\etc 目录下，添加如下的记录：

192.168.200.103　office.domain.com

192.168.200.103　hr.domain.com

通过前面的步骤，接着验证基于主机名的虚拟主机：

使用浏览器分别访问这两个域名，分别得到如图 12-15 和图 12-16 所示的页面，可以看出 office.domain.com 域名打开的是办公室的首页，hr.domain.com 打开的是人事部首页。

图 12-15　示例办公室主页

图 12-16　示例人事部主页

任务 12.4　安装和配置 MySQL 服务器

任务场景

Web 服务器的动态网页是与数据库关联的。小王决定安装 Linux 下最常用的数据库管理系统 MySQL。

知识引入

MySQL 是一个开放源码的小型关联式数据库管理系统，由瑞典 MySQL AB 公司开发，目前属于 Oracle 公司。MySQL 被广泛地应用在 Internet 上的中小型网站中。由于其具有体积小、速度快、总体拥有成本低，开放源码这些特点，使得许多中小型网站为了降低网站总体拥有成本而选择了 MySQL 作为网站数据库。

MySQL 是一种关联数据库管理系统，关联数据库将数据保存在不同的表中，而不是将所有数据放在一个大仓库内，这样就提高了数据处理的速度并增强了灵活性。MySQL 的 SQL 语言是用于访问数据库的最常用标准化语言。MySQL 软件采用了双授权政策，它分为社区版和商业版，其体积小、速度快、总体拥有成本低，搭配 PHP 和 Apache 可组成良好的开发环境，非常流行的开源软件组合 LAMP 中的“M”指的就是 MySQL。

任务实施

——安装和配置 MySQL 服务器

步骤 1　安装 MySQL 服务器。

（1）使用 yum 命令安装 MySQL。

```
#yum install mysql
#安装 mysql 的客户端
#yum install mysql-server
#安装 mysql 的服务器端
```

（2）安装完成后需要启动 MySQL 服务。

```
#service mysqld start
```

（3）将 MySQL 服务加入启动项。

```
#chkconfig mysqld on
```

至此，MySQL 服务就安装完成，现在可以测试下是否可以连接上 MySQL 服务器：

```
#mysql -u root
Welcome to the MySQL monitor.   Commands end with ; or \g.
Your MySQL connection id is 2
Server version: 5.1.47 Source distribution

Copyright (c) 2000, 2010, Oracle and/or its affiliates. All rights reserved.
This software comes with ABSOLUTELY NO WARRANTY. This is free software,
and you are welcome to modify and redistribute it under the GPL v2 license

Type 'help;' or '\h' for help. Type '\c' to clear the current input statement.

mysql>
```

连接成功，这时可以输入一些 SQL 语句进行查询：

```
mysql> show databases;
+--------------------+
| Database           |
+--------------------+
| information_schema |
| mysql              |
| test               |
```

```
+--------------------+
3 rows in set (0.01 sec)
mysql> exit
Bye
```

至此，MySQL 已经安装完毕，试着使用 SQL 命令在终端进行一些 SQL 指令的查询。

步骤 2 MySQL 服务器的基本配置。

安装 MySQL 服务器后，服务器默认数据库管理员 root 的密码为空，是一种非常危险的设置，应该立即修改数据库管理员 root 的密码（注意：mysql 的数据库管理员 root 和 Linux 系统管理员 root 只是名字相同而已，其含义完全不同）。

```
# mysqladmin -u root password 'password'
#将 root 密码修改为 password
```

MySQL 数据库配置文件是/etc/my.cnf，管理员可以通过修改这个文件优化数据库的性能，这里简单介绍几个最常用的配置参数。

```
 [mysqld]
datadir=/var/lib/mysql
#标识数据库的数据目录位置，默认在/var/lib/mysql
socket=/var/lib/mysql/mysql.sock
#接口文件位置
user=mysql
# Disabling symbolic-links is recommended to prevent assorted security risks
symbolic-links=0

[mysqld_safe]
log-error=/var/log/mysqld.log
#MySQL 的错误日志位置
pid-file=/var/run/mysqld/mysqld.pid
#MySQL 的进程文件位置
```

任务 12.5 安装 PHP 语言

任务场景

网站内容管理系统必须使用动态语言，而小王选择的是 LAMP 环境中最常用的 PHP 语言。

知识引入

12.5.1 静态网页和动态网页

在网站设计中，纯粹 HTML 格式的网页通常被称为“静态网页”，静态网页是标准的

HTML 文件，它的文件名是以超文本标记语言 htm、html、shtml、xml（可扩展标记语言）等为扩展名的，可以包含文本、图像、声音、Flash 动画、客户端脚本和 ActiveX 控件及 Java 小程序等。静态网页是相对于动态网页而言，是指没有后台数据库、不含程序和不可交互的网页。在超文本标记语言格式的网页上，也可以出现各种动态的效果，如 GIF 格式的动画、Flash、滚动字幕等，这些“动态效果”只是视觉上的，与下面将要介绍的动态网页是不同的概念。静态网页是网站建设的基础，早期的网站一般都是静态网页。静态网页相对更新起来比较麻烦，适用于一般更新较少的展示型网站。

动态网站是指可以让服务器和使用者互动的网站，一般情况下动态网站通过数据库保存数据。现在常见的例如论坛、留言板和博客等，如今公司网站一般也是这种类型的网站。动态网站除了要设计网页外，还要通过数据库和编程序来使网站具有更多自动的和高级的功能。动态网站使用“网页编程语言”来实现与使用者互动的行为，流行的动态网页语言有 PHP、ASP.NET、JSP、Ruby 和 Python 等。

动态网站并不是指具有动画功能的网站，而是指网站内容可根据不同情况动态变更的网站，动态网站体现在网页一般是以 asp、jsp、php、aspx 等扩展名结束，而静态网页一般是 html 结尾，动态网站服务器空间配置要比静态的网页要求高，费用也相应的高，不过动态网页利于网站内容的更新，适合企业建站。常见的例如 PHP 网页设计语言，配合 MySQL 数据库系统来进行数据的读写。整个交互过程如图 12-17 所示。

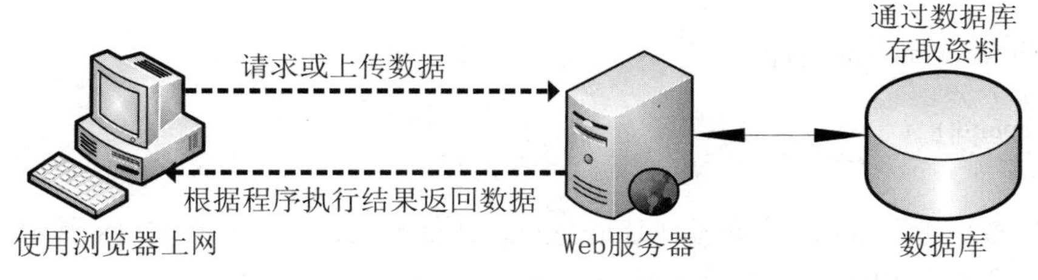

图 12-17　动态网站程序与数据库交互过程

12.5.2　PHP 语言

PHP（Hypertext Preprocessor）是一种在计算机上运行的脚本语言，主要用途是处理动态网页，也包含了命令行运行接口（command line interface），或者产生图形用户界面（GUI）程序。

PHP 最早由丹麦人拉斯姆斯·勒多夫在 1995 年发明，而现在 PHP 的标准由 PHP Group 和开放源代码社区维护。PHP 以 PHP License 作为许可协议，不过因为这个协议限制了 PHP 名称的使用，所以和开放源代码许可协议 GPL 不兼容。

PHP 的应用范围相当广泛，尤其是在网页程序的开发上。一般来说，PHP 大多运行在网页服务器上，通过运行 PHP 代码来产生用户浏览的网页。PHP 可以在多数服务器和操作系统上运行，而且使用 PHP 完全是免费的。根据 2007 年 4 月的统计数据，PHP 已经被安装在超过 2000 万个网站和 100 万台服务器上。目前流行的开源软件组合 LAMP 中的“P”指的就是 PHP。

任务实施

——安装 PHP 语言

步骤 1 安装 PHP 语言。

这里通过 yum 命令安装 PHP，命令如下。

```
sudo yum -y install php php-devel php-mysql
```

删除任务 12.4 处虚拟主机配置过程中的配置文件/etc/httpd/conf.d/ipvh.conf 和/etc/httpd/conf.d/nvh.conf，否则会影响本节的测试结果，使用下面两个命令中的一个重新启动 httpd 服务或者重新载入 httpd 的配置：

```
#service httpd restart
#重启 httpd 服务
#service httpd graceful
#重新载入 httpd 配置
```

步骤 2 测试 PHP 脚本。

此时 Apache 已经支持 PHP 了，通过新建一个 PHP 脚本方法进行测试。在/var/www/html 目录下新建 info.php 文件，输入如下脚本：

```
#vim /var/www/html/info.php
<?php
        phpinfo();
?>
```

在浏览器中输入 http://服务器地址/info.php 进行测试，结果如图 12-18 所示，显示 PHP 的状态信息即表示 PHP 已经安装成功。

图 12-18 PHP 安装完成的测试页面

PHP 的配置文件是/etc/php.ini，熟悉 PHP 的程序员可以在此调整 PHP 的配置，这里就不再具体介绍了。

任务 12.6　安装和配置内容管理系统

任务场景

在 LAMP 环境下安装系统必须首先在 MySQL 服务器中建立针对安装系统的账号和数据库，通过网络下载需要安装的系统软件包，解压到 Web 发布目录，安装过程中需要根据系统提示修改相应目录的读写权限。

小王打算使用开源网站内容管理系统 Joomla!，其他类型的应用系统的安装可参考此步骤。

知识引入

内容是任何类型的数字信息的结合体，可以是文本、图形图像、Web 页面、业务文档、数据库表单、视频、声音、XML 文件等。应该说，内容是一个比数据、文档和信息更广的概念，是对各种结构化数据、非结构化文档、信息的聚合。管理就是施加在“内容”对象上的一系列处理过程，包括收集、存储、审批、整理、定位、转换、分发、搜索、分析等，目的是为了使“内容”能够在正确的时间、以正确的形式传递到正确的地点和人。

内容管理系统（Content Management System，CMS）是指在一个合作模式下，用于管理工作流程的一套制度。该系统可应用于手工操作中，也可以应用到计算机或网络里。作为一种中央存储器（Central Repository），内容管理系统可将相关内容集中存储并具有群组管理、版本控制等功能。版本控制是内容管理系统的一个主要优势。

任务实施

——安装和配置 Joomla!

搭建好 Linux 服务器下的完整的 LAMP 环境后，就可以开始安装 Joomla!内容管理系统的 2.5 版，安装此版本的网站系统需要在 MySQL 数据库中首先建立 Joomla!的数据库和相应的数据库账户，可以通过以下命令添加：

```
#mysql -uroot -ppassword
mysql>grant all on joomla.*   to joomla@localhost identified by 'joomlapwd';
#在 MySQL 中添加 Joomla 账号，设置密码 joomlapwd，并且设置 Joomla 账号拥有 Joomla 数据库的所有权限
#wget
http://joomlacode.org/gf/download/frsrelease/17715/77262/Joomla_2.5.8-Stable- Full _Package.zip
#下载 Joomla!的 2.5.8 版
```

```
#mv Joomla_2.5.8-Stable-Full_Package.zip /var/www/html/
#移动安装包到网站根目录下
# cd /var/www/html/
#进入网站根目录
# unzip -d joomla Joomla_2.5.8-Stable-Full_Package.zip
#解压安装包到 joomla 目录
```

打开浏览器，在地址栏中输入 http://服务器地址/joomla!，开始安装 Joomla!。

步骤 1 选择 Joomla! 安装过程中的语言。

这里选择默认的“简体中文”选项，单击“下一步”按钮，如图 12-19 所示。

图 12-19 选择“简体中文”选项

步骤 2 安装前检查。

进入“安装前检查”界面，如果服务器环境满足要求，单击“下一步”按钮即可，如图 12-20 所示。

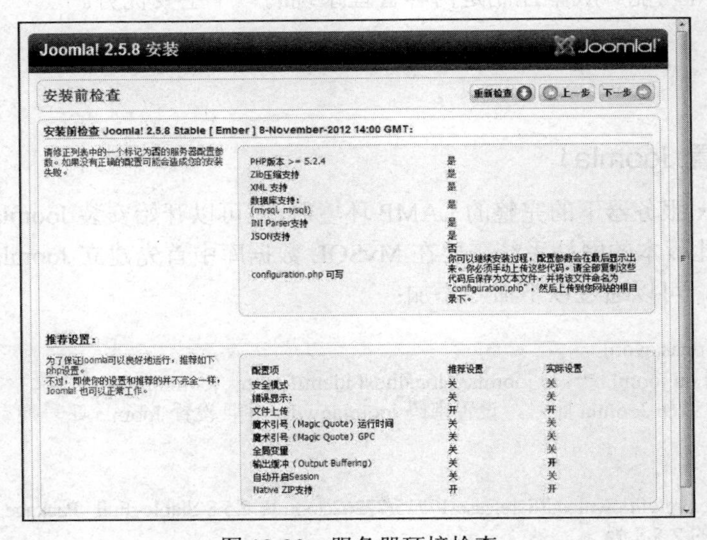

图 12-20 服务器环境检查

步骤 3　软件许可证查看。

进入“软件许可证”界面，查看后单击“下一步”按钮，如图 12-21 所示。

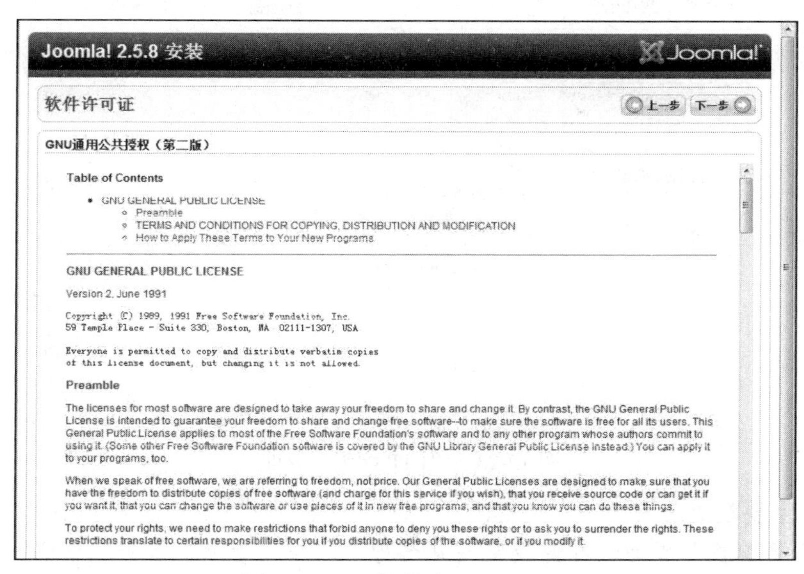

图 12-21　“软件许可证”界面

步骤 4　数据库设置。

进入“数据库设置”界面，可以根据本节前面的设置输入用户名、密码和数据库名等信息来填写，这一步非常重要。设置完成后单击“下一步”按钮，如图 12-22 所示。

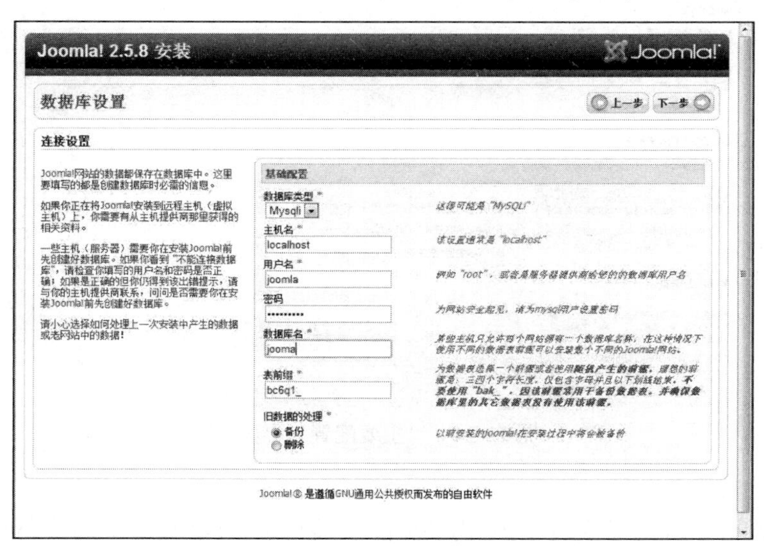

图 12-22　“数据库设置”界面

步骤 5　FTP 配置。

进入“FTP 配置”界面，默认不开启 FTP，单击“下一步”按钮，如图 12-23 所示。

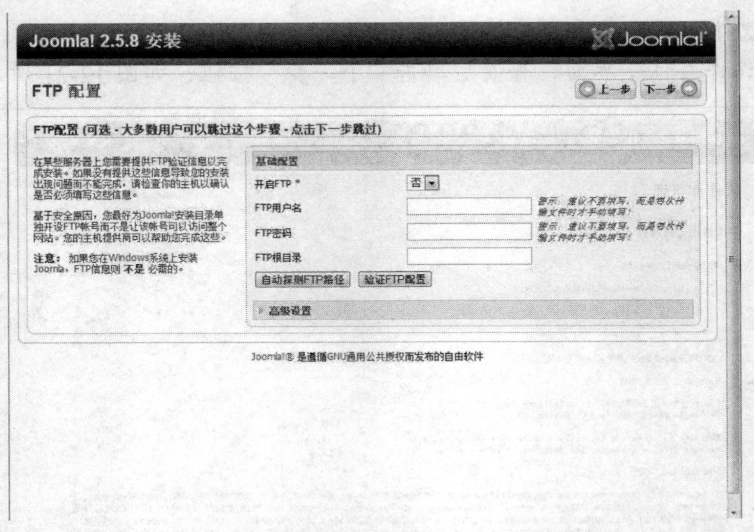

图 12-23 “FTP 配置”界面

步骤 6 主要配置。

进入“主要配置”界面，在此设置网站名称、邮箱、管理员账号及密码，安装示范数据相关信息，完成后单击“下一步”按钮，如图 12-24 所示。

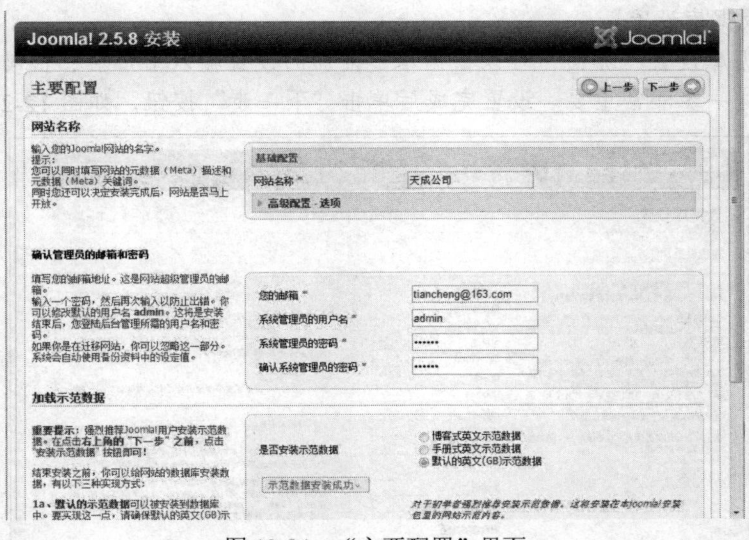

图 12-24 “主要配置”界面

步骤 7 完成安装。

至此，Joomla!系统已经安装完毕。需要删除安装目录，并将页面中的代码复制到joomla!目录下的 configuration.php 文件中，如图 12-25 所示。

经过一番努力，天成公司网站已经搭建完毕，可以通过 http://服务器 IP/joomla!访问公司网站，还可以通过 http://服务器 IP/joomla/administrator/进行网站后台管理。

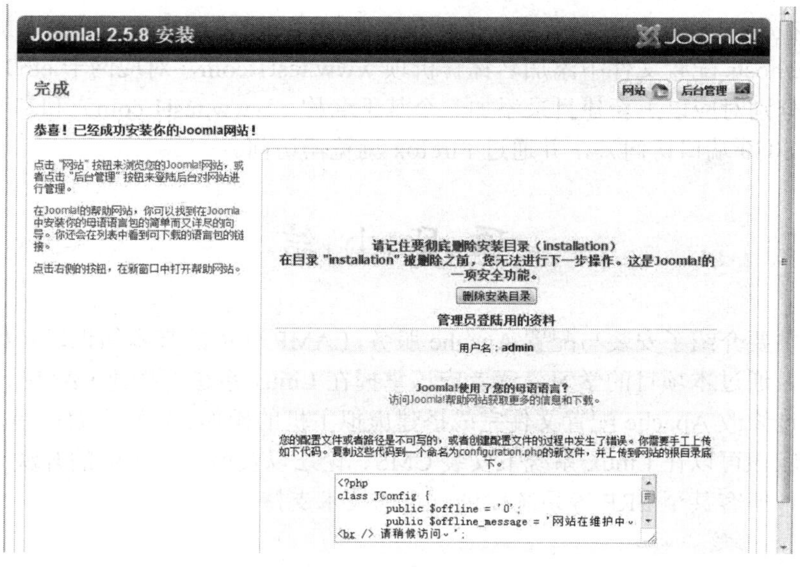

图 12-25　系统安装成功

项目实训　安装与配置 Web 服务器

1. 实训目的

熟悉并掌握在 Linux 平台进行 Web 服务器配置的步骤与方法。

2. 实训内容

（1）以 root 身份登录，查看 httpd、PHP、MySQL 软件包的安装情况，若其中有未安装的软件包，用软件包管理工具予以安装。

（2）启动 httpd 服务。

（3）在终端窗口中练习用 service 命令查看、停止、启动、重启动 httpd 服务。

（4）查看 Apache 配置文件/etc/httpe/conf/httpd.conf 的内容。

（5）下载 discuz！论坛系统（http://www.comsenz.com/index.php），在系统中安装此论坛系统。

（6）启动 Firefox 浏览器，在地址栏中分别使用 127.0.0.1，eth0 的 IP 地址和主机名查看是否能够打开测试页面。

（7）在宿主操作系统（Windows 7）中用 IE 浏览器检查该 Web 服务器是否工作正常。

（8）打开 Red Hat Linux 的安全级别（防火墙）配置工具，定制安全规则，使 http 请求允许进入，然后重复步骤（4）。

（9）打开 Web 服务器配置文件，查看相关配置信息，记录默认虚拟主机的文档根目录，并添加监听请求地址"所有地址上的 8080 端口"。

（10）编辑一个包含自己姓名的简单网页，保存在默认虚拟主机的文档根目录下，然后在宿主操作系统（Windows 7）中用 IE 浏览器再次打开该 Web 站点，查看页面情况。

（11）在/var/www 目录下新建两个目录 test1 和 test2，并在其下分别添加不同的主页文件。在/etc/hosts 配置文件中添加名称解析项 www.test1.com，对应网卡 eth0 的 IP 地址。

（12）分别对应以上新建目录添加一个基于名称（www.test1.com）和基于 IP 的虚拟主机（通过 8080 端口访问），并通过 Firefox 浏览器访问。

项 目 小 结

本项目主要介绍了安装与配置 Apache 服务，LAMP 环境的基本知识以及如何安装配置 LAMP 环境。通过本项目的学习，读者应该掌握在 Linux 系统下搭建 LAMP 环境的方法，并且掌握通过修改 Apache 配置文件完成搭建虚拟主机的操作。特别重要的是，读者通过本项目的学习应该可以在 Linux 系统下安装 CMS、论坛以及博客等主流的开源系统，为企业网站、论坛、博客甚至 ERP 等系统提供一定的技术支持。

习 题

一、选择题

1. PHP 和 MySQL 的联合使用解决了________。
   A. 在 Proxy 上处理数据库的访问问题
   B. 在 WWW 服务器上处理黑客的非法访问问题
   C. 在 WWW 服务器上处理数据库的访问问题
   D. 在 Sendmail 邮件系统上处理数据库的访问问题

2. 在默认的安装中，Apache 把自己的配置文件放在了________目录中。
   A. /etc/httpd/　　B. /etc/httpd/conf/　　C. /etc/　　D. /etc/apache/

3. Red Hat Linux 提供的 WWW 服务器软件是________。
   A. IIS　　B. Apache　　C. PWS　　D. NETCONFIG

4. Apache 服务器是________。
   A. DNS 服务器　　B. Web 服务器　　C. FTP 服务器　　D. Sendmail 服务器

5. 设置 Apache 服务器主目录的路径是________。
   A. DocentROt　　B. Serroot　　C. DocumentRoot　　D. serverAdmin

6. Apache 服务器默认的监听连接端口号是________。
   A. 1024　　B. 800　　C. 80　　D. 8

7. 如果在 Apache 服务器中需要使用/usr/local/lib/icons/下的 gif 文件，那么最简单的方法是________。
   A. 在 httpd.conf 文件中使用符号链接
   B. 在 httpd.conf 文件中添加 Alias /image /usr/local/lib/icons
   C. 在 httpd.conf 文件中使用重定向

D. 在$DOCUMENT_ROOT 下创建一个 image 目录，然后将文件复制到此目录下

8. ________命令可以用来检查 httpd.conf 文件的语法。

A. /etc/init.d/apache configtest　　B. /etc/init.d/apache configcheck

C. apachectl configtest　　D. apachectl configcheck

9. 如果要将默认的 WWW 服务的端口号修改为 8080，则需要修改配置文件中的_____一行。

A. pidfile 80　　B. timeout 80　　C. keepalive 80　　D. listen 80

二、简答题

1. LAMP 环境代表什么意思？

2. Apache 有哪两种虚拟主机的方式？

3. Apache 服务器的配置文件 httpd.conf 中有很多内容，请解释如下配置项：

（1）MaxKeepAliveRequests 200

（2）UserDir public_html

（3）DefaultType text/plain

（4）AddLanguare en.en

（5）DocumentRoot "/usr/local/httpd/htdocs"

（6）AddType application/x-httpd-php .php .php5

4. 试解释 Apache 服务器以下配置的含义：

（1）port 1080

（2）UserDir userdoc

（3）DocumentRoot "/home/htdocs"

（4）
```
<Directory /home/htdocs/inside>;
    Options Indexes FollowSymLinks
    AllowOverride None
    Order deny,allow
    deny from all
    allow from 192.168.1.5
</Directory>;
```

（5）Server Type Standlone

项目 13　安装与配置 E-mail 服务器

电子邮件 E-mail 是一种用电子手段提供信息交换的通信方式，是 Internet 最基本、应用最广、最重要的服务之一。本项目通过 3 个任务学习 SMTP 服务器软件 Postfix、IMAP 服务器软件 Dovecot 和电子邮件客户端软件 Mozilla Thunderbird 的安装和配置方法。

任务 13.1　安装与配置邮件服务器 Postfix

任务 13.2　安装和配置收信服务器 Dovecot

任务 13.3　设置电子邮件客户端 Mozilla Thunderbird

任务 13.1　安装邮件服务器 Postfix

任务场景

小王所在的天成公司规模不断扩大，公司决定使用自己公司域名后缀的电子邮箱，定期和客户通过电子邮件方式进行联系，公司员工在企业内网也可以使用邮件客户端收发邮件。

经过研究比较，小王决定使用 RHEL6.0 默认的邮件 SMTP 服务器软件 Postfix 和 IMAP 服务器软件 Dovecot，搭配开源的 Mozilla Thunderbird 电子邮件客户端软件，满足公司员工使用企业邮箱收发邮件的需求。

先来搭建 Postfix。

知识引入

13.1.1　电子邮件服务

1. 电子邮件服务简介

电子邮件（E-mail，又称电子函件、电邮或邮件）是指通过互联网进行书写、发送和接收信件，目的是达成发信人和收信人之间的信息交互，它是一种用电子手段提供信息交换的通信方式，是 Internet 最基本、应用最广、最重要的服务之一。

与传统的邮政系统的邮件服务相比，电子邮件主要通过 Internet 或 Intranet 进行邮件交互，具有快速和费用低廉的特点。用户发送一封电子邮件，一般可以在几分钟内到达对方的邮箱，电子邮件还可以添加附件，将文件以邮件附件的形式进行传送，可以高效地在全球范围内进行邮件通信。此外，电子邮件采用邮箱存储的方式，用户可以在公司或者家里随时接收邮箱里的邮件，方便用户使用。

在互联网中，电邮地址的格式是：用户名@主机名。@是英文 at 的意思，所以电子邮件地址是表示在某部主机上的一个用户账号（例如，guest@email.domain.com），用户可以通过自己的电邮账号向对方电子邮箱地址发送邮件。电子邮件账号是存在于电子邮件服务器（Mail Server）中，如果邮件服务器 mail.whptu.ah.cn 上有 test 用户，则该用户的邮件地址为 test@mail.whptu.ah.cn。当其他用户使用邮件服务器往 test@mail.whptu.ah.cn 邮箱发邮件的时候，服务器会分析@后的主机名称，通过域名解析，将邮件发往 mail.whptu.ah.cn 的 test 账号，当 mail.whptu.ah.cn 服务器收到 test 账号的邮件的时候，会将邮件存放入 test 账号的收件箱中。

2. 电子邮件服务的工作原理

本任务主要以 Postfix 和 Dovecot 两款软件为基础介绍 MTA 以及 MRA 程序。下面介绍邮件传送的过程，整体流程如图 13-1 所示。

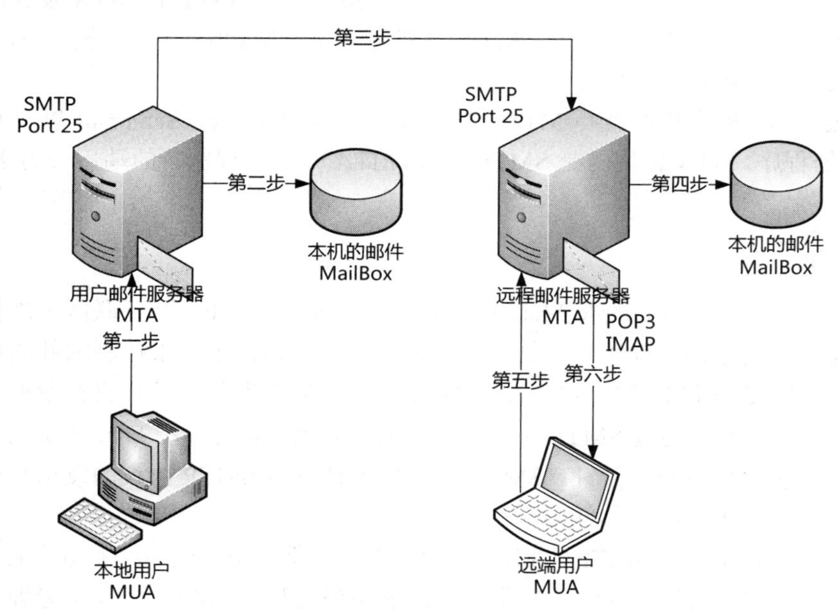

图 13-1　邮件传递流程

邮件传递流程具体介绍如下。

第一步：使用邮件用户代理（MUA）创建了一封电子邮件，邮件创建后被送到了该用户的本地邮件服务器的邮件传输代理（MTA）——传送过程使用的是 SMTP 协议。此邮件被加入本地 MTA 服务器的队列中。

第二步：MTA 检查收件用户是否为本地邮件服务器的用户，如果收件人是本机的用户，服务器将邮件存入本机的 MailBox。

第三步：如果邮件收件人并非本机用户，MTA 检查该邮件的收信人，向 DNS 服务器查询接收方 MTA 对应的域名，然后将邮件发送至接收方 MTA——使用的仍然是 SMTP 协议。这时，邮件已经从本地的用户工作站发送到了收件人 ISP 的邮件服务器，并且转发到了远程的域中。

第四步：远程邮件服务器比对收到的邮件，如果邮件地址是本服务器地址则将邮件保存在 MailBox 中，否则继续转发到目标邮件服务器。

第五步：远端用户连接到远程邮件服务器的 POP3（110 端口）或者 IMAP（143 端口）接口上，通过账号密码获得使用授权。

第六步：邮件服务器将远端用户账号下的邮件取出并且发送给收件人 MUA。

13.1.2 MTA 和 SMTP

1. MTA

MTA（Mail Transfer Agent）即邮件传输代理，在 Linux 主机上可以配置一个邮件传输代理，进行电子邮件的传送。MTA 的主要功能是接收用户或者其他 MTA 发送的邮件，如果接收的邮件是发送给本地用户的，MTA 将邮件保存到 Mailbox（收件箱）中，否则 MTA 将邮件转发给其他邮件服务器。

邮件服务器实际上指的就是 MTA 服务器，著名的 Postfix、Sendmail 以及 Qmail 都是 MTA 服务器程序。MTA 使用的是 SMTP 协议，MTA 守护进程监听的端口号为 25 的 SMTP 端口。

2. SMTP

简单邮件传输协议（Simple Mail Transfer Protocol，SMTP）是互联网上邮件传输的标准协议，是一种用于由源地址到目的地址传送邮件的规则，用它来控制邮件的传输方式。SMTP 协议使用 TCP 端口 25，属于 TCP/IP 协议族，它帮助每台计算机在发送或中转信件时找到下一个目的地。通过 SMTP 协议所指定的服务器，就可以把 E-mail 寄到收信人的服务器上了，整个过程只要几分钟。SMTP 服务器则是遵循 SMTP 协议的发送邮件服务器，用来发送或中转发出的电子邮件。

Sendmail 是最早实现 SMTP 的邮件传输代理之一。到 2001 年至少有 50 个程序将 SMTP 实现为一个客户端（消息的发送者）或一个服务器（消息的接收者）。除了老牌的 Sendmail 之外，SMTP 服务器程序还包括 IBM 的 Postfix、D. J. Bernstein 的 Qmail 以及 Microsoft Exchange Server 等。

13.1.3 主流电子邮件服务器软件

电子邮件服务器软件有很多，在 Linux 系统下最常用的有 Sendmail、Postfix 和 Qmail。

1. Sendmail

Sendmail 是一种多用途、支援多种协定的跨网络电子邮件传送代理软件，由艾瑞克·欧曼

（Eric Allman）开发，于 1983 年随着 BSD 4.1c 首次发行。

早期几乎所有的 Linux 系统都默认安装这个软件，但是 Sendmail 的安全性较差，在大多数系统中默认以 root 身份运行，如果邮件服务器发生安全问题，就会对整个系统造成影响，曾经多次被发现重大的安全性漏洞。除此之外，Sendmail 还存在设定档过于复杂和系统结构不适合大负载邮件系统等问题，导致市场占有率持续下滑。2012 年元月，由 E-Soft 公司做的调查，仅 12.43%的邮件服务器使用 Sendmail，其市场占有率被 Exim、Postfix、Microsoft Exchange Server 等新兴的邮件传送代理软件所瓜分。

2. Postfix

Postfix 是一种电子邮件服务器，它是由任职于 IBM 华生研究中心（T.J. Watson Research Center）的荷兰籍研究员 Wietse Venema 为了改良 Sendmail 邮件服务器而研发的。Postfix 在 20 世纪 90 年代晚期出现，是一个开放源代码的软件。Postfix 在快速、易于管理和提供尽可能的安全性方面都取得了一种较好的平衡，此外 Postfix 还可以和 Sendmail 邮件服务器保持兼容性以满足用户的使用习惯。

3. Qmail

Qmail 是由丹尼尔·伯恩斯坦（Daniel J. Bernstein）开发的一个运行于类 UNIX 操作系统下的邮件传送代理软件，其第一个版本发布于 1996 年 1 月 24 日，它是一个用来代替 UNIX 下 Sendmail 软件的邮件传送程序。Qmail 是面向安全而设计的，但是 Qmail 已经许多年没有更新了，用户必须通过第三方的插件及补丁来使 Qmail 增加新的功能。

任务实施

——安装邮件服务器 Postfix

步骤 1　安装并启动 Postfix。

RHEL6 的预设邮件服务器就是 Postfix，首先可以通过 yum 命令查询 Postfix 是否已经安装完成，如图 13-2 所示。

```
#yum  list  postfix
```

如果返回 Installed Packages，则表示已经安装完成，否则需要通过 yum 安装。

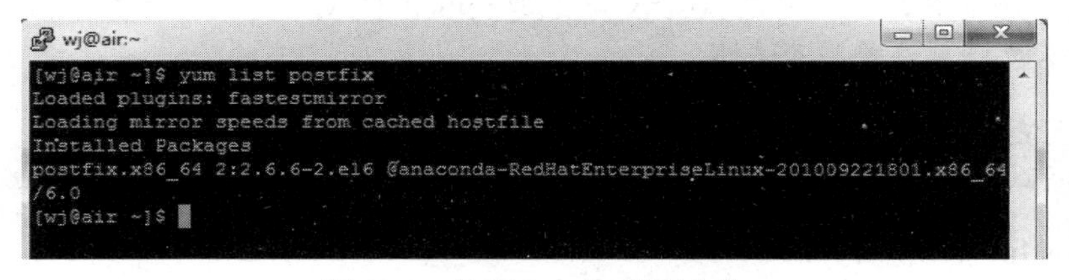

图 13-2　检查 Postfix 是否安装

```
#yum  install  postfix -y
```

将postfix添加到开机启动服务，并且启动postfix。

```
# chkconfig   postfix   on
# service   postfix   start
```

步骤2 配置Postfix。

（1）Postfix的基本配置。

Postfix的主要配置文件在/etc/postfix目录下有main.cf、master.cf和access这几个配置文件，可以通过文本编辑器修改参数，也可以通过postconf命令修改：

```
# vim   /etc/postfix/main.cf
myhostname =air.whptu.ah.cn
#myhostname参数是指系统的主机名称，此参数需要使用FQDN，并且会被很多后续参数引用。现在的ISP邮件服务器一般会对接收的邮件进行域名反向解析，因此必须配置DNS合法的A记录及MX记录
mydomain =whptu.ah.cn
#mydomain参数是指email服务器的域名，与myhostname参数类似，必须是正式域名
myorigin = $mydomain
#myorigin参数指定本地发送邮件中来源和传递显示的域名
mynetworks = 192.168.1.0/24, 127.0.0.0/8, hash:/etc/postfix/access
#mynetworks参数指定受信任SMTP的列表，具体来说，受信任的SMTP客户端允许通过Postfix传递邮件。hash:/etc/postfix/access设置使用/etc/postfix/access文件控制转发邮件用户
mydestination = $myhostname, localhost.$mydomain, localhost
#mydestination参数指定哪些邮件地址允许在本地发送邮件。这是一组被信任的允许通过服务器发送或传递邮件的IP地址。用户试图通过发送从此处未列出的IP地址的原始服务器的邮件将被拒绝
inet_interfaces = all
# inet_interfaces参数设置网络接口以便Postfix能接收到邮件，默认只能由本机接收邮件，以上已经将参数修改为监听所有主机
relay_domains = $mydestination
# relay_domains参数是系统转发邮件的目的域名列表，也就是允许转发的下一个MTA服务器。如果留空，可以保证所管理的邮件服务器只对信任的网络开放
home_mailbox = Maildir/
#home_mailbox参数设置邮箱路径，此路径与用户目录有关，也可以指定要使用的邮箱风格，如果不设置该参数，系统默认的邮箱都是放在/var/spool/mail目录下的使用者用户名文件中
alias_maps = hash:/etc/aliases
#alias_maps参数设置邮件别名的配置文件在/etc/aliases里
```

参数设置完毕后，可以通过postfix命令加reload参数重新加载配置文档，也可以通过增加check参数检测设置是否有误：

```
# postfix   reload
# postfix   check
```

查看postfix服务的状态：

```
# postfix   status
postfix/postfix-script: the Postfix mail system is running: PID: 2440
```

（2）设置邮箱容量。

系统默认设置单封邮件最大容量为 10MB，可以通过修改 postfix 主配置文件更改单封邮件容量限制。

```
# vim   /etc/postfix/main.cf
message_size_limit = 28672000
#message_size_limit 的单位是 bytes
```

邮件的实质是一堆“文本”，邮件从 Thunderbird、Outlook 等发出时，邮件中的附件会被 Thunderbird、Outlook 等使用 base64 编码为一堆“文本”，base 64 编码后的邮件会增大大概 1/3 的容量，也就是说如果 20MB 的附件，base64 编码后会变成 26MB 左右。

如果需要限制用户账户的总邮箱容量，也可以通过修改 main.cf 文件的方法实现：

```
# vim /etc/postfix/main.cf
mailbox_size_limit = 1000000000
#mailbox_size_limit 的单位也是 bytes，通过上面的设置将单个邮箱容量限制为 1GB
# postfix   reload
```

（3）邮箱别名设置。

配置邮件别名方法，邮件别名的配置文件在/etc/aliases 里，格式如下：

```
 [Format]
收件账号或者其他别名：收件账号 A，收件账号 B，收件账号 C
```

【例 13-1】重新发送邮件到另一用户。

```
root:root,james
```

此例表示，root 用户的邮件对于用户 james 和 root 都可以接收到。

【例 13-2】设置群邮件。

```
class2013: james, ann, mark
```

此例表示设置了群邮件名 class2013，当发送一封邮件到 class2013@air.whptu.ah.cn 时，一群用户（如 james、ann、mark）都会收到邮件。

当邮件别名修改完成后，需要使用 newaliases 命令激活邮件别名功能；在编辑/etc/aliases 文件后，必须执行 newaliases 命令来更新别名数据库。

```
# newaliases
```

步骤 3　设置 Postfix 防火墙。

如果 Postfix 安装完成后，系统 25 端口仍然不能通信，则需要检查邮件服务器防火墙设置，可通过添加如下 iptables 命令打开系统的 25 端口，其中$EXTIF 表示外网网卡接口。

```
iptables -A INPUT -p TCP -i $EXTIF --dport   25   --sport 1024:65534 -j ACCEPT
```

因为已经设置 inet_interfaces = all，因此可以通过查看监听端口是否向所有主机开放。

```
# netstat   -tlnp | grep   :25
tcp        0      0 0.0.0.0:25              0.0.0.0:*               LISTEN      -
```

如果返回以上结果，则表示配置已经修改成功。

步骤 4　验证。

（1）向本地邮件服务器发邮件。

使用 telnet 方法连接系统 25 端口进行 SMTP 服务的测试，系统默认可能没有安装 telnet，通过 yum 命令进行安装。

```
# yum   -y    install   telnet
```

安装完成后连接系统的 smtp 端口，发送邮件至 wj 用户：

```
#telnet   localhost   25
Trying 127.0.0.1...
Connected to localhost.
Escape character is '^]'.
220 air.whptu.ah.cn ESMTP Postfix
ehlo mail
250-air.whptu.ah.cn
250-PIPELINING
250-SIZE 10240000
250-VRFY
250-ETRN
250-ENHANCEDSTATUSCODES
250-8BITMIME
250 DSN
mail from:root
250 2.1.0 Ok
rcpt to:wj
250 2.1.5 Ok
data
354 End data with <CR><LF>.<CR><LF>
This is a test mail from root!
.
250 2.0.0 Ok: queued as 131A622BD8
quit
221 2.0.0 Bye
Connection closed by foreign host.
```

邮件已经发送成功，如果没有修改 main.cf 文件中的 home_mailbox 参数，则邮件会保存在/var/spool/mail/wj 文件中，可以通过 cat 或者 more 命令查看邮件内容：

```
#cat   /var/spool/mail/wj

From root@air.whptu.ah.cn   Sun Jan   6 21:50:59 2013
```

```
Return-Path: <root@air.whptu.ah.cn>
X-Original-To: wj
Delivered-To: wj@air.whptu.ah.cn
Received: from mail (localhost.localdomain [127.0.0.1])
        by air.whptu.ah.cn (Postfix) with ESMTP id 131A622BD8
        for <wj>; Sun,  6 Jan 2013 21:50:31 +0800 (CST)
Message-Id: <20130106135043.131A622BD8@air.whptu.ah.cn>
Date: Sun,  6 Jan 2013 21:50:31 +0800 (CST)
From: root@air.whptu.ah.cn
To: undisclosed-recipients:;

This is a test mail from root!
```

从以上可以看到，邮件已经保存至/var/spool/mail/wj 文件中。

（2）向远程邮件服务器发送邮件。

MTA 服务器也可以将邮件发往外网邮件服务器，再次利用 telnet 命令向 wangjun@whptu.ah.cn 这个邮件服务器发送一封测试邮件。

```
# telnet localhost 25
Trying 127.0.0.1...
Connected to localhost.
Escape character is '^]'.
220 air.whptu.ah.cn ESMTP Postfix
ehlo mail
250-air.whptu.ah.cn
250-PIPELINING
250-SIZE 10240000
250-VRFY
250-ETRN
250-ENHANCEDSTATUSCODES
250-8BITMIME
250 DSN
mail from:wj
250 2.1.0 Ok
rcpt to:wangjun@whptu.ah.cn
250 2.1.5 Ok
data
354 End data with <CR><LF>.<CR><LF>
This is a test mail from air.whptu.ah.cn!
.
250 2.0.0 Ok: queued as 0582A22BEA
quit
221 2.0.0 Bye
Connection closed by foreign host.
```

发送成功后，进入 wangjun@whptu.ah.cn 账号查看接收到的邮件，可以看到如图 13-3 所示的邮件，说明邮件已经发送成功。

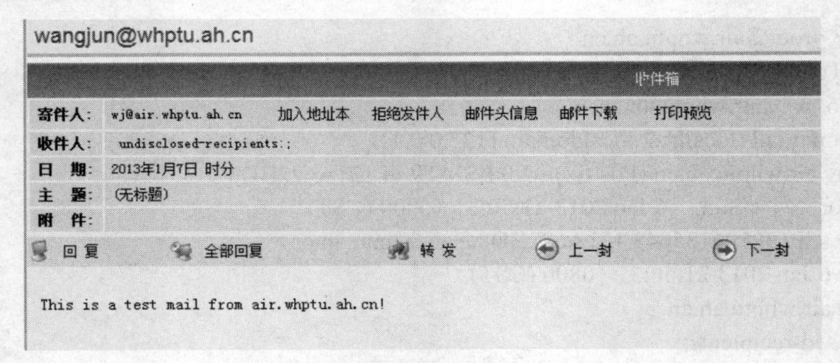

图 13-3 查看接收到的邮件

任务 13.2 安装与配置收信服务器 Dovecot

任务场景

发送邮件服务器弄好了，接下来还要安装和配置接收邮件的服务器 Dovecot。

知识引入

13.2.1 MRA

MRA（Mail Retrieval Agent）即邮件接收代理，常用的 MRA 服务器软件有 Cyrus IMAP 和 Dovecot，用户利用 MRA 服务可以通过 POP（Post Office Protocol）接收自身的邮件，也可以通过 IMAP（Internet Message Access Protocol）协议将邮件副本提取到本机，邮件本身保留在服务器上。POP3 和 IMAP 协议的端口分别是 110 和 143，MRA 使用 POP 和 IMAP 两种协议收信的方式是不同的，这里做简单介绍。

- POP3：邮件客户端软件通过 POP3 协议连接到 MRA 的 110 端口，通过输入正确的账号和密码获得授权，进入用户收件箱 Mailbox（/var/spool/mail/用户账号）取得邮件，将邮件发送到邮件客户端，邮件发送完毕后系统会删除收件箱中的邮件。
- IMAP：IMAP 协议可以将用户收件箱的资料转存到用户家目录，可以对用户邮件进行分类管理，用户收到邮件后邮件仍然保存。

1. POP3 协议

邮局协议（Post Office Protocol，POP）是 TCP/IP 协议族中的一员，常用版本为 POP3，全名为 Post Office Protocol - Version 3，而提供了 SSL 加密的 POP3 协议被称为 POP3S。本协议主要用于支持使用客户端远程管理在服务器上的电子邮件。

POP3 支持离线邮件处理，这种离线邮件处理模式是一种存储转发服务。其具体流程是：邮件发送到服务器上，电子邮件客户端调用邮件客户机程序以连接服务器，将所有未阅读的电子邮件下载到本地主机即自己的计算机上，同时删除保存在邮件服务器上的邮件。但目前的 POP3 邮件服务器大都可以“只下载邮件，服务器端并不删除”，也就是执行改进的 POP3 协议。

2. IMAP 协议

交互邮件访问协议（Internet Message Access Protocol，IMAP）是一个应用层协议，用来从本地邮件客户端（如 Microsoft Outlook、Outlook Express、Foxmail、Mozilla Thunderbird）访问远程服务器上的邮件。

IMAP4 协议与 POP3 协议一样也是规定个人计算机如何访问网上的邮件的服务器进行收发邮件的协议，但是 IMAP4 协议同 POP3 协议相比更高级。IMAP4 支持协议客户机在线或者离开访问并阅读服务器上的邮件，还能交互式地操作服务器上的邮件。IMAP4 协议更人性化的地方是不需要像 POP3 协议那样把邮件下载到本地，用户可以通过客户端直接对服务器上的邮件进行操作。IMAP4 协议弥补了 POP3 协议的很多缺陷。本协议是用于客户机远程访问服务器上电子邮件，它是邮件传输协议新的标准。

13.2.2　Dovecot

Dovecot 是一个开源的 IMAP 和 POP3 邮件服务器，支持 Linux/UNIX 系统。

POP/IMAP 是 MUA 从邮件服务器中读取邮件时使用的协议。其中，与 POP3 比起来，IMAP4 则是将邮件留在服务器端直接对邮件进行管理、操作。而 Dovecot 是一个比较新的软件，由 Timo Sirainen 开发，最初发布于 2002 年 7 月。作者将安全性考虑在第一位，所以 Dovecot 在安全性方面比较出众。另外，Dovecot 支持多种认证方式，所以在功能方面也比较符合一般的应用。

任务实施

——安装与配置收信服务器 Dovecot

步骤 1　安装 Dovecot。

通过 yum 命令安装 Dovecot，命令如下。

```
# yum  -y  install  dovecot
```

步骤 2　配置 Dovecot，命令如下。

Dovecot 的配置文件在/etc/dovecot/dovecot.conf，修改此配置文件，以打开 POP3 以及 IMAP 服务：

```
# vim  /etc/dovecot/dovecot.conf
protocols = imap  pop3
#打开 IMAP 和 POP3 协议
# vim  /etc/dovecot/conf.d/10-ssl.conf
ssl=no
```

```
#关闭 ssl
```

启动 Dovecot 服务并且设置为开机启动:

```
#  service  dovecot  start
# chkconfig  dovecot  on
```

步骤 3 验证。

查看 POP3 以及 IMAP 端口是否已经打开，命令如下。

```
#  netstat  -tlnp | grep  dovecot
tcp     0     0 0.0.0.0:110        0.0.0.0:*     LISTEN      5195/dovecot
tcp     0     0 0.0.0.0:143        0.0.0.0:*     LISTEN      5195/dovecot
```

如果 Dovecot 安装完成后，系统防火墙还需要打开 POP3 的 110 端口以及 IMAP 的 143 端口，可通过添加如下 iptables 命令打开系统的两个端口，其中$EXTIF 表示邮件服务器网卡接口。

```
iptables -A INPUT -p TCP -i $EXTIF --dport 110   --sport 1024:65534 -j ACCEPT
iptables -A INPUT -p TCP -i $EXTIF --dport 143   --sport 1024:65534 -j ACCEPT
```

任务 13.3　设置电子邮件客户端 Mozilla Thunderbird

任务场景

Linux 系统下一般没有网页邮箱的操作功能，需要安装电子邮件客户端软件，常用的电子邮件客户端有 Outlook、Foxmail 和 Mozilla Thunderbird 等。小王需要设置电子邮件客户端软件 Mozilla Thunderbird，让企业员工可以使用邮件客户端收发企业邮件。

知识引入

MUA（Mail User Agent）即邮件用户代理，是指可以在客户本地主机编写邮件，使用 SMTP 协议发送邮件到邮件服务器上的客户端软件，MUA 还可以接收邮件服务器上的邮件，并且在本地进行查看。常见的 MUA 软件有微软公司的 Outlook 和 Mozilla 的 Thunderbird（雷鸟）等，本节将以 Thunderbird 为例介绍电子邮件客户端的设置方法，因此在学习前请用户先下载并安装好 Mozilla Thunderbird 软件。

任务实施

——设置电子邮件客户端 Mozilla Thunderbird

步骤 1 添加邮件账号。

启动 Thunderbird 软件，选择“账号操作”→“添加邮件账号”命令，打开“邮件账户设置”对话框，输入名字、电子邮件地址和密码。名字表示收件人可以看到的发件人的名字，电子邮件地址这里填写企业邮箱的地址，密码为邮箱密码。

添加邮件账户对话框如图 13-4 所示。

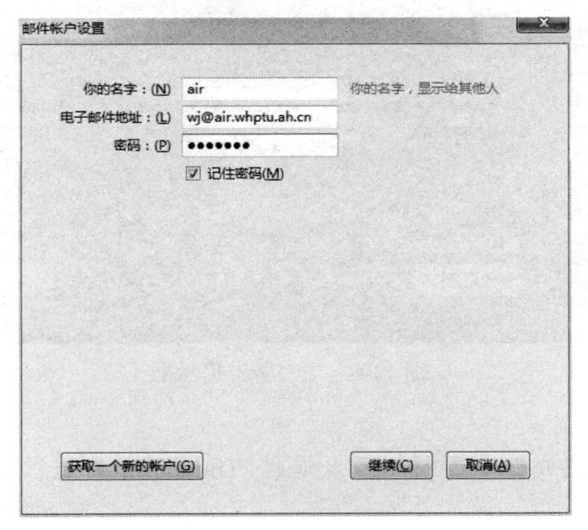

图 13-4　添加邮件账户

步骤 2　设置邮件服务类型。

在设置“电子邮件地址”和“密码”后，会出现电子邮箱服务 IMAP 和 POP3 两个单选按钮，这里选中 IMAP 单选按钮，如图 13-5 所示。

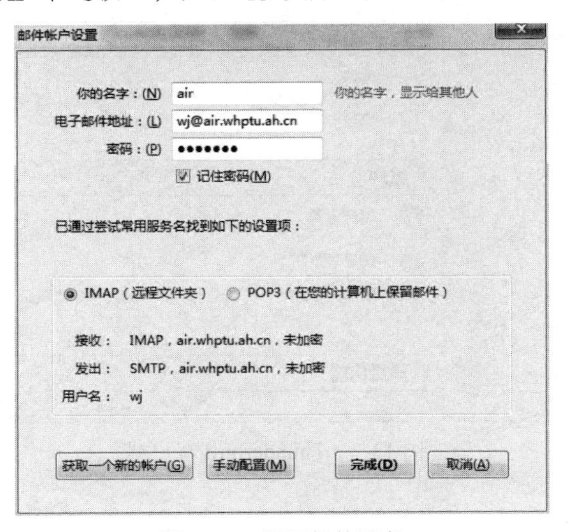

图 13-5　设置邮件服务

步骤 3　加密警告。

由于企业邮箱的当前设置没有使用加密手段，Thunderbird 会出现警告提示框，选中“我已了解相关风险”复选框，单击“完成”按钮，如图 13-6 所示。

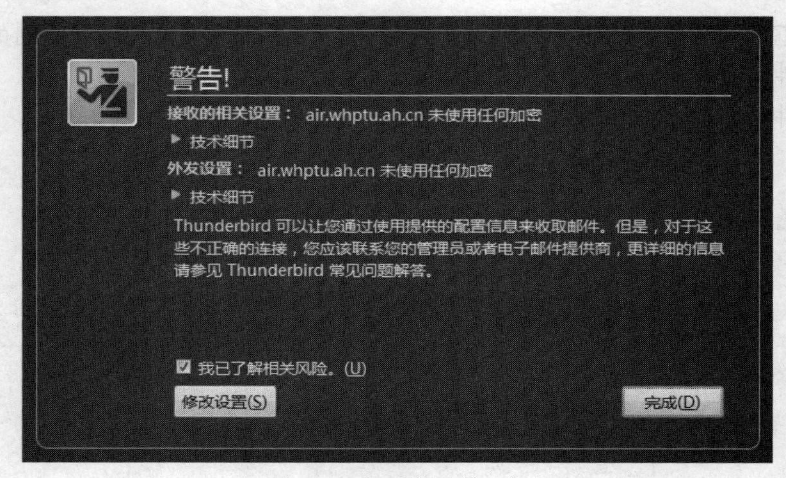

图 13-6　加密警告提示框

步骤 4　设置完成。

至此客户端设置完成，内网用户可以通过 Thunderbird 进行邮件的收发操作了，如图 13-7 所示。

图 13-7　Thunderbird 客户端

步骤 5　验证。

可以使用企业邮箱正常地与外网以及自身邮箱收发邮件，这里通过本地邮箱向账户为 wangjun_1@163.com 的邮箱发送一封邮件，通过邮件客户端可以看出已经收到这封邮件。如图 13-8 所示。

图 13-8　企业邮箱验证

项目实训　安装和配置 E-mail 服务器

1. 实训目的

- 熟悉并掌握在 Linux 平台安装与配置邮件服务器。
- 了解使用邮件客户端软件收发企业邮件的方法。

2. 实训内容

（1）设置电子邮件服务器内网接口为 eth0，IP 地址为 192.168.1.1，外网接口 eth1，IP 地址为动态获取。

（2）安装 Postfix 软件，将 Postfix 服务设置为开机启动，配置防火墙，打开 SMTP 对应的 25 号端口。

（3）配置电子邮件服务器相关的 DNS 服务，添加相应的的 MX 记录和 A 记录，设置本地邮件服务器域名为 domain.com，添加系统用户 test。

（4）配置 Postfix 服务，修改/etc/postfix/main.cf 文件，设置 myhostname、mydomain、myorigin、mynetworks、mydestination 和 inet_interfaces 等相关参数。

（5）重新启动 Postfix 服务，查看 SMTP 的端口 25 是否打开。

（6）设置 Postfix 邮箱容量，设置用户邮箱总容量为 1GB，单个邮件容量设置为 50MB。

（7）设置 Postfix 邮箱别名，将发给 test 用户的邮件让 test 和 root 用户都可以看到。

（8）设置群邮箱别名，将发给 student2013 的邮件发送到 test、zhang、liu、wang、xu 5 个账号。

（9）使用 telnet 命令以 test@domain.com 账号收发内网以及外网邮件。

（10）安装 Dovecot 服务，设置 Dovecot 服务开机启动。

（11）配置 Dovecot 服务，开启 POP3 和 IMAP 服务。

（12）设置主机防火墙，打开 POP3 和 IMAP 对应的 110 和 143 端口。

（13）使用 netstat 命令查看端口打开情况。

（14）下载并安装 Mozilla Thunderbird 邮件客户端软件。

（15）在 Thunderbird 软件中添加 test@domain.com 邮件账户，设置账号密码，使用 Thunderbird 软件进行内外网的邮件收发操作。

项 目 小 结

本项目首先介绍电子邮件的基本知识，通过任务描述了如何安装配置企业电子邮件服务器，以及使用电子邮件客户端收发邮件的方法。通过本项目的学习，读者应该掌握在 Linux 系统下通过修改 Postfix 和 Dovecot 配置文件完成搭建企业电子邮件服务器的方法。

习 题

一、选择题

1. Postfix 的主要配置文件是________。

A. /etc/postfix/main.cf　　B. /etc/postfix/master.cf

C. /etc/postfix/access　　D. /etc/postfix/generic

2. RHEL 6.0 默认的 MTA 软件是________。

A. Sendmail　　B. Qmail　　C. Postfix　　D. Exchange Server

3. Dovecot 软件属于邮件服务器的________。

A. MUA　　B. MRA　　C. MTA　　D. MDA

4. SMTP 服务的端口号是________。

A. 25　　B. 80　　C. 110　　D. 143

5. 以下______协议不是电子邮件服务所使用的协议。

A. SMTP　　B. FTP　　C. POP3　　D. IMAP

二、简答题

1. 分别说明 MUA、MTA 和 MRA 的功能。

2. 什么是 SMTP、POP3 和 IMAP 协议，它们分别有什么作用？

3. 如何查看邮件服务是否正确安装、是否运行、服务状态等？

项目 14　配置 Linux 防火墙

防火墙是一种非常重要的网络安全工具，利用防火墙可以保护企业内部网络免受外网的威胁，作为网络管理员，掌握防火墙的安装与配置非常重要。本项目通过 4 个任务学习 Linux 系统中防火墙的安装和配置方法。

任务 14.1　安装 iptables 防火墙
任务 14.2　配置主机防火墙
任务 14.3　配置 NAT
任务 14.4　利用图形化工具配置防火墙

任务 14.1　安装 iptables 防火墙

任务场景

小王所在的天成公司规模逐年扩大，越来越多的员工需要在公司内上互联网，公司原来采购的出口路由器已经不堪重负频频死机。为了满足公司员工的上网需求以及提高公司内部网络安全性，公司希望在不采购网络防火墙设备的情况下，利用一台 Linux 主机构建网络防火墙。

小王经过学习研究，决定使用 Linux 建立 iptables 防火墙，通过 NAT 功能共享网络。

知识引入

14.1.1　网络防火墙

在计算机领域中，防火墙可能是一台专属的硬件或是架设在一般硬件上的一套软件，防火墙会依照特定的规则，允许或是限制传输的数据通过，是一种协助确保信息安全的软件或者设备。

在网络中的“防火墙”，是指一种将内部网和公众网（如 Internet 等）分开的方法，它实际上是一种隔离技术。防火墙是在两个网络通信时执行的一种访问控制尺度，它能允许管理员“同意”的人和数据进入所管理的网络，同时将管理员“不同意”的人和数据拒之门外，最大限度地阻止网络中的黑客来访问所管理的网络。换句话说，如果不通过防火墙，公司内部的人就无法访问 Internet，Internet 上的人也无法和公司内部的人进行通信。

防火墙可以分为硬件防火墙与软件防火墙。硬件防火墙是指由网络设备厂家设计好的硬件设备，硬件防火墙的操作系统主要以提供网络数据包的过滤功能为主，去掉和防火墙不相关的功能，有些实力强的厂家甚至为防火墙设计对应的芯片，因此硬件防火墙一般性能比较好。软件防火墙实际上就是一套保护系统网络安全的软件，随着计算机硬件性能的提高，软件防火墙的性能也有很大的提升，达到或者接近硬件防火墙的性能，可以满足大型网络的安全需要。

Linux 系统中的 Netfilter 和 TCP Wrappers 都是软件防火墙，本节主要学习 Netfilter 这款 Linux 系统的软件防火墙。

14.1.2 iptables 基础

Netfilter 是 Linux 发行版的一部分，Netfilter 是一个基于主机的 Linux 操作系统防火墙。Netfilter 的过滤是在内核级别上进行的，在此之前程序甚至无法处理网络包的数据。

Netfilter 的架构就是在 Linux 内核中放置了一些检测点（HOOK），而在每个检测点上登记了一些处理函数进行处理（如包过滤，NAT 等，甚至可以是用户自定义的功能），当网络包通过相应的检测点时调用在该检测点登记的处理函数。Netfilter 的主要功能是包过滤，所谓包过滤是指分析进入 Linux 主机的网络包，分析包头信息，以决定网络包通过或者丢弃的一种机制。Netfilter 防火墙包含以下主要特点：

- 无状态的包过滤（IPv4 和 IPv6）。
- 有状态的包过滤（IPv4 和 IPv6）。
- 各种网络地址和端口转换，如 NAT/NAPT（IPv4 和 IPv6）。
- 灵活及可扩展的架构。
- 兼容第三方扩展的多层 API。

Netfilter 防火墙由称为 iptables 的程序所控制，iptables 是集成在最新的 2.6.x 版本 Linux 内核中的 IP 信息包过滤系统。如果 Linux 系统连接到因特网或 LAN 的服务器，或连接 LAN 和因特网的代理服务器，则该系统有利于在 Linux 系统上更好地控制 IP 信息包过滤和防火墙配置。iptables 的一个重要优点是，它使用户可以完全控制防火墙配置和信息包过滤。您可以定制自己的规则来满足您的特定需求，从而只允许您想要的网络流量进入系统。另外，iptables 是免费的，这对于那些想要节省费用的人来说十分理想，它可以代替昂贵的防火墙解决方案，并且其性能不输于一些专业的硬件防火墙。

iptables 是一个通用的定义规则集的表结构。每个表格定义预设的一些规则，每个表格的用途不同，预设至少有 3 个表格，包括管理本机网络包进出的 filter 表、管理防火墙后端的 nat 表以及通过修改标记进行特殊服务的 mangle 表，此外也可以是用户自定义的表。表中包含了分布在各个位置的链，网络数据包进入 Linux 主机后经过各个链的顺序如图 14-1 所示。

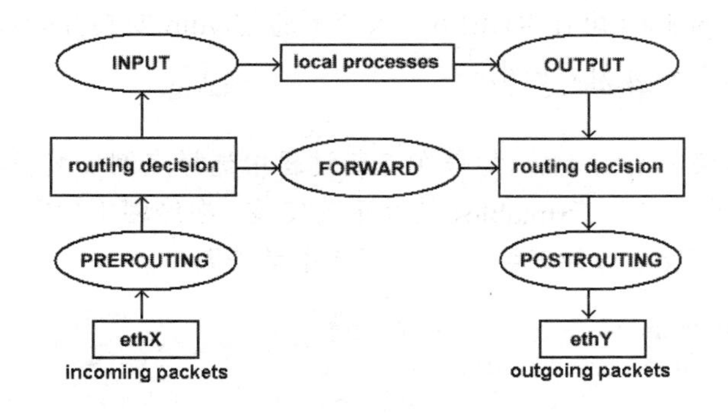

图 14-1　iptables 网络数据包顺序图

iptables 命令所管理的规则就是存在于各种链中的，每个表中的链的作用如下。

1. Filter（过滤器）

主要与进入 Linux 主机的数据包有关，是预设的 table，包含以下几个链。

- INPUT：与需要进入 Linux 主机的数据包有关。
- OUTPUT：与需要发送出 Linux 主机的数据包相关。
- FORWARD：主要负责转发网络数据包到后端计算机，与 NAT 表相关性比较高。

2. NAT（地址转换）

是 Network Address Translation 的缩写，这个表格主要用于进行来源与目的之间的 IP 和端口转换，与 Linux 主机本身无关，主要与 Linux 主机后的局域网内的计算机相关。

- PREROUTING：在进行路由判断之前要进行的规则（DNAT/REDIRECT）。
- POSTROUTING：在进行路由判断之后要进行的规则（SNAT/MASQUERADE）。
- OUTPUT：与发送出去的数据包有关。

3. Mangle

这个表格主要与特殊的数据包头标志有关，包括 PREROUTING、OUTPUT、INPUT 及 FORWARD 链。由于这个表格给特定的服务打标记，对于 QOS、MARK、TOS 和 TTL 等对数据包的处理，在一般比较简单的网络环境里很少使用 mangle 这个表格。

Netfilter 是一种包过滤型防火墙，会分析数据包表头资料，根据数据包中的表头信息与已经定义的规则（rule）进行比对，如果符合规则对数据包进行相应动作，否则取出下一条规则继续比对。iptables 表中每个链包含多条规则，处理数据包时每条规则按顺序进行比对，如果修改链中的规则顺序则会对防火墙结果有较大的影响。

任务实施

——安装 iptables 防火墙

RHEL6.0 一般在系统安装过程中已经预装了 iptables，可以首先验证 iptables 是否正确安装，如果没有安装 iptables 可在 RHEL6.0 系统下通过 yum 安装并验证安装，配置 iptables 服务，将 ip6tables 随着系统引导启动。

步骤 1 检查安装。

RHEL6.0 默认安装了 iptables，如果在安装过程中选择定制安装没有安装 iptables 的话则需要手动安装，因此首先检查 iptables 是否正确安装。在终端下输入：# yum info iptables，如果显示如下结果，则表示已经安装，否则需要手动安装。

```
Loaded plugins: fastestmirror
Loading mirror speeds from cached hostfile
Installed Packages
Name          : iptables
Arch          : x86_64
Version       : 1.4.7
Release       : 3.el6
Size          : 824 k
Repo          : installed
From repo     : anaconda-RedHatEnterpriseLinux-201009221801.x86_64
Summary       : Tools for managing Linux kernel packet filtering capabilities
URL           : http://www.netfilter.org/
License       : GPLv2
Description : The iptables utility controls the network packet filtering code in the
              : Linux kernel. If you need to set up firewalls and/or IP masquerading,
              : you should install this package.

Available Packages
Name          : iptables
Arch          : i686
Version       : 1.4.7
Release       : 3.el6
Size          : 238 k
Repo          : cdrom
Summary       : Tools for managing Linux kernel packet filtering capabilities
URL           : http://www.netfilter.org/
License       : GPLv2
Description : The iptables utility controls the network packet filtering code in the
              : Linux kernel. If you need to set up firewalls and/or IP masquerading,
              : you should install this package.
```

步骤 2 安装 iptables。

如果系统没有预装 iptables，要手动安装可输入命令：yum install iptables。

步骤 3 开机引导。

iptables 安装包中已经包含有针对 IPv6 的 ip6tables，安装完之后可以通过下面的命令来将 iptables 加入开机自动运行的服务中：

```
# chkconfig --levels 23456 iptables on
# chkconfig --levels 23456 ip6tables on
```

步骤 4　验证。

iptables 安装完成后，在系统终端下输入 iptables 命令：

```
iptables v1.4.7: no command specified
Try `iptables -h' or 'iptables --help' for more information.
```

如果得到类似以上的输出，说明 iptables 已经安装完成，并且可以看出当前 iptables 版本为 1.4.7。

任务 14.2　配置主机防火墙

任务场景

公司的网站开通之后，访问量不断攀升，公司也通过网站得到了好几笔订单。老板在暗暗高兴的同时，又产生了新的担心：网络上存在很多威胁，公司的网站会不会受到攻击和破坏呢？小王决定在 Web 服务器上建立服务器主机防火墙，以增加 Web 服务器的安全性。服务器网络拓扑结构如下，Web 服务器本机 IP 地址为 192.168.0.103/32，另外一台普通客户端主机 IP 地址为 192.168.0.100/32，WWW 服务器需要开放一个端口 80 提供 WWW 服务，还需要允许 192.168.0.100 这台客户机通过 22 端口远程管理服务器。

知识引入

14.2.1　防火墙规则的查看

iptables 至少有三个 table（filter、nat 和 mangle），默认使用的是 filter 表。此外，每个表的链也不同，这里主要以 filter 表的三个链来说明 iptables 命令的基本语法。

在使用 iptables 命令之前，必须确认使用 root 用户身份设置防火墙，并且先确认已经打开 iptables：

```
# service iptables start
```

在进行防火墙规则设定之前还需要了解查看防火墙规则的方法。

```
# iptables [-t tables] [-L] [-nv]
```

参数说明如下。

- -t：后接 table 名，例如 filter、nat 和 mangle 等，如果不加此参数则默认使用 filter 表。
- -L：显示当前的 table 规则。
- -n：不进行主机名的方向查询，直接以 IP 地址形式显示出来，在防火墙规则较多的情况下速度比较快。

- -v：显示更多的信息，如网卡接口、网络包的大小等。

下面以默认的 filter 表为例显示该表下的规则，如图 14-2 所示。

```
root@air:~
[root@air ~]# iptables -L -nv
Chain INPUT (policy ACCEPT 0 packets, 0 bytes)
 pkts bytes target     prot opt in     out     source               destination

   95 40576 ACCEPT     all  --  *      *       0.0.0.0/0            0.0.0.0/0
        state RELATED,ESTABLISHED
    0     0 ACCEPT     icmp --  *      *       0.0.0.0/0            0.0.0.0/0

    5   300 ACCEPT     all  --  lo     *       0.0.0.0/0            0.0.0.0/0

    1    52 ACCEPT     tcp  --  *      *       0.0.0.0/0            0.0.0.0/0
        state NEW tcp dpt:22
  185 19436 REJECT     all  --  *      *       0.0.0.0/0            0.0.0.0/0
        reject-with icmp-host-prohibited

Chain FORWARD (policy ACCEPT 0 packets, 0 bytes)
 pkts bytes target     prot opt in     out     source               destination

    0     0 REJECT     all  --  *      *       0.0.0.0/0            0.0.0.0/0
        reject-with icmp-host-prohibited

Chain OUTPUT (policy ACCEPT 153 packets, 16149 bytes)
 pkts bytes target     prot opt in     out     source               destination

[root@air ~]#
```

图 14-2　Linux 防火墙默认规则

从返回的信息可以看到一些信息，以上的例子没有加上-t 参数，默认使用 filter 表，下面就这个例子介绍下返回值的含义。

- Chain：表示的是表格中的链，可以知道 filter 表有三个链，chain 那一行后面括号中的 policy 表示的是默认的策略。
- Target：表示动作，ACCEPT 是接受或者放行，REJECT 表示拒绝，DROP 是丢弃数据包。
- Prot：表示网络数据包协议，主要有 TCP、UDP 和 ICMP 三种。
- Opt：表示其他的附加选项说明。
- Source：表示源 IP 地址，可通过 source 对源地址进行限制。
- Destination：表示目的 IP 地址，可通过 destination 对目的地址进行限制。

下面是对 INPUT 链的五条规则的解释。

（1）接受状态为 RELATED，ESTABLISHED 的网络数据包。

（2）接受所有的 ICMP 数据包。

（3）接受来自回环接口（lo）的任何来源（0.0.0.0/0）而且要去任何目的地的任何类型的网络数据包。

（4）接受发送给 22 号（ssh）端口的状态为 NEW 的 TCP 数据包，也就是打开 ssh 的 TCP 端口。

（5）拒绝所有的网络数据包。

接下来的例子则加上-t 参数，使用 nat 表，可以看出这个表也有三条链，但都没有配置相应的规则，如图 14-3 所示。

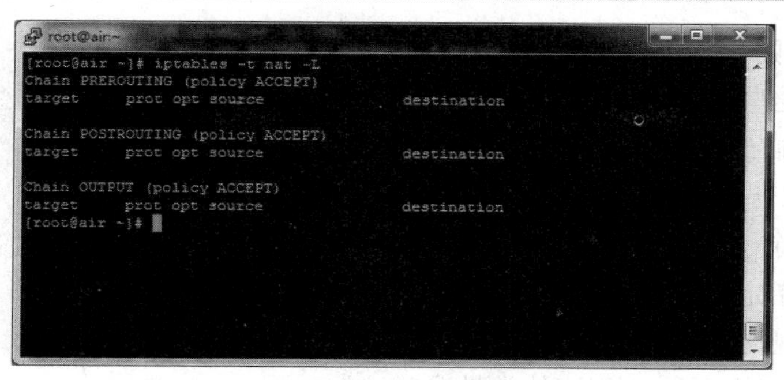

图 14-3　地址转换表默认规则

14.2.2　防火墙规则的清除

1. 防火墙规则的清除方法

可以通过 iptables 命令清除防火墙的规则，相应命令带参数如下：

```
# iptables [-t tables] [-FXZ]
```

这里简单说明各参数的作用。

- -F：清除所有的已经增加的规则。
- -X：删除所有用户定义的链。
- -Z：将所有链的流量计数器清零。

2. iptables 基本语法

一条完整的 iptables 命令由以下几部分组成：

```
iptables [-t 表名] <命令> [链名] [规则号] [规则] [-j 目标]
```

-t 选项用于指定所使用的表，iptables 防火墙默认有 filter、nat 和 mangle 这 3 张表，也可以是用户自定义的表。表中包含了分布在各个位置的链，iptables 命令所管理的规则就是存在于各种链中的。该选项不是必需的，如果未指定一个具体的表，则默认使用的是 filter 表。

命令选项是必需，它告诉 iptables 要做什么事情，是添加规则、修改规则还是删除规则。有些命令选项后面要指定具体的链名称，而有些可以省略，此时对所有的链进行操作。还有一些命令要指定规则号。具体的命令选项名称及其与后续选项的搭配形式如下所示。

（1）针对规则链的<命令>的操作

具体如下所示。

- -L：列出链中的所有规则。
- -F：清除链中的所有规则。
- -P：设置链的默认动作（ACCEPT/REJECT/DROP）。
- -Z：计数器清零。
- -N：定义一个新的规则链。
- -X：删除定义的规则链。

（2）针对规则<命令>的操作

主要有如下这些。

- -A：追加一个规则。
- -I：插入一个规则。
- -D：删除一个规则。
- -R：在指定的链中用新的规则置换掉某一规则号的旧规则。

（3）构成[规则号] [规则]的常见选项

下面列出构成[规则号] [规则]的常见选项。

- -p <协议类型>：指定上一层协议，可以是 icmp、tcp、udp 和 all。
- -s <IP 地址/掩码>：指定源 IP 地址或子网。
- -d <IP 地址/掩码>：指定目的 IP 地址或子网。
- -i <网络接口>：指定数据包进入的网络接口名称。
- -o <网络接口>：指定数据包进出的网络接口名称。

注意：上述选项可以进行组合，每一种选项后面的参数前可以加“!”，表示取反。

（4）-p 选项的常见子选项

对于-p 选项来说，确定了协议名称后，还可以有进一步的子选项，以指定更细的数据包特征。常见的子选项如下所示。

- -p tcp --sport <port>：指定 TCP 数据包的源端口。
- -p tcp --dport <port>：指定 TCP 数据包的目的端口。
- -p tcp --syn：具有 SYN 标志的 TCP 数据包，该数据包要发起一个新的 TCP 连接。
- -p udp --sport <port>：指定 UDP 数据包的源端口。
- -p udp --dport <port>：指定 UDP 数据包的目的端口。
- -p icmp --icmp-type <type>：指定 icmp 数据包的类型，如 echo-reply、echo-request 等。

上述选项中，port 可以是单个端口号，也可以是以 port1:port2 表示的端口范围。每一选项后的参数可以加“!”，表示取反。

（5）[-j 目标]的内容

iptables 命令中的-j 选项可以对满足规则的数据包执行指定的操作，其后的[-j 目标]可以是以下内容。

- -j ACCEPT：将与规则匹配的数据包放行，并且该数据包将不再与其他规则匹配，而是跳向下一条链继续处理。
- -j REJECT：拒绝所匹配的数据包，并向该数据包的发送者回复一个 ICMP 错误通知。该处理动作完成后，数据包将不再与其他规则匹配，而且也不跳向下一条链。
- -j DROP：丢弃所匹配的数据包，不回复错误通知。该处理动作完成后，数据包将不再与其他规则匹配，而且也不跳向下一条链。

- -j LOG：将与规则匹配的数据包的相关信息记录在日志（/var/log/message）中，并继续与其他规则匹配。

下面以一条语句为例说明 iptables 命令的结构：

```
# iptables -A INPUT -i eth1 -s 192.168.100.0/24 -j ACCEPT
```

本条命令可以解释为接受从内网（192.168.100.0/24）网段进入 eth1 接口的网络数据包。其中-A INPUT 指在 INPUT 链中增加一条规则，属于命令部分；-i eth1 表示数据包进入的接口为 eth1，是第一条规则；-s 192.168.100.0/24 指定数据包进入的网段是 192.168.100.0/24，是第二条规则；-j ACCEPT 表示接受所有满足前面规则的数据包。

值得注意的是，虽然 iptables 命令是立即产生作用的，但是如果不保存下来，重新启动后则会失效，系统默认将 iptables 的规则保存在/etc/sysconfig/iptables 中，可以通过以下两种方法将新建的规则保存下来：

```
# iptables-save
# service iptables save
```

14.2.3 状态检测

每个网络连接包括以下信息：源地址、目的地址、源端口和目标端口（叫做套接字对，socket pairs）、协议类型、连接状态（TCP 协议）和超时时间等。防火墙把这些信息叫做状态（stateful），能够检测每个连接状态的防火墙叫做状态包过滤防火墙。它除了能够完成简单包过滤防火墙的包过滤工作外，还在自己的内存中维护一个跟踪连接状态的表，比简单包过滤防火墙具有更强的安全性。

通过加载模块，iptables 可以具有状态检测功能，iptables 中的状态检测功能是由 state 选项来实现的。通过-m state 参数加载状态监测模块，这个模块能够跟踪分组的连接状态（即状态检测）。

```
# iptables -A INPUT [-m state] [--state 状态]
```

这里的状态是一个用逗号分隔的列表，表示要匹配的连接状态。有效的状态选项包括如下几种。

- INVAILD：表示分组对应的连接是未知的。
- ESTABLISHED：表示分组对应的连接已经进行了双向的分组传输，也就是说连接已经建立。
- NEW：表示这个分组需要发起一个连接，或者说，分组对应的连接在两个方向上都没有进行过分组传输。
- RELATED：表示分组要发起一个新的连接，但是这个连接和一个现有的连接有关，例如，FTP 的数据传输连接和控制连接之间就是 RELATED 关系。

例如，已经建立连接的或者相关数据包予以接受，丢弃未知的连接数据包。相关命令如下：

```
# iptables  -A  INPUT  -m  state  --state  RELATED,ESTABLISHED -j ACCEPT
# iptables  -A  INPUT  -m  state  --state  INVALID  -j  DROP
```

任务实施

——配置 Web 服务器主机防火墙

步骤 1 配置防火墙脚本。

一般将防火墙规则保存成脚本，使用 iptables save 命令将规则保存到/etc/sysconfig/iptables 中，服务器重启的时候自动执行。

下面列出防火墙规则脚本，通过注释说明脚本作用。

```
#vim iptables.rule
#!/bin/bash
CLIENTIP="192.168.0.100"
export CLIENTIP
#设置客户端主机 IP 地址为 192.168.0.100
PATH=/sbin:/usr/sbin:/bin:/usr/bin:/usr/local/sbin:/usr/local/bin; export PATH
iptables -F
iptables -X
iptables -Z
#以上的命令清空原有的防火墙规则
iptables -P INPUT DROP
iptables -P FORWARD DROP
iptables -P OUTPUT DROP
#以上三条命令设置 INPUT、FORWARD 和 OUTPUT 链默认策略为 DROP，也就是外部与服务器不能通信

iptables -A INPUT -i lo -j ACCEPT
#允许内部回环地址
iptables -A INPUT -m state --state RELATED,ESTABLISHED -j ACCEPT
#允许已存在的链接进入服务器
iptables -A INPUT -p icmp --icmp-type echo-request -j ACCEPT
#允许某些类型的 ICMP 数据包进入，也就是允许 ping
iptables -A INPUT -s $CLIENTIP -p tcp --dport 22 -j ACCEPT
#允许来自设定的管理主机地址访问 SSH 端口
iptables -A INPUT -p tcp --dport 80 -j ACCEPT
#允许外部客户端主机连接服务器 WWW 端口

iptables -A OUTPUT -o lo -j ACCEPT
#允许内部回环接口
iptables -A OUTPUT -m state --state RELATED,ESTABLISHED -j ACCEPT
#已经建立连接的数据包可以发送到外部
iptables -A OUTPUT -p udp -m udp --dport 53 -j ACCEPT
#服务器可以访问外部 DNS 服务
iptables -A OUTPUT -p tcp -m tcp --dport 80 -j ACCEPT
```

```
#服务器可以访问外部的 WWW 服务，例如 yum 需要访问外部服务器的 80 端口
iptables -A OUTPUT -p tcp -m tcp --dport 25 -j ACCEPT
#服务器可向外部发送邮件
iptables -A OUTPUT -p tcp -m tcp --dport 443 -j ACCEPT
#服务器可以访问外部的 https 服务
iptables -A OUTPUT -p tcp -m tcp --dport 123 -j ACCEPT
#服务器可以访问外部的 NTP 服务
iptables -A OUTPUT -p icmp --icmp-type echo-request -j ACCEPT
#允许从服务器 ping 外部
service iptables save
#将防火墙规则保存到 /etc/sysconfig/iptables，执行一次后就可以保证开机启动自动加载规则
```

步骤 2　验证。

以上是 WWW 服务器的主机防火墙脚本，规则加载后，可以通过 nmap 查看端口开放情况。通过 IP 地址为 192.168.0.100 的这台主机查看 192.168.0.103 这台服务器的端口：

```
nmap -sT 192.168.0.103

Starting Nmap 5.51 ( http://nmap.org ) at 2013-01-21 17:44 CST
Nmap scan report for 192.168.0.103
Host is up (0.00054s latency).
Not shown: 998 filtered ports
PORT     STATE SERVICE
22/tcp open    ssh
80/tcp open    http

Nmap done: 1 IP address (1 host up) scanned in 5.04 seconds
```

可以看出，ssh 的 22 端口和 WWW 的 80 端口是打开的，如果在其他机器上查看端口，由于规则设置则只能看到 WWW 的 80 端口，由此可见 WWW 服务器的防火墙规则已经设置成功。

任务 14.3　配置 NAT

任务场景

为节省费用，公司的局域网内部员工所用的计算机全部配置的是私用 IP 地址，为了使这些计算机能够访问 Internet，小王还需要在防火墙设置 NAT 功能。

知识引入

14.3.1　私用 IP 地址

考虑到内部试验和私有的内部专用网或者局域网中对 IP 地址的需要等，根据 RFC

（Request for Comments）1918 中有关“专用 Internet 地址分配”的定义，IANA（the Internet Assigned Numbers Authority-互联网号码分配机构，负责分配全球互联网的 IP 地址和 AS 号码）在 IPv4 地址的分配方案中，有意识地保留了下述三块 IPv4 地址、专门留作 IPv4 的私用 IP 地址。

（1）A 类网：10.0.0.0～10.255.255.255。

（2）B 类网：172.16.0.0～172.31.255.255。

（3）C 类网：192.168.0.0～192.168.255.255。

私有内部专用网或者局域网用户不需要进行申请，都可以自主地在自己的私有内部专用网或者局域网的内部任意地使用 IPv4 的私用 IP 地址。私用 IP 地址不能直接连入互联网，只能通过 NAT（Network Address Translation）网络地址转换技术间接地连入互联网。

引入私用 IP 地址的优点是：相同的私用 IP 地址可以在多个私有内部专用网或者局域网中互不影响地同时使用，从而可以变相地扩大公用 IPv4 地址的数量，在某种程度上缓解公用 IPv4 地址短缺的矛盾。

14.3.2 网络地址转换

网络地址转换（Network Address Translation，NAT），也叫做网络掩蔽或者 IP 掩蔽（IP masquerading），是一种在 IP 数据包通过路由器或防火墙时重写源 IP 地址或/和目的 IP 地址的技术。这种技术被普遍使用在有多台主机但只通过一个公有 IP 地址访问因特网的私有网络中，它被广泛应用于各种类型 Internet 接入方式和各种类型的网络中。NAT 不仅完美地解决了 IP 地址不足的问题，而且还能够有效地避免来自网络外部的攻击，隐藏并保护网络内部的计算机。

NAT 是作为一种解决 IPv4 地址短缺以避免保留 IP 地址困难的方案而流行起来的。网络地址转换在很多国家都有很广泛的使用。所以 NAT 就成了家庭和小型办公室网络连接中的路由器的一个标准特征，因为对这些用户来说，申请多余的 IP 地址的代价要高于所带来的效益。

在一个典型的配置中，一个本地网络使用一个专有网络的指定子网（例如，192.168.1.x）和连在这个网络上的一个 NAT 服务器。这个 NAT 服务器占有这个网络地址空间的一个专有地址（例如，192.168.1.1），同时它还通过一个或多个因特网服务提供商提供的公有的 IP 地址（叫做“过载”NAT）连接到因特网上。当信息由本地网络向因特网传递时，源地址被立即从专有地址转换为公用地址。由 NAT 服务器跟踪每个连接上的基本数据，主要是目的地址和端口。当有回复返回 NAT 服务器时，它通过输出阶段记录的连接跟踪数据来决定该转发给内部网的哪个主机；如果有多个公用地址可用，当数据包返回时，TCP 或 UDP 客户机的端口号可以用来分解数据包。对于因特网上的一个系统，NAT 服务器本身充当通信的源和目的地址。

NAT 可以分为 DNAT（目的地址转换）和 SNAT（源地址转换）。SNAT 在 POSTROUTING 链进行策略定义，主要用于内部 LAN 共享连接到 Internet，至于 DNAT 则主要用在内部主机架设可以让 Internet 存取的服务器，在 PREROUTING 链配置规则，实际上就是发布内网的服务器到公网上。

14.3.3　NAT 的实现方式

NAT 的实现方式有三种，即静态转换、动态转换和端口转换。

1. 静态转换

静态转换（Static Nat）是指将内部网络的私有 IP 地址转换为公有 IP 地址，IP 地址对是一对一的，是一成不变的，某个私有 IP 地址只转换为某个公有 IP 地址。借助于静态转换，可以实现外部网络对内部网络中某些特定设备（如服务器）的访问。

2. 动态转换

动态转换（Dynamic Nat）是指将内部网络的私有 IP 地址转换为公用 IP 地址时，IP 地址是不确定的，是随机的，所有被授权访问 Internet 的私有 IP 地址可随机转换为任何指定的合法 IP 地址。也就是说，只要指定哪些内部地址可以进行转换，以及用哪些合法地址作为外部地址时，就可以进行动态转换。动态转换可以使用多个合法外部地址集。当 ISP 提供的合法 IP 地址略少于网络内部的计算机数量时，可以采用动态转换的方式。

3. 端口转换

端口转换（Port Address Translation，PAT）是指改变外出数据包的源端口并进行端口转换。内部网络的所有主机均可共享一个合法外部 IP 地址实现对 Internet 的访问，从而可以最大限度地节约 IP 地址资源。同时，又可隐藏网络内部的所有主机，有效避免来自 Internet 的攻击。因此，目前网络中应用最多的就是端口转换方式。

除此之外，NAT 还可以通过端口映射将一个公网 IP 地址的某一个端口映射到内网某一 IP 地址的某一端口上去，这种配置非常灵活，映射的两个端口可以不同，而且同一公网 IP 的不同端口可以映射到不同的内网 IP 地址上，可以将内网的多个服务器的服务对应于公网的一个地址。

客户端计算机如果需要通过 Linux 服务器转发网络数据包一般需要经过如下过程：

（1）通过 NAT 表的 PREROUTING 链。

（2）路由，并且判断数据包是否进入本机，否则进入下一步。

（3）经过 Filter 表的 FORWARD 链。

（4）通过 NAT 表的 POSTROUTING 链，最终发送到外部。

任务实施

——配置 NAT

系统拓扑如图 14-4 所示，Linux 服务器安装两块网卡，内网网卡连接 LAN，设置内网网卡地址为 192.168.1.1，外网网卡使用动态获取的 Internet 地址。客户端主机使用内部 192.168.1.0/24 网段，设置网关地址为 Linux 服务器内网网卡地址，并且设置 DNS 服务器。

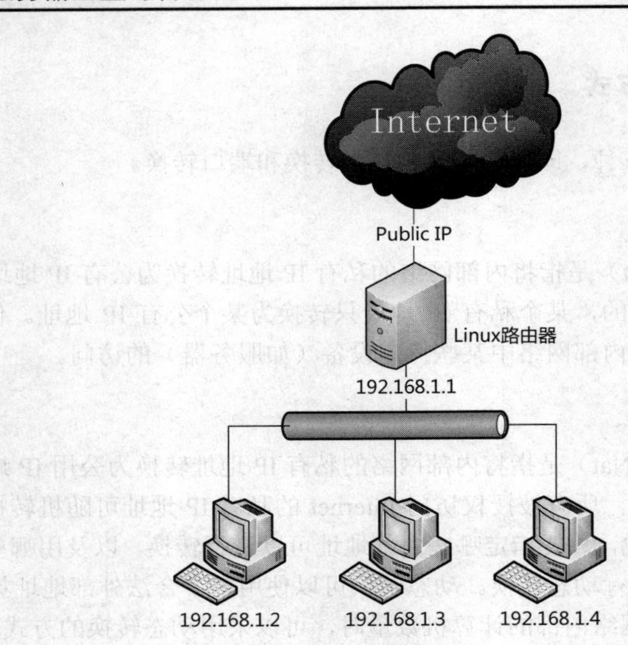

图 14-4　共享公网地址的 NAT

下面以两台 Linux 虚拟机为例来配置 NAT。

步骤 1　设置双网卡。

为 RHEL6 服务器增加一块网卡，实现 RHEL6 服务器的双网卡，在虚拟机设置中增加一个网络适配器，并且定义新增的网卡所在的虚拟网络是 VMnet2。eth0 为外网网卡，通过 DHCP 获取 Internet 共有 IP 地址；eth1 为内网网卡，和客户端主机同处于虚拟网络 VMnet2，如图 14-5 所示。

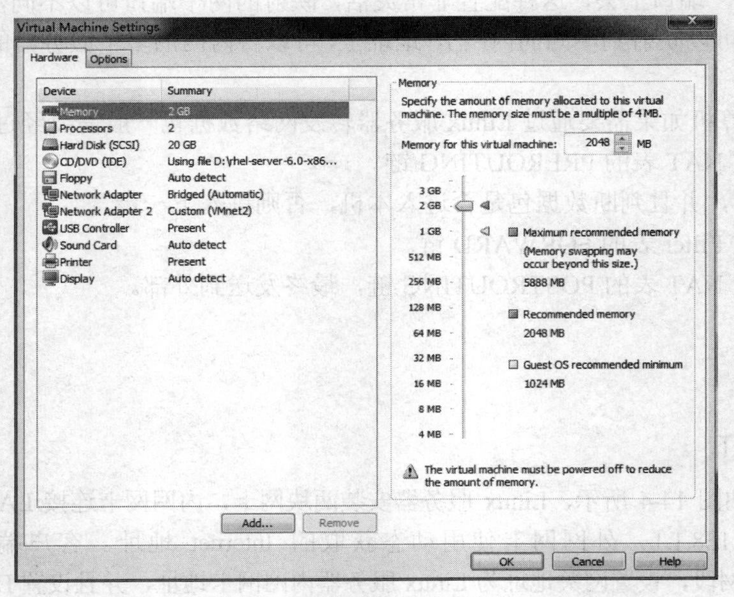

图 14-5　虚拟机双网卡设置

步骤 2　设置网卡 IP 地址。

设置新增的 eth1 网卡的 IP 地址，在 RHEL6 服务器的系统→首选项→网络连接中的 auto eth1 编辑新增的 eth1 这块网卡的 IP 地址，在“IPv4 设置”选项卡中手动添加 IP 地址 192.168.1.1 并且设置 24 位子网掩码，如图 14-6 所示。

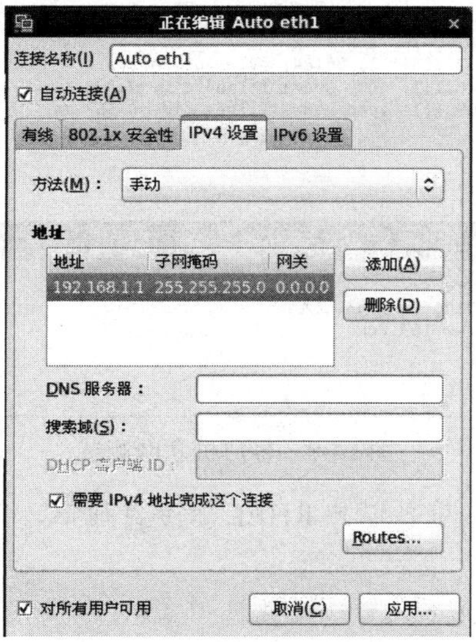

图 14-6　eth1 网卡设置

步骤 3　设置虚拟网络。

设置客户端主机（CentOS6 系统）的网络处于虚拟网络 VMnet2 中，并且设置客户端主机 IP 地址为 192.168.1.2/24，网关为 192.168.1.1，并且添加 DNS 服务器地址，如图 14-7 所示。

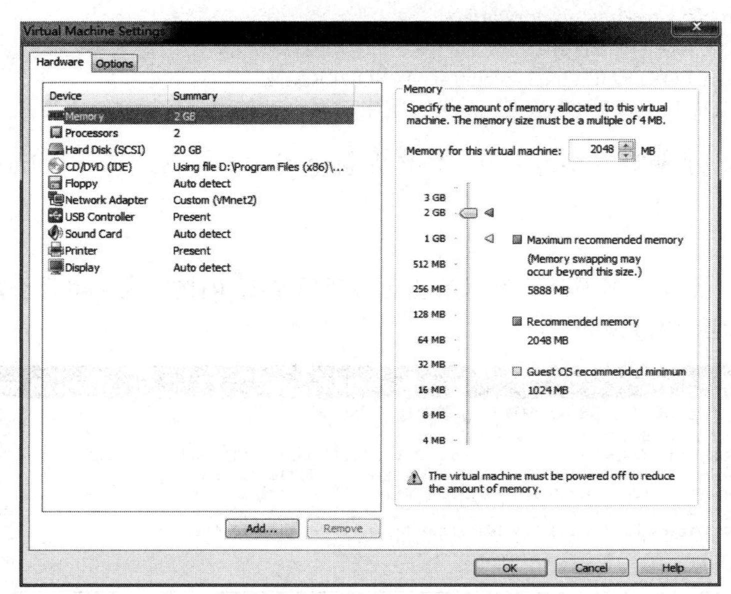

图 14-7　客户机网卡设置

步骤 4 测试通信。

测试客户端主机能否和 Linux 服务器互相通信，并测试在当前状态下能否通过 Linux 服务器 NAT 上网，结果如图 14-8 所示。

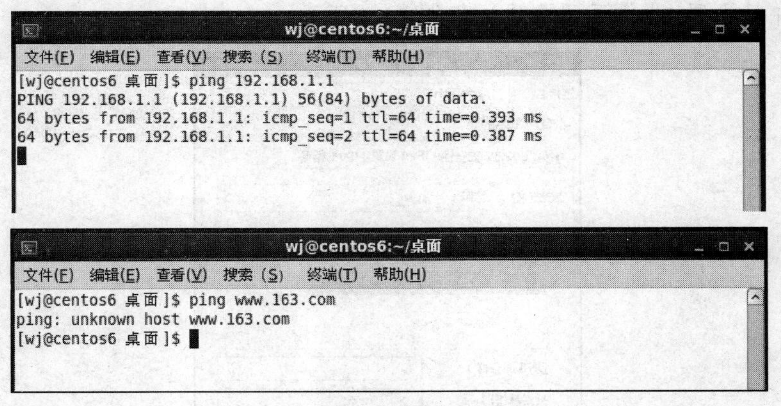

图 14-8 客户机联网测试

可见当前状态下客户端主机可以和 RHEL 服务器通信，但不能上互联网。

步骤 5 生成脚本。

由以下 iptables 命令组成：

```
iptables -F
iptables -X
#清除原有的 iptables 策略
 iptables -A INPUT -i eth1 -j ACCEPT
#设置允许接收所有通过内网口 eth1 的数据包
echo "1" > /proc/sys/net/ipv4/ip_forward
#打开 RHEL 服务器的路由功能
iptables -t nat -A POSTROUTING -o eth0 -j MASQUERADE
#加入 POSTROUTING 的网络数据包伪装，将出口为 eth0 的数据包标记为伪装
```

通过增加 NAT 规则，将内网地址转换成 eth0 接口的公网地址，从而达到共享上网的目的。

步骤 6 验证。

在客户机上 ping 外网网站，可以看出已经可以通过 RHEL 服务器设置的 NAT 分享器共享上网了，如图 14-9 所示。

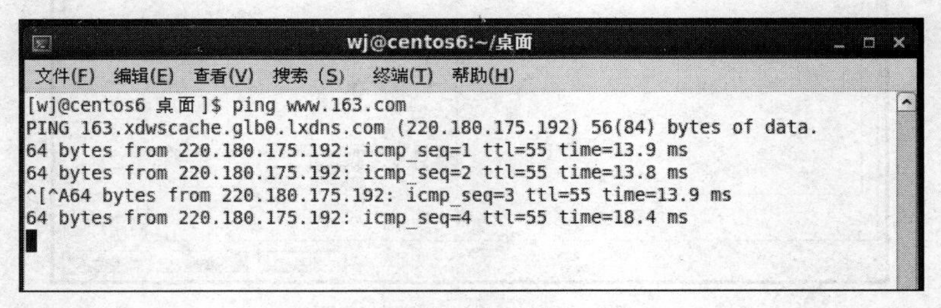

图 14-9 外网连通

任务 14.4　利用图形化工具配置防火墙

任务场景

RHEL6 除了使用 iptables 命令精确配置防火墙之外，还可以通过图形化方法配置 Linux 防火墙，小王想试试通过 Linux 的图形化防火墙配置工具来对主机防火墙和 NAT 路由器进行配置。

任务实施

——利用图形化工具配置防火墙

使用图形化工具配置防火墙，可选择“系统”→“管理”→“防火墙配置”菜单打开“防火墙配置”图形化对话框，如图 14-10 所示。进行配置之前需要输入 root 密码进行授权。

步骤 1　图形化配置 WWW 服务器防火墙。

要配置 WWW 服务器防火墙功能，可以从左侧选择可信的服务，在右侧选中 WWW（HTTP）复选框，单击上方的“应用”按钮打开 WWW 的 80 端口，如图 14-11 所示。

步骤 2　图形化配置 NAT 共享。

通过选择左侧的伪装（Masquerading）选项，在右侧选择需要标记为伪装的接口，这里选择系统的外网接口 eth0，单击“应用”按钮可以完成 IP 地址的共享功能，如图 14-12 所示。

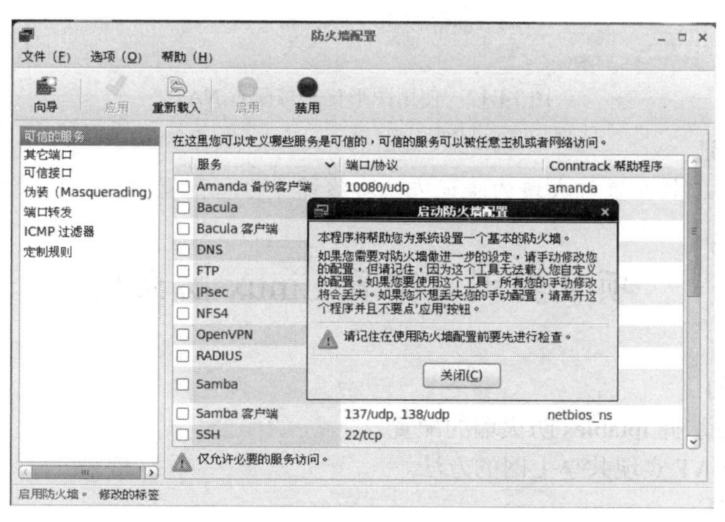

图 14-10　防火墙图形化配置工具

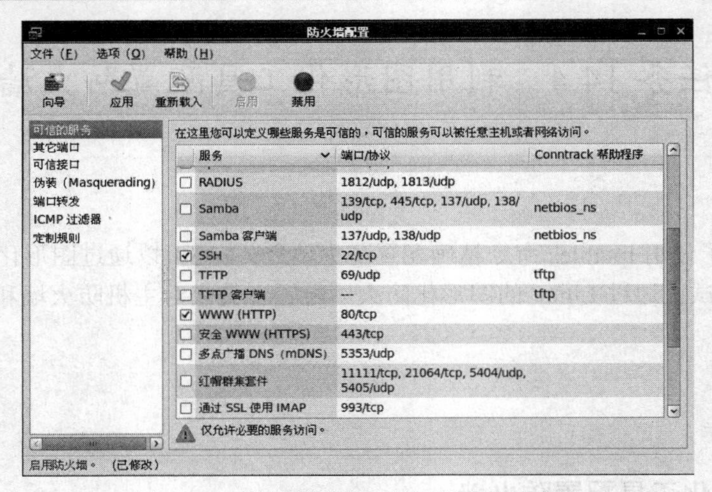

图 14-11　使用图形化工具配置主机防火墙

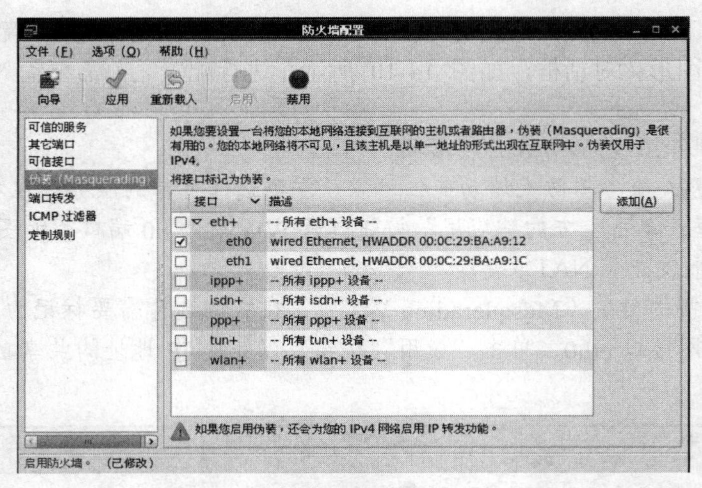

图 14-12　使用图形化工具配置 NAT

步骤 3　验证。

使用图形化工具配置防火墙的验证方法和终端命令行配置方法一样，在此不再赘述。

项目实训　配置 Linux 防火墙

1. 实训目的

- 熟悉并掌握 iptables 防火墙的配置。
- 掌握 NAT 实现共享上网的方法。

2. 实训内容

（1）建立包括三块网卡的 Linux 防火墙主机 FW，eth0 加入子网 A，设置 IP 地址为 192.168.1.1/24；eth1 加入子网 B，设置 IP 地址为 10.10.10.1/24；eth2 可设置为外网网卡，地址设置为 172.18.2.10。

（2）建立内网用户主机 ClientA，加入子网 A，设置 IP 地址为 192.168.1.2，测试与防火墙主机的 eth0 之间的连通性。

（3）建立网站服务器主机 ServerA，加入子网 B，设置 IP 地址为 10.10.10.2，测试与防火墙主机 eth1 之间的连通性。

（4）在防火墙主机 FW 上配置路由器，使子网 A 和子网 B 之间可以互相通信。

（5）在服务器主机 ServerA 上配置防火墙，只允许客户机访问 ServerA 的 80 以及 3306 两个 TCP 端口。

（6）在防火墙主机 FW 上配置 SNAT，启用 IP 伪装功能，让子网 A 内的主机可以访问互联网。

（7）在防火墙主机 FW 上配置 DNAT，将 ServerA 的 80 端口映射到防火墙主机 FW 的 eth2 接口 IP 地址为 172.18.2.10 的 80 端口，提供外网网站服务。

项目小结

本项目首先介绍了网络防火墙、网络地址转换和 Linux 防火墙 iptables 的基本配置知识。通过本项目的学习，读者应该懂得在 Linux 下配置 iptables 防火墙的方法，掌握使用 iptables 配置服务器的主机防火墙的方法，并且通过配置防火墙实现 NAT，实现内网用户可以通过防火墙访问外部网络。

习题

一、选择题

1. 在 Linux 中，提供 TCP/IP 包过滤功能的软件叫________。

A. wrape　　B. route　　C. iptables　　D. filter

2. 按实现原理的不同将防火墙分为________。

A. 包过滤防火墙、代理服务器型防火墙

B. 包过滤防火墙、应用层网关防火墙和代理防火墙

C. 包过滤防火墙、代理防火墙和软件防火墙

D. 状态检测防火墙、代理防火墙和动态包过滤防火墙

3. iptables 清除所有规则的参数是________。

A. -i　　B. -L　　C. -F　　D. -A

4. Linux 启用路由转发功能的配置文件是________。

A. /etc/network　　B. /proc/sys/net/ipv4/ip_forward

C. /etc/sysconfig/net　　D. /var/run/network

5. NAT 的类型不包括________。

A. 静态 NAT

B. 网络地址端口转换 DNAT

C. 动态地址 NAT

D. 代理服务器 NAT

6. 用于禁止转发 ICMP 包的 iptables 命令是________。

A .iptables -A INPUT -p icmp -j ACCEPT

B. iptables -A FORWARD -p icmp -j DROP

C. iptables -t nat -A OUTPUT -p icmp -j DROP

D. iptables -A OUTPUT -p icmp -j DROP

7. 在 filter 表中不包括以下________链。

A. INPUT　　B. OUTPUT　　C. FORWARD　　D. PREROUTING

8. 在 Linux 操作系统中，可以通过 iptables 命令来配置内核中集成的防火墙，若在配置脚本中添加 iptables 命令：#iptables -t nat -A PREROUTING -p tcp -s 0/0 -d 61.129.3.88 --dport 80 -j DNAT --to –destination 192.168.0.18，其作用是________。

A. 将对 192.168.0.18 的 80 端口的访问转发到内网的 61.129.3.88 主机上

B. 将对 61.129.3.88 的 80 端口的访问转发到内网的 192.168.0.18 主机上

C. 将 192.168.0.18 的 80 端口映射到内网的 61.129.3.88 的 80 端口

D. 禁止对 61.129.3.88 的 80 端口的访问

9. 不属于 iptables 操作的是________。

A. ACCEPT　　B. DROP 或 REJECT　　C. LOG　　D. KILL

10. 如果要禁止 218.22.68.0/24 网络用 TCP 分组连接端口 21，需要使用以下_____命令。

A. iptables -A FORWARD -s 218.22.68.0/24 -p tcp --dport 21 -j REJECT

B. iptables -A FORWARD -s 218.22.68.0/24 -p tcp -dport 21 -j REJECT

C. iptables -a forward -s 218.22.68.0/24 -p tcp --dport 21 -j reject

D. iptables -A FORWARD -s 218.22.68.0/24 -p tcp -dport 21 -j DROP

二、简答题

1. 什么是防火墙？
2. 包过滤防火墙有哪些特征？
3. 如何开启与关闭 iptables 服务？
4. 简述 iptables 数据包的处理过程。
5. 请列举两个预设的常用 table 以及各表内的 chains，说明各 chains 所代表的作用。
6. 简述 SNAT 与 DNAT 之间的区别。
7. 简述使用 Linux 防火墙让内网用户共享上网的配置方法。

参 考 文 献

[1] Red Hat Enterprise Linux 6 Developer Guide, https://access.redhat.com/site/documentation/en-US/Red_Hat_Enterprise_Linux/6/html/Developer_Guide/index.html

[2] Red Hat Enterprise Linux 6 Installation Guide, https://access.redhat.com/site/documentation/en-US/Red_Hat_Enterprise_Linux/6/html/Installation_Guide/index.html

[3] Red Hat Enterprise Linux 6 Security Guide, https://access.redhat.com/site/documentation/en-US/Red_Hat_Enterprise_Linux/6/html/Security_Guide/index.html

[4] Red Hat Enterprise Linux 6 Technical Notes,https://access.redhat.com/site/documentation/en-US/Red_Hat_Enterprise_Linux/6/html/Technical_Notes/index.html#idp7501752

[5] 邢国庆等. Red Hat Enterprise Linux 6 从入门到精通. 北京：电子工业出版社，2011

[6] 张恒杰等. Red Hat Enterprise Linux 服务器配置与管理. 北京：冶金工业出版社，2011

[4] Red Hat Enterprise Linux 6 Technical Notes. https://access.redhat.com/site/documentation/en-US/Red_Hat_Enterprise_Linux/6/html/Technical_Notes/index.html#idp7501152